职业教育创新系列教材

机械基础

姜雪燕　主编

Machinery Foundation

化学工业出版社
·北京·

内 容 简 介

本书主要内容包括金属材料的性能、钢的热处理、常用金属材料、常用非金属材料、金属的热加工、公差与配合、常用机构、常用机械传动装置、机械连接、轴系零件、液压与气压传动、金属切削加工、先进现代制造技术等。本书每章均设有知识脉络图，帮助学生理清知识脉络，明确学习的重点、难点；每章设有"思政园地"栏目，融入思政元素，培养学生的敬业精神和爱国情操。全书配有二维码视频资源。

本书可作为职业院校机械制造及自动化、智能制造装备技术、机电一体化技术、工业机器人技术、智能机电技术、工业工程技术、电气自动化技术、模具设计与制造、数控技术、增材制造技术、智能机器人技术等专业的教材，也可作为有关技术人员的岗位培训和自学用书。

图书在版编目（CIP）数据

机械基础/姜雪燕主编．—北京：化学工业出版社，2022.7
职业教育创新系列教材
ISBN 978-7-122-41556-1

Ⅰ.①机… Ⅱ.①姜… Ⅲ.①机械学-职业教育-教材 Ⅳ.①TH11

中国版本图书馆CIP数据核字（2022）第091853号

责任编辑：潘新文　　　　　　　　　　　　　装帧设计：王晓宇
责任校对：赵懿桐

出版发行：化学工业出版社（北京市东城区青年湖南街13号　邮政编码100011）
印　　刷：三河市航远印刷有限公司
装　　订：三河市宇新装订厂
787mm×1092mm　1/16　印张14　字数345千字　2022年8月北京第1版第1次印刷

购书咨询：010-64518888　　　　　　　　　　售后服务：010-64518899
网　　址：http://www.cip.com.cn

凡购买本书，如有缺损质量问题，本社销售中心负责调换。

定　　价：49.00元　　　　　　　　　　　　　　　　　　版权所有　违者必究

前言

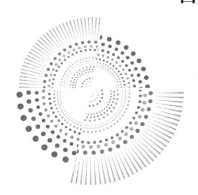

  本书根据当前我国职业教育培养目标和教育部《高等职业学校教学标准》，在总结长期教学改革实践经验基础上，立足于当前企业对机电类技术技能人才实际需求，参照相关国家职业技能等级标准编写而成。传统学科体系下的高职机械基础课程存在知识体系支离、不能形成有机统一的整体，与实践关联性弱，理论知识过多的问题，学生在学完后难以将这些知识顺利应用到岗位实践中。随着职业院校教学改革的深入，实践课时所占比重不断加大，学生要在两年时间完成基础课程和专业课程的学习，传统的学科体系明显满足不了这种发展趋势。本书编者来自多所职业院校教学和企业生产岗位一线，具有多年教学和实践经验，多年来针对上述问题进行过多次线上线下研讨交流，最终达成一致思路，本书在此基础上应运而生。全书从职业院校学生的认知规律出发，将传统学科体系中的机械设计、金属工艺学、公差与配合、液压与气动、金属切削刀具和机床等课程进行有机整合，弱化和删减与实践关联性不强的理论推导和验证性实验，突出工程实践能力的训练。本书内容以职业能力培养为主线，将教学内容与工作岗位的必需的技能点和必要的知识点有机对接，使学生学完后能顺利将其应用到后续课程和企业岗位。本书主要内容包括金属材料的性能、钢的热处理、常用金属材料、常用非金属材料、金属的热加工、公差与配合、常用机构、常用机械传动装置、机械连接、轴系零件、液压与气压传动、金属切削加工、先进现代制造技术等。

  本书为方便教学，帮助学生快速掌握所学内容，每章均设有知识脉络图，对整章内容理清知识脉络，明确学习的重点、难点；知识脉络图中标星号的为重点，标小旗的为难点。全书每章设有学习目标，涵盖知识、能力、思政三方面；每章设有"思政园地"栏目，融入思政元素，培养学生的敬业精神和爱国情操。在正文中根据所在章节具体内容，随机设置"想一想""做一做"小环节，并配有参考答案，目的是对相关的重要知识点、技能点进行强化和拓展，激发学生去主动思考和动手实践。本书配有二维码资源，方便学生学习。

  本书由姜雪燕主编，负责全书的统稿。陈娟、赵焕翠、王丽卿、周荃任副主编，姜少燕、李玉婷、聂兰启、刘慧娜、牛文欢、孔峰参加编写。本书可作为职业院校机械制造及自动化、智能制造装备技术、机电一体化技术、工业机器人技术、智能机电技术、工业工程技术、电气自动化技术、模具设计与制造、数控技术、增材制造技术、智能机器人技术等专业的教材，也可作为有关技术人员的岗位培训和自学用书。

  本书编写过程正逢新冠疫情肆虐，编写组人员尽最大努力克服种种不利因素，最终顺利成稿，因时间仓促，编写过程中难免会出现疏漏和不妥之处，敬请广大读者批评指正。

编　者

2022.3

目录

第一章 金属材料的性能 —— 1
- 第一节 金属材料的力学性能 —— 2
- 第二节 金属的构造与结晶 —— 8
- 第三节 铁碳合金相图 —— 11
- 思考与练习 —— 13
- 思政园地 —— 14

第二章 钢的热处理 —— 15
- 第一节 钢的热处理工艺及选用 —— 16
- 第二节 钢的热处理新技术 —— 21
- 思考与练习 —— 22
- 思政园地 —— 22

第三章 常用金属材料 —— 23
- 第一节 钢铁材料 —— 24
- 第二节 非铁金属及粉末冶金材料 —— 33
- 思考与练习 —— 37
- 思政园地 —— 38

第四章 常用非金属材料 —— 39
- 第一节 高分子材料 —— 40
- 第二节 陶瓷材料 —— 44
- 第三节 新型材料 —— 46
- 思考与练习 —— 48

思政园地 ·· 49

第五章　金属的热加工 —— 50

　　第一节　铸造 ·· 51
　　第二节　金属塑性加工 ·· 58
　　第三节　焊接 ·· 62
　　思考与练习 ·· 68
　　思政园地 ·· 68

第六章　公差与配合 —— 69

　　第一节　互换性与标准化 ·· 70
　　第二节　尺寸公差与配合 ·· 71
　　第三节　几何公差 ··· 78
　　第四节　表面粗糙度 ·· 81
　　思考与练习 ·· 84
　　思政园地 ·· 85

第七章　常用机构 —— 86

　　第一节　平面连杆机构 ·· 87
　　第二节　凸轮机构 ··· 93
　　第三节　间歇运动机构 ·· 100
　　思考与练习 ··· 104
　　思政园地 ··· 105

第八章　常用机械传动装置 —— 106

　　第一节　带传动 ·· 107
　　第二节　链传动 ·· 113
　　第三节　齿轮传动 ·· 117
　　第四节　蜗杆传动 ·· 131
　　思考与练习 ··· 134
　　思政园地 ··· 135

第九章　机械连接 —— 136

　　第一节　键连接和销连接 ··· 136
　　第二节　螺纹连接 ·· 139
　　第三节　联轴器、离合器、制动器 ··································· 143
　　思考与练习 ··· 149

思政园地 …………………………………………………………………… 149

第十章　轴系零件 ——— 150
　　第一节　轴 …………………………………………………………………… 151
　　第二节　轴承 ………………………………………………………………… 155
　　思考与练习 …………………………………………………………………… 166
　　思政园地 ……………………………………………………………………… 166

第十一章　液压与气压传动 ——— 167
　　第一节　液压传动 …………………………………………………………… 168
　　第二节　气压传动 …………………………………………………………… 181
　　思考与练习 …………………………………………………………………… 191
　　思政园地 ……………………………………………………………………… 192

第十二章　金属切削加工 ——— 193
　　第一节　金属切削机床 ……………………………………………………… 194
　　第二节　金属切削刀具 ……………………………………………………… 201
　　第三节　冷却与润滑 ………………………………………………………… 204
　　第四节　常用金属切削加工方案及选用 …………………………………… 205
　　思考与练习 …………………………………………………………………… 207
　　思政园地 ……………………………………………………………………… 208

第十三章　先进制造技术 ——— 209
　　第一节　先进制造技术概述 ………………………………………………… 210
　　第二节　现代制造工艺技术 ………………………………………………… 211
　　第三节　自动化加工技术 …………………………………………………… 213
　　思考与练习 …………………………………………………………………… 215
　　思政园地 ……………………………………………………………………… 215

参考文献 ——— 216

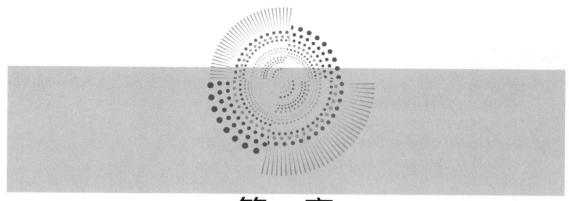

第一章
金属材料的性能

知识脉络图

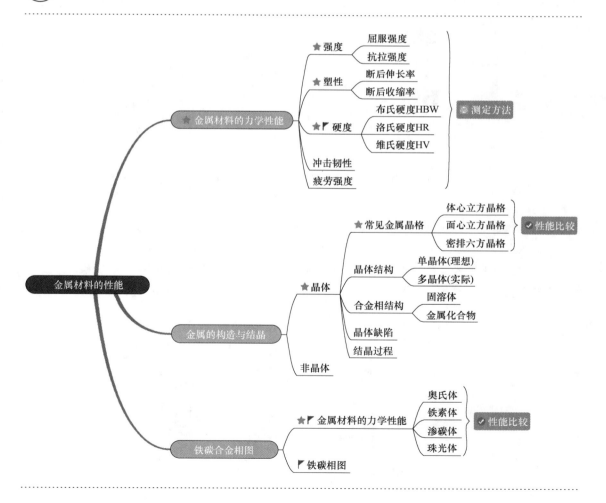

学习目标

- 了解常用金属材料的力学性能指标,以及各指标的测试方法和意义;
- 了解金属晶体的结构和基本组织;
- 在设计和选材时能根据工作环境、载荷情况重点考虑某些力学性能指标;
- 了解榜样的先进事迹,树立专业自信心。

第一节　金属材料的力学性能

金属材料的性能包括工艺性能和使用性能。金属材料的使用性能是指金属材料在正常使用条件下表现出来的性能,包括物理性能、化学性能和力学性能。金属材料的力学性能是指在承受各种外加载荷(拉伸、压缩、弯曲、扭转、冲击、交变应力等)时,对变形与断裂的抵抗能力及发生变形的能力,如强度、塑性、硬度、韧性及疲劳强度等。图 1-1 所示为金属拉伸试样所受的载荷。

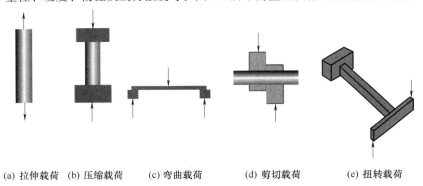

(a) 拉伸载荷　(b) 压缩载荷　(c) 弯曲载荷　(d) 剪切载荷　(e) 扭转载荷

图 1-1　金属拉伸试样所受载荷

金属材料是现代机械制造业的基本材料。在机械设备及工具的设计、制造中选用金属材料时,大多以力学性能为主要依据,因此熟悉和掌握金属材料的力学性能是非常重要的。

金属的强度和塑性指标通常是通过静力拉伸试验测定的。试验时,将一定形状和尺寸的标准试样装夹在拉伸试验机上,如图 1-2 所示,对试样进行轴向静拉伸,使试样承受轴向拉力不断

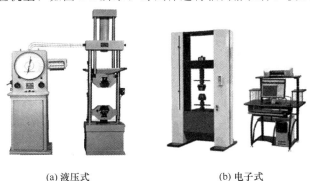

(a) 液压式　　　　　　　(b) 电子式

图 1-2　拉伸试验机

伸长，直至拉断为止。拉伸试验常用的试样截面为圆形，如图 1-3 所示，图中 d_0 为圆形试样平行长度部分的原始直径，L_0 为试样原始标距长度。依照国家标准，拉伸试样可做成长试样或短试样，长试样 $L_0=10d_0$，短试样 $L_0=5d_0$。

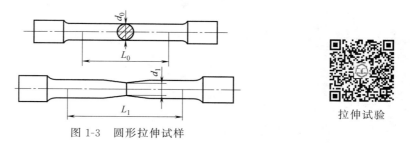

图 1-3　圆形拉伸试样

拉伸试验机的自动记录装置可将整个拉伸过程中载荷和伸长量的关系用曲线描绘出来。这种在进行拉伸试验时，载荷 F（拉伸力）和试样伸长量 Δl 之间的关系曲线叫做力-伸长曲线，图 1-4 就是低碳钢的力-伸长曲线，纵坐标表示力 F，单位为 N；横坐标表示绝对伸长 Δl，单位为 mm。

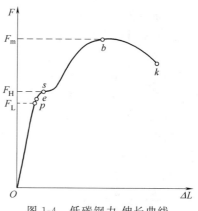

图 1-4　低碳钢力-伸长曲线

一、强度

金属抵抗塑性变形或断裂的能力称为强度，强度大小通常用应力来表示，应力用符号 R（旧国标符号为 σ）表示，单位为 MPa。根据载荷作用方式不同，强度可分为抗拉强度、屈服强度、抗压强度等。

1. 屈服强度

金属材料在拉伸试验中，当外力不再增加仍继续发生塑性变形的现象，称为屈服。而开始产生屈服现象时的应力，称为屈服强度。屈服强度分为上屈服强度和下屈服强度。

① 上屈服强度 R_{eH}　标准试样发生屈服而应力首次下降前的最高应力称为上屈服强度：

$$R_{eH}=F_H/S_0$$

式中　F_H——材料上屈服力，N；

　　　S_0——试样的原始横截面积，mm^2。

② 下屈服强度 R_{eL}　在屈服期间不计初始瞬时效应时的最低应力，称为下屈服强度：

$$R_{eL}=F_L/S_0$$

式中　F_L——材料下屈服力，N。

屈服强度是工程技术上极为重要的力学性能指标之一。因为工程中绝大部分结构件式零件在工作过程中不允许出现塑性变形。如内燃机车上的缸盖螺栓是不允许产生塑性变形的，否则后果将不堪设想。所以屈服强度是多数机械零件选材和设计时的主要力学依据。

2. 抗拉强度 R_m

抗拉强度是试样在拉断前能抵抗的最大应力。

$$R_m=F_m/S_0$$

式中　F_m——试样拉断前的最大载荷，N。

抗拉强度是机械零件设计和选材的主要依据之一。对金属材料来讲，R_m 越大，抵抗断裂的能力越强。机器零件工作时，所承受的拉应力绝不允许超过抗拉强度值，否则就会产生断裂。

对于脆性材料（如铸铁等），R_m 作为选材和设计的依据。R_{eL}/R_m 的比值称为屈强比。屈强比越低，零件的可靠性越高，不易发生断裂。屈强比越高，材料抵抗塑性变形的能力越强，比如弹簧钢。

? 想一想

为什么机械零件大多以屈服强度为设计依据？

二、塑性

塑性是指断裂前金属材料产生永久变形而不破坏的能力。通过拉伸试验所测得的塑性指为断后伸长率和断面收缩率。

1. 断后伸长率

试样拉断后，标距的伸长量与原始标距的百分比称为断后伸长率，用符号 A 表示。

$$A=(L_u-L_0)/L_0\times 100\%$$

式中　L_u——试样拉断对接后的标距，mm；

　　　L_0——试样的原始标距，mm。

应注意的是，对于同样的材料，用不同长度的试样所测得的断后伸长率数值是不同的，它们之间不能直接进行比较。一般情况下，短试样中的缩颈的伸长量占总伸长量的比例大，即使对于同一种材料，短试样所测得的断后伸长率要比长试样所测得的断后伸长率大。在比较不同材料的伸长率时，也应采用同样尺寸规格的试样。

2. 断面收缩率

断面收缩率，即试样被拉断后，断面缩小的面积与原始截面积之比的百分率，用符号 Z 表示。试样拉断后，缩颈处截面积的最大缩减量与原始横截面积的百分比为断面收缩率。

$$Z=(S_0-S_u)/S_0\times 100\%$$

式中　S_0——试样的原始横截面积，mm^2；

　　　S_u——试样拉断处的最小横截面积，mm^2。

断面收缩率 Z 的大小与试样尺寸无关，它能更可靠、更灵敏地反映材料塑性变化，所以通常以断后伸长率 Z 的大小来判断塑性的好坏。

金属材料的伸长率 A 和断面收缩率 Z 数值越大，表示材料的塑性越好，不容易突然断裂。塑性好的金属可以通过轧制、锻压等压力加工，以及焊接等加工成型方法加工成复杂形状的零件。如，工业纯铁的 A 可达 50%，Z 可达 80%，可以拉成细丝，轧薄板等。而白口铸铁的 A 和 Z 几乎为零，不宜进行塑性加工。

 做一做

某厂购进一批钢材，将该钢制成 $d_0=10\text{mm}$ 的短试样做拉伸试验，测得 $F_L=28268\text{N}$，$F_H=45530\text{N}$，$L=60.5\text{mm}$，$d=7.3\text{mm}$。试计算这批钢材的断后伸长率和断面收缩率。

三、硬度

硬度是指材料在抵抗局部塑性变形或破坏的能力。材料的硬度越高，其表面抵抗塑性变形的能力愈强，塑性变形愈困难，耐磨性越好。硬度试验方法很多，如压入法、划痕法、回跳法等，目前生产中应用最广的是静载荷压入法，即在一定的载荷下，用一定几何形状的压头压入被测试的金属材料表面，根据被压入后变形程度来测试其硬度值。

硬度是工具、量具、导轨等零件选材的主要依据，是重要的力学性能指标之一。常用的硬度指标有布氏硬度、洛氏硬度和维氏硬度等。

1. 布氏硬度

布氏硬度值由布氏硬度试验测定，在布氏硬度试验机上进行。其原理是：用一定直径的硬质合金球作为压头，以规定的试验力压入试件表面，如图 1-5 所示，保持规定的时间后卸除试验力，根据测量试样表面压痕直径 d，从布氏硬度表中查出相应的布氏硬度值，用符号 HBW 表示（在旧标准中测量布氏硬度，硬度值小于 450 时用淬火钢球压头，符号为 HBS；硬度值不小于 450 时，用硬质合金压头，符号为 HBW）。

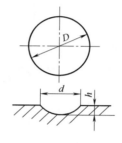

布氏硬度试验

图 1-5 布氏硬度试验原理

布氏硬度测量的特点是压痕面积较大，能在较大范围内反映材料的平均硬度，测得的硬度值也较准确。但由于压痕面积较大，对金属材料的损伤也较大，不用于检验薄件或成品件。也由于操作比较费时，不宜用于大批逐件检验。布氏硬度计主要用来测量原材料、半成品、铸铁、有色金属及退火、正火、调质钢件的硬度。

2. 洛氏硬度

洛氏硬度值由洛氏硬度试验测定，在洛氏硬度试验机上进行。其原理是用锥角为 120°的金刚石圆锥体或直径为 1.588mm 的淬火钢球为压头，在规定载荷作用下压入被测金属表面，维持规定时间后卸除载荷，然后根据压痕深度来确定其硬度值，如图 1-6 所示，所测出来的硬度值称为洛氏硬度，记为 HR。

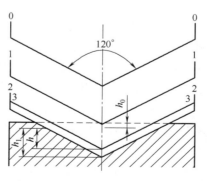

洛氏硬度试验

图 1-6 洛氏硬度试验原理

为了便于用洛氏硬度计测试不同硬度的材料，根据压头和载荷的不同采用不同的洛氏硬度标尺，并用字母在 HR 后面加以注明。常用的洛氏硬度标尺有 A、B、C 三种，分别用 HRA、HRB、HRC 表示。

洛氏硬度测量的优点是操作简便迅速，可直接从表盘上读出硬度值；测试的硬度值范围较大，可测量极软到极硬的金属材料；试样表面压痕较小，可直接测量成品工件和薄工件。但由于压痕小，测量的硬度值波动较大，准确性较差。为提高测量精度，一般至少要选取不同位置的三点测出硬度值，再取平均值。洛氏硬度三种标尺测得的硬度值不能直接进行比较。

3. 维氏硬度

维氏硬度试验基本上和布氏硬度试验相同。维氏硬度是以正四棱锥金刚石为压头，压头相对面夹角为 $136°$，以选定的试验力压入试样表面，经规定保持时间后，卸除试验力，通过测量压痕对角线长度来计算硬度，如图 1-7 所示，维氏硬度用符号 HV 表示。在硬度符号 HV 之前的数值为硬度值，HV 后面的数值依次表示载荷和载荷保持时间。例如，640HV30 表示在（30×9.8）N 载荷作用下，保持 $10 \sim 15s$ 测得的维氏硬度值为 640（保持时间为 $10 \sim 15s$ 时可省略不标）。640HV30/20 表示在（30×9.8）N 载荷作用下，保持 20s 测得的维氏硬度值为 640。

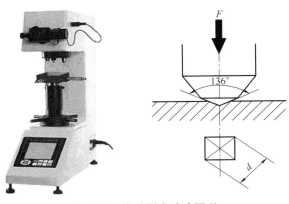

图 1-7 维氏硬度试验原理

维氏硬度试验法压痕深度较浅，测量精度高，试验时可根据试样的硬度与厚度选择载荷；可测软、硬金属，广泛用于测量金属镀层、薄片材料，尤其是极薄零件和渗碳层、渗氮层的硬度。准确性高，和化学热处理后的表面硬度。但维氏硬度测量时操作较复杂，不适于成批生产的常规试验，主要用于科学研究。

 做一做

试为齿轮轴、钢板选择适合的硬度测试方法。

四、冲击韧性

强度、塑性、硬度均为静载荷作用下的力学性能指标。在实际生产、生活中，许多机械零件，如压力机冲头、锻锤锤杆、火车车钩、发动机曲轴等都要受到冲击载荷或交变载荷的作用。在这类零件选材时，仅有高的强度、塑性是不够的，必须还要考虑材料承受动载荷（冲击载荷和交变应力）的能力。

冲击韧性是金属材料在冲击载荷作用下表现出来的抵抗破坏的能力。冲击韧性的测定，目前最普遍的方法为摆锤一次冲击试验。

试验方法：把带有缺口的标准试样放在一次摆锤试验机的支座上，试样缺口背向摆锤，将具有一定质量的摆锤升高到 h_1 高度自由落下，冲断试样后摆锤可升高到 h_2 高度，冲击

吸收能量为 K_V 或 K_U，其数值可从试验机的刻度盘上直接读出。

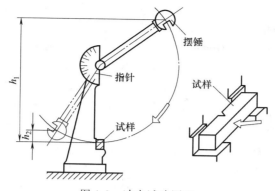

冲击试验

图 1-8 冲击试验原理

冲击试样缺口处单位横截面积上的冲击吸收功用冲击韧度 a_k 表示：

$$a_k = K_V/S = mg(h_1 - h_2)/S$$

式中 K_V——冲击吸收能量，J；

S——试样断口处截面积，cm^2。

一般来说，冲击韧度越大，表示材料的韧性越好，断口处会发生较大的塑性变形；材料的冲击韧度越差，断口处无明显的塑性变形，断口具有金属光泽而较为平整。在不同温度下，相同材质的试样，冲击韧度的变化趋势是随温度降低而降低，当温度降至某一数值时，冲击韧度急剧下降，钢材由韧性断裂变为脆性断裂，这种现象称为冷脆转变。在较寒冷地区使用的车辆、桥梁、输送管道等碳素结构钢件，在冬天易发生脆断现象。因此，一般在选择金属材料时，还应考虑其周围环境的最低温度必须高于材料的冷脆转变温度。

冲击韧度的大小与很多因素有关，除了冲击高度和冲击速度外，试样的形状和尺寸、缺口的形式、表面粗糙度、内部组织缺陷等都有影响，冲击韧度一般只作为选择材料的参考，不直接用于强度计算。

大部分承受冲击载荷的机械零件很少因一次冲击而遭破坏，多数是承受小能量多次冲击作用而破坏的。如冲模的冲头等，由于多次冲击损伤的积累，导致裂纹的产生与扩展。材料的多次冲击抗力主要取决于材料的强度和塑性两项指标，小能量多次冲击的脆断问题，主要取决于材料的强度；较大能量较少次冲击的脆断问题主要取决于材料的塑性。

五、疲劳强度

金属材料在远低于其屈服强度的交变应力的长期作用下，发生的断裂现象，称为金属的疲劳。疲劳破坏是机械零件失效的主要原因之一。许多机械零件是在交变应力作用下工作的，如轴、齿轮、弹簧、滚动轴承等，虽然零件所承受的交变应力数值小于材料的屈服强度，但在长时间运转后也会发生断裂。据统计，在机械零件失效中大约有 80% 以上属于疲劳破坏。由于引起疲劳断裂的应力很低（常常低于材料的屈服点），疲劳断裂时没有明显的宏观的塑性变形，断裂前没有预兆，而是突然地破坏。因此，疲劳破坏危害极大。

疲劳断口是判断零件疲劳断裂的重要证据。疲劳破坏的断口通常由疲劳源、裂纹扩展区（光亮区）和最后断裂区（粗糙区）三个组成部分，如图 1-9 所示。

疲劳断裂的原因一般是由于零件应力集中严重或材料本身强度较低的部位，在交变应力

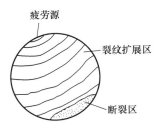

图 1-9 疲劳断口示意图

的作用下产生了疲劳裂纹,尤其在氧化物、硫化物等非金属夹杂物和钢件表面的沟槽、螺纹根部、加工刀痕等处。随着应力循环次数的增加,裂纹缓慢扩展,有效承载面积不断减小,当剩余面积不能承受所加载荷时,发生突然断裂。

通常,金属材料所承受的交变载荷愈大,材料的寿命愈短;反之,则愈长。工程上以材料承受无限次应力循环而不破坏的最大应力值称为疲劳强度,一般情况下,钢铁材料的循环基数取 10^7,非铁合金取 10^8。影响材料疲劳强度的因素很多,除了材料本身的成分、组织结构和材质等内因外,还与零件的几何形状、表面质量和工作环境等外因有关。为避免产生疲劳裂纹,在设计、制造、各类机械零件时,应尽量采用合理的结构形状,避免表面划伤、腐蚀;还可以通过优化零件设计,改善表面加工质量,采用喷丸、滚压、表面热处理等有效地提高零件的疲劳强度。

新旧标准力学性能名称和符号对照如表 1-1 所示。

表 1-1 新旧标准力学性能名称和符号对照

新标准		旧标准	
性能名称	符号	性能名称	符号
断面收缩率	Z	断面收缩率	ψ
断后伸长率	A	断后伸长率	δ
屈服强度	R_e	屈服点	σ_s
上屈服强度	R_{eH}	上屈服点	
下屈服强度	R_{eL}	下屈服点	
规定残余延伸强度	R_r 例如 $R_{r0.2}$	规定残余伸长应力	σ_r 例如 $\sigma_{r0.2}$
抗拉强度	R_m	抗拉强度	σ_b

? 想一想

1912 年 4 月号称永不沉没的泰坦尼克号 (Titanic) 首航沉没于冰海,成了 20 世纪令人难以忘怀的悲惨海难。材料科学家通过对打捞上来的泰坦尼克号船板进行研究,解开了沉没的技术原因。查阅相关资料,了解它的沉没跟金属材料的力学性能有何关系。

第二节 金属的构造与结晶

与非金属相比,固态金属具有独特的性能,如良好的导电性、导热性、延展性和金属光泽。这些是金属独有的特性么?是否可以根据这些来区分金属与非金属呢?

一、金属的晶体结构

固态物质可分为晶体和非晶体两大类,晶体是指原子(离子或分子)呈规则排列的物质。如冬天的雪花、天然金刚石、食盐等。通常,固态金属及合金都是晶体。

为了便于研究晶体中原子排列的规律，通常把原子看成一个个处于静止状态的刚性小球，用假想的线条把各原子的中心连接起来，构成空间格架，称为晶格。晶格中能代表晶格特征的最小单元，称为晶胞。金属的晶格类型很多，其中最常见的是体心立方晶格、面心立方晶格和密排六方晶格，如图 1-10 所示。

1. 体心立方晶格

其晶胞为立方体，在立方体的八个顶点上和立方体的中心各有一个原子，如图 1-10（a）所示，每个晶胞的原子数为 2。属于体心立方晶格的常见金属有铬（Cr）、钼（Mo）、钨（W）、钒（V）、α-铁等。

2. 面心立方晶格

其晶胞为立方体，在立方体的八个顶点上和立方体的六个面的中心各有一个原子，如图 1-10（b）所示，每个晶胞的原子数为 4。属于面心立方晶格的常见金属有金（Au）、银（Ag）、铜（Cu）、铝（Al）、γ-铁等。

3. 密排六方晶格

其晶胞为正六棱柱体，在六棱柱体的十二个顶点上和上、下面的中心各有一个原子，在晶胞中间还有 3 个原子，如图 1-10（c）所示，每个晶胞的原子数为 6。属于密排六方晶格的常见金属有镁（Mg）、铍（Be）、锌（Zn）等。金属的晶格类型不同，其性能也不同。一般来讲，面心立方晶格的金属塑性好强度低，体心立方晶格的金属强度高而塑性稍微低一些，而密排六方晶格的金属强度、塑性较差。

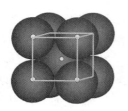
(a) 体心立方晶格

(b) 面心立方晶格

(c) 密排六方晶格

图 1-10　常见的晶格类型

若晶体内所有的晶格以同一位向排列，则这种晶体结构称为单晶体。实际使用的金属材料大多数都是多晶体。所谓多晶体是指晶体由许多小颗粒构成，在每一个小颗粒内原子排列的位向基本相同，而各个颗粒间原子排列的位向不相同，这些小颗粒称为晶粒，晶粒之间的交界面称为晶界。在实际晶体中，某些局部区域由于各种原因，原子的规则排列往往受到干扰和破坏，偏离理想结构，我们将实际晶体中偏离理想结构的区域称为晶体缺陷。根据几何形状，可把晶体的缺陷分为点缺陷、线缺陷和面缺陷三类，如图 1-11 所示。

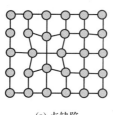
(a) 点缺陷
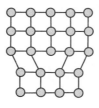
(b) 面缺陷
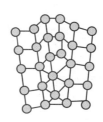
(c) 线缺陷

图 1-11　晶体缺陷

查一查

查阅资料，了解液体金属形核长大的过程。

二、合金的晶体结构

合金是由两种或两种以上的金属元素（或金属与非金属元素）通过熔炼组成的具有金属特性的材料。如碳素钢和生铁都是由铁与碳组成的合金，黄铜是由铜和锌组成的合金。合金中成分、结构、性能均相同的组织称为相，不同的相之间以明显的界面分开，例如水结冰时，浮于水上的冰块是一个相，冰块下面的水则是另一种相。固态下只有一个相的合金组织称为单相组织，由两个或两个以上相组成的合金组织称为多相组织。合金组织则是决定合金性能的根本因素，在工业生产中，控制和改变合金的组织具有重要的意义。固态合金中的相结构可分为固溶体和金属化合物。

1. 固溶体

合金在固态下，组元间相互溶解而形成的均匀相称为固溶体，如图 1-12 所示。由于溶质原子溶入溶剂晶格，使晶格发生畸变，所以固溶体不但强度、硬度比纯金属高，而且当溶质浓度适当时，塑性、韧性仍良好。形成固溶体时，合金强度、硬度提高的现象称为固溶强化，如图 1-12 所示。固溶强化是提高金属材料力学性能的重要途径之一。因此，实际使用的金属材料大多都是单相固溶体或以固溶体为基体的多相合金。按溶质原子在溶剂晶格中的分布不同，固溶体可分为两类：溶质原子分布在溶剂晶格的间隙处而形成的固溶体，称为间隙固溶体，如图 1-12（a）所示；溶剂晶格结点上的原子被溶质原子所代替的固溶体，称为置换固溶体，如图 1-12（b）所示。

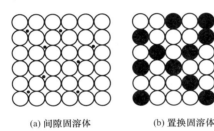

(a) 间隙固溶体　　(b) 置换固溶体

图 1-12　固溶体

2. 金属化合物

金属化合物是金属与金属（或金属与非金属）之间形成的具有金属特性的化合物相，一般具有复杂的晶体结构，熔点较高，硬度高，脆性大。金属化合物在合金中常作为强化相存在。

3. 机械混合物

大多数合金不是单相金属化合物也不是由一种固溶体组成，而是由固溶体与少量金属化合物（一种或几种）构成的机械混合物。在机械混合物中，各组成相仍保持原有的晶体结构和性能。机械混合物的性能主要取决于各组成相的性能和相对量，还与各组成相的形状、大小及分布有很大关系。

 想一想

将溶质原子溶入溶剂晶格中对材料性能有何影响？

第三节　铁碳合金相图

金刚石和石墨都是碳原子组成的，但性能却截然相反，这是为什么呢？我们将金属在固态下由于温度的改变而发生晶格类型转变的现象，称为同素异构转变。同素异构转变通常有热效应产生，可用冷却曲线表示出此现象，其实质是原子排列不同，结构不同，金属体积发生改变的结果。

钢和铸铁是现代工业中应用最广泛的金属材料，由铁和碳两种基本元素组成，统称为铁碳合金。不同成分的铁碳合金在不同温度下具有不同的组织，表现出不同的性能。

一、铁碳合金的基本组织

碳的质量分数，用 w_c 表示。w_c 小于 0.0218% 的铁碳合金称为工业纯铁。工业纯铁从液态结晶为固态后，随温度的下降还会发生晶格类型的转变。在 1538℃ 结晶时，原子排列为体心立方晶格，称为 δ-Fe；至 1394℃ 时原子排列方式转变为面心立方晶格，称为 γ-Fe；到 912℃ 时原子排列方式转变为体心立方晶格，称为 α-Fe。工业纯铁的塑性、韧性好，但强度、硬度低，不适宜制作结构零件。为了提高纯铁的强度、硬度，常在纯铁中加入少量的碳元素，由于铁和碳元素的相互作用，形成铁素体、奥氏体、渗碳体、珠光体和莱氏体五种基本组织。

1. 铁素体

碳溶于 α-Fe 中所形成的间隙固溶体称为铁素体，如图 1-13（a）所示，用符号 F 表示，它仍保持 α-Fe 的体心立方晶格结构。铁素体的性能与纯铁近似，塑性、韧性好，但强度、硬度不高。铁素体在 770℃ 以下具有铁磁性，在 770℃ 以上则失去铁磁性。

2. 奥氏体

碳溶于 γ-Fe 中所形成的间隙固溶体称为奥氏体，如图 1-13（b）所示，用符号 A 表示。γ-Fe 的溶碳能力比 α-Fe 高，这是由于 γ-Fe 是面心立方晶格结构，其晶格致密度虽然高于体心立方晶格的 α-Fe，但其晶格空隙直径较大，故能溶解较多的碳。奥氏体的强度和硬度不是很高，但比铁素体要高；具有良好的塑性，是绝大多数钢高温进行压力加工的理想组织，如锻压成形。

3. 渗碳体

铁与碳形成的金属化合物 Fe_3C 称为渗碳体，如图 1-13（c）所示。渗碳体是铁和碳组成的具有复杂晶格结构的间隙化合物，渗碳体的硬度极高（约 800HBW），脆性极大，塑性和韧性几乎为零，故不能作为基体相，但它可以作为铁碳合金中的强化相使用。渗碳体可以呈片状、网状、粒状和条状分布，其形态、大小及分布对铁碳合金的力学性能有很大影响。

4. 珠光体

珠光体是铁素体与渗碳体的机械混合物，如图 1-13（d）所示，用符号 P 表示。珠光体具有足够的强度、硬度和塑性，综合性能良好。常见的珠光体形态是铁素体与渗碳体片层相间分布的，片层越细密，强度越高。

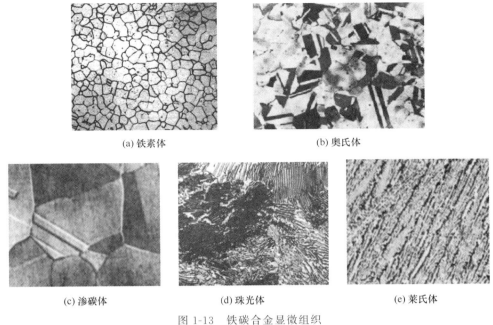

(a) 铁素体　　(b) 奥氏体

(c) 渗碳体　　(d) 珠光体　　(e) 莱氏体

图 1-13　铁碳合金显微组织

5. 莱氏体

碳的质量分数为 4.3% 的液态合金，缓慢冷却到 1148℃时，从液相中同时结晶出奥氏体和渗碳体的共晶组织，称为高温莱氏体，用符号 Ld 表示。从高温莱氏体（A+Fe_3C）再缓慢冷却到 727℃时，其中的奥氏体（A）将转变为珠光体，室温下莱氏体是由珠光体和渗碳体组成的机械混合物，称为低温莱氏体，用符号 Ld′ 表示。莱氏体中由于存在大量渗碳体，因此硬度高（约 700HBW），塑性、韧性极差，脆性大，如图 1-13（e）所示。

? 想一想

1912 年莫斯科的探险队船只去南极途中，发生了装液体燃料的锡制容器焊缝莫名其妙化为灰尘的情况，查阅资料，了解为什么会出现这一情况。

二、铁碳合金相图

Fe_3C 的 w_c 为 6.69%，w_c>6.69% 的铁碳合金脆性很大，没有实用价值。因此，通常只研究以 Fe 和 Fe_3C 为组元的 Fe-Fe_3C 相图。图 1-14 所示为简化后的 Fe-Fe_3C 相图。

C 点为共晶点，w_c=2.11%～6.69% 的铁碳合金在平衡结晶过程中，当温度冷却到 1148℃时，都会发生共晶反应。C 点成分的液相在 1148℃时生成 E 点成分的奥氏体和 F 点成分的 Fe_3C。共晶反应生成了奥氏体与渗碳体的共晶混合物，即莱氏体（Ld），Ld 冷却至室温时成为低温莱氏体（Ld′）。

S 点为共析点，w_c=0.0218%～6.69% 的铁碳合金在平衡结晶过程中，当冷却到 727℃时，都会发生共析反应。共析反应是由一定成分的固溶体在某一温度下，同时析出两相晶体的机械混合物。S 点成分的奥氏体在 727℃温度下，生成铁素体 F 和渗碳体 Fe_3C 的混合物，珠光体（P）。

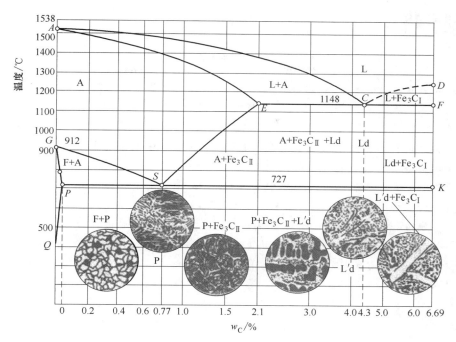

图 1-14　Fe-Fe₃C 简化相图

ACD 线为液相线，当温度高于 ACD 线时合金呈液相。AECF 线为固相线，当温度低于 AECF 线时合金呈固相。ES 线为碳在奥氏体（A）中的溶解度曲线，也称为 A_{cm} 线。PQ 线为碳在 F 中的溶解度曲线。GS 线为 w_c <0.77% 的铁碳合金在冷却时从奥氏体（A）中析出铁素体（F）的开始线，也称 A_3 线。ECF 线（1148℃）为共晶反应线。PSK 线（727℃）为共析反应线，也称 A_1 线。

想一想

铁碳合金相图有什么作用？

思考与练习

1. 常用的力学性能指标有哪些？
2. 有一退火零件，设计图上技术条件标注 HRC17，你认为错在哪里？
3. 疲劳断裂是怎样产生的？如何提高零件的疲劳强度？
4. 下面硬度要求和写法是否正确？为什么？
   (1) HBW=200～220kgf　　(2) 180～210HBWkgf/mm²
   (3) 90～95HRA　　(4) HRB50
5. 下列工件应该采用何种硬度试验方法来测定其硬度？
   (1) 锉刀　　(2) 黄铜轴套
   (3) 硬质合金刀片　　(4) 渗碳合金钢

思政园地

"永远不知疲劳"的结构疲劳专家——高镇同院士

国庆阅兵式上,一架架战机从天安门上空凌空而过,让全国人民和全世界为之热血沸腾。在一代代中国战机的背后,有一群为战机"保驾护航"的人。北京航空航天大学教授、结构疲劳与可靠性国际知名专家,我国飞机结构寿命与可靠性理论的奠基人,高镇同院士就是其中具有代表性的一位。高镇同院士创建的飞机结构寿命可靠性评定理论与美国等一些技术发达的国家相比,具有原创性和先进性,研究成果用于指导我国歼击机、轰炸机、客机、运输机、直升机等 20 余个机型的飞机定寿和延寿,至今已 30 余年,经济效益已达数百余亿元。他将我国数千架军机的每架飞机使用寿命从 1 千多小时延长至 3 千小时,为保障部队的战斗能力和飞行安全做出了历史性重大贡献。60 多年的时间,由高镇同主持完成定寿延寿工作的系列飞机,在一百余条航线上飞行了数百万小时,从未发生过疲劳破坏事故。高镇同院士还培养出了 40 多名学者专家,5 名院士,创造了"一门六院士"的佳话,被人们誉为"永远不知疲劳的结构疲劳专家"。

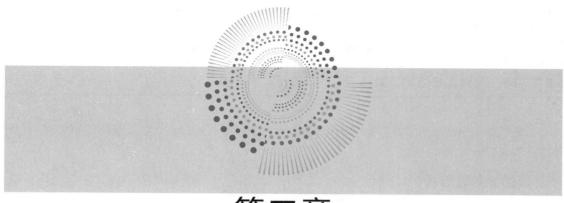

第二章
钢的热处理

知识脉络图

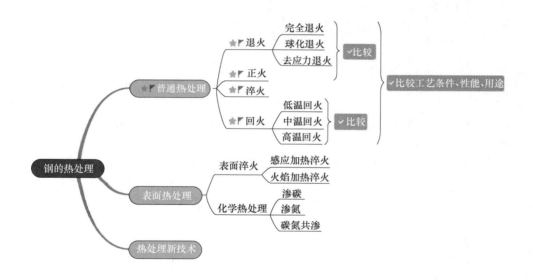

学习目标

□ 掌握退火、正火、淬火、回火的用途;
□ 了解常用的钢材表面热处理方法;
□ 初步掌握如何合理选择钢的热处理工艺;
□ 树立工匠精神,增强民族自豪感。

第一节　钢的热处理工艺及选用

在生产加工中，为了使钢具备所需的力学性能，需要对其进行热处理。图2-1所示为钢的热处理工艺现场一角。

一、钢的热处理过程

钢的热处理是钢在固体状态下，通过加热、保温和冷却来改变钢的内部组织结构，从而改善钢的性能的一种工艺。热处理有加热、保温和冷却三个阶段，如图2-2所示。

图2-1　钢的热处理工艺现场一角

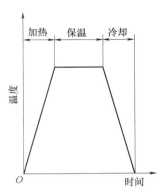

图2-2　钢的热处理工艺曲线

热处理加热工序的目的是获得细小的奥氏体。铁碳合金相图是确定钢加热温度的理论基础，钢在常温下的平衡组织是铁素体和珠光体（亚共析钢）、珠光体（共析钢）、珠光体和二次渗碳体（过共析钢）。共析钢加热温度超过A_1后，珠光体就转变为奥氏体。亚共析钢加热温度超过A_1后，珠光体转变为奥氏体；继续加热到温度超过A_3后，铁素体也全部溶入奥氏体。过共析钢加热温度超过A_1后，珠光体转变为奥氏体；继续加热到温度超过A_{cm}后，渗碳体全部溶入奥氏体。

奥氏体的冷却转变直接影响钢冷却后的组织和性能，是热处理工艺的关键。奥氏体的冷方式通常有两种，即等温冷却和连续冷却，如图2-3所示。

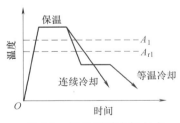

图2-3　钢的不同冷却方式

碳钢在缓慢加热和冷却过程中，固态下的组织转变温度分别是A_1、A_3、A_{cm}，实际加热时的转变温度总是高于此温度，分别用Ac_1、Ac_3、Ac_{cm}表示；实际冷却时的转变温度总是低于此温度，用Ar_1、Ar_3、Ar_{cm}表示。

根据钢材的加热、冷却方式，可将热处理分为三大类：普通热处理（包括退火、正火、淬火和回火）、表面热处理（包括表面淬火、化学热处理等）和化学热处理（渗碳、渗氮、碳氮共渗等）。

 想一想

钢的热处理每一个过程的作用是什么？

二、钢的普通热处理

热处理工艺按其作用可分为预备热处理和最终热处理两类,一般退火与正火为预备热处理,淬火与回火为最终热处理。预备热处理的目的是为了消除坯料或半成品热加工(铸、锻、轧、焊等)所造成的缺陷,或为随后的冷加工和最终热处理做准备。最终热处理的目的是使工件获得最终所要求的使用性能。

1. 退火

退火是将钢加热到略高于或略低于临界点(Ac_1、Ac_3)的某一温度,保温一定时间,然后缓慢冷却(一般随炉冷却,也可埋入导热性较差的介质)的工艺过程。

退火

退火的主要目的是:细化晶粒、均匀组织、降低硬度、提高塑性、改善切削加工性能,以便进一步切削加工;消除或改善前一道工序造成的内应力,防止工件的变形和开裂。

常用的退火方法有完全退火、球化退火、去应力退火等。

(1) 完全退火

完全退火是将钢加热到Ac_3以上30~50℃,保温一定时间温后缓慢冷却(一般随炉冷却)的热处理工艺。目的是细化晶粒、消除内应力、降低硬度、改善切削加工性能等。完全退火主要适用于亚共析钢的铸件、锻件、焊接件,但不适用于过共析钢。完全退火后的组织为铁素体和珠光体,可以细化晶粒,降低硬度,改善切削加工性能。

(2) 球化退火

球化退火是将钢加热到Ac_1以上30~50℃的温度,保温一定时间,随炉缓冷或在Ar_1以下20℃左右等温一定时间,使渗碳体球化,然后在600℃以下出炉空冷至室温的热处理工艺。球化退火得到的组织为球状组织,降低硬度、提高塑性、改善切削加工性能,并为淬火做好组织准备。球化退火主要适用于过共析钢(如工具钢、模具钢、轴承钢等)、共析钢及合金工具钢。

(3) 去应力退火

去应力退火是把零件缓慢加热到Ac_1以下某一温度(一般为500~650℃),保温后随炉缓慢冷却的热处理工艺。去应力退火可消除铸件、锻件、焊接件、精加工件等残存的内应力,稳定尺寸,减少变形,防止开裂。去应力退火主要用于处理各类钢的铸件、锻件、焊件、冷冲压件以及机加工件。

2. 正火

正火是将工件加热至Ac_3或Ac_{cm}以上30~50℃,保温后从炉中取出在空气中冷却的一种热处理工艺。正火的主要目的是细化晶粒,均匀组织,改善钢的力学性能;消除铸件、锻件和焊接件的内应力;调整硬度,以改善切削加工性。正火工艺可用于普通结构零件的最终热处理及重要零件的预备热处理。

常用退火和正火加热温度范围如图2-4所示。正火比退火的冷却速度快,生产周期短,成本低,操作简单,因此力学性能要求不高、受力不大的工件,应尽

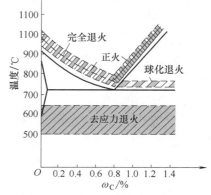

图2-4 退火、正火加热温度范围

量选用正火热处理。例如：发电厂使用的 20 钢锅炉钢管，通常用正火做最终热处理；过共析钢在球化退火前用正火来消除组织中的网状渗碳体。

钢的硬度在 170～260HBW 范围内时，切削加工性良好，低碳钢退火后硬度普遍低于 160HBW，切削时易"粘刀"，正火可适当提高其硬度，改善切削加工性能。高碳钢一般采用球化退火处理，可降低硬度，不仅可改善切削加工性能，又能为淬火做好组织准备。

3. 淬火

淬火是将钢加热到 Ac_3 或 Ac_1 以上 30～50℃，保温后快速冷却的一种热处理工艺。淬火时的冷却速度必须大于临界冷却速度。淬火的目的是获得马氏体组织，提高钢的强度、硬度和耐磨性，提高钢的力学性能。

淬火

亚共析钢，淬火温度为 Ac_3 以上 30～50℃，淬火后的组织为均匀细小的马氏体；过共析钢，淬火温度为 Ac_1 以上 30～50℃，淬火后的组织为马氏体和二次渗碳体；对于合金钢，淬火温度应稍高于临界点所确定的加热温度。

淬火冷却是决定淬火质量的关键。淬火时的冷却速度过快，会增加内应力，导致工件变形和开裂。

一般在生产中普遍选择水、矿物油、聚乙烯醇水溶液、盐水和碱水等作为冷却介质。其中盐水冷却能力最强，水次之，矿物油最低。用水或水溶液（盐水、碱水）冷却能避免非淬火组织的出现，但容易引起零件变形和开裂，主要用于结构简单、截面尺寸较大的碳钢零件。用各种矿物油冷却，能减小零件变形，但稍大一点的碳钢件就不能淬成马氏体组织，一般用于合金钢零件。对于要求变形较小的工件，常采用盐浴或碱浴作为淬火冷却介质。

钢件在一定条件下淬火所获得淬硬层深度的能力，称为淬透性。钢的淬透性对淬火钢件的力学性能有着很大的影响，在同一淬火条件下，获得淬硬层越厚的钢，其淬透性越好。钢的淬透性主要取决于钢的化学成分，也与钢的临界冷却速度密切相关。

重载荷、动载荷下工作的重要钢件，承受拉压应力的重要钢件，选用淬透高的钢，如弹簧、轴承等。应力主要集中在钢件表面，心部应力不大的钢件，选用淬透性低的钢，如齿轮、转轴等。焊接件一般选用淬透性低的钢，防止焊缝附近出现淬火组织，导致变形与开裂。

4. 回火

淬火和回火是紧密联系的两种热处理工艺，一般作为钢的最终热处理。

回火是将淬火钢加热到 A_1 以下的某一温度，保温后在油中或空气中冷却的一种热处理工艺。大多数钢淬火后虽然获得了高的硬度，但脆性大，不能直接使用。回火主要是为了减少或消除淬火产生的内应力，降低脆性防止

回火

工件变形与开裂，稳定组织稳定工件的形状与尺寸，调整工件的力学性能，以满足工件使用性能要求。

由于对工件力学性能要求的不同，回火时采用不同的加热温度范围，一般将回火分为三类：

（1）低温回火

回火温度在 150～250℃ 范围内，所得组织为回火马氏体。回火马氏体组织基本保持淬火钢的高硬度（58～64HRC）、高耐磨性，内应力明显降低，降低了淬火钢的脆性。低温回火常用于各种高碳钢、合金工具钢制造的工具、量具，滚动轴承，渗碳钢件及表面淬火钢件等。

（2）中温回火

回火温度在 350～500℃ 范围内，所得组织为回火托氏体。回火托氏体为铁素体和细粒

状渗碳体的机械混合物，具有高的弹性极限、屈服强度和韧性，硬度约为 35～50HRC。常用于弹性零件（如弹簧、发条），热作模具及高强度零件（如刀杆、轴套）等。

（3）高温回火

回火温度在 500～650℃ 范围内，所得组织为回火索氏体。回火索氏体为铁素体和粒状渗碳体的机械混合物，硬度约为 20～35HRC，具有较高的强度，良好的塑性和韧性，良好的综合力学性能。

淬火加高温回火的工艺称为调质处理，广泛用于汽车、拖拉机、机床等承受载荷较大、受力复杂的重要结构零件（如曲轴、连杆、半轴、齿轮及高强度螺栓）和军械中的重要结构零件（如枪管、炮管、炮栓等）。

钢在回火时的保温时间，一般根据工件材料、尺寸、装炉量和加热方式等因素确定，一般为 1～3 小时，冷却方式一般为空气中冷却。对某些具有可逆回火脆性的合金钢（如含有铬、锰、镍等合金元素的钢），必须快速冷却（水冷或油冷），以防止韧性下降。

 做一做

试对普通热处理性能及用途进行总结。

三、钢的表面热处理

许多在交变载荷或易磨损条件下工作的零件（如轴、齿轮、凸轮等），其表面有高的强度、硬度、耐磨性、疲劳极限，心部则保持足够的塑性和韧性。可以通过表面热处理（表面淬火和化学热处理）的工艺途径来实现。

1. 表面淬火

钢的表面淬火就是对钢件工作表面进行快速加热，使钢件表面迅速达到淬火温度，随后急速冷却使钢件工作表面获得淬火组织，而心部仍保持未淬火状态的一种方法。

依据加热源的不同，分为感应加热表面淬火、火焰加热表面淬火等，以感应加热表面淬火最为常用。

感应加热表面淬火是利用感应电流通过工件表面所产生的热效应，使表面加热并进行快速冷却的淬火工艺。感应加热表面淬火的原理如图 2-5 所示。将零件置于感应线圈内，线圈通以一定频率的交流电，利用"涡流"产生的热效应将零件表面迅速加热到淬火温度后立即喷水（油）冷却，对表面进行淬火处理，可以获得高硬度、高耐磨性的表面，而心部仍保持原有的良好韧性。此种方法常用于花键、齿轮、机床导轨等零件的表面淬火处理。火焰加热表面淬火如图 2-6 所示。

根据电流频率不同，所用的加热装置主要有三种：高频感应加热，淬硬层为 0.5～2mm，适用于中、小模数齿轮及中小尺寸的轴。中频感应加热，淬硬层为 2～10mm，适用于较大尺寸的轴和大、中模数的齿轮等。工频感应加热，硬化层深度可达 10～20mm，适用于大尺寸的零件，如轧辊、火车车轮等。此外还有超音频感应加热，适用于硬化层略深于高频加热的零件，其要求硬化层沿表面均匀分布，例如中小模数齿轮、链轮、轴及机床导轨等。

感应加热速度极快，表面淬火后工件表面性能好，硬度比普通淬火高 2～3HRC，疲劳强度较高，工件表面质量高，不易氧化脱碳，淬火变形小，且淬硬层深度易于控制，易于实现自动化，生产率高。

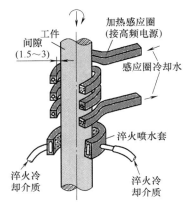

图 2-5 感应加热表面淬火

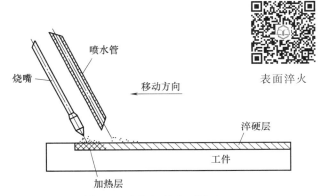

图 2-6 火焰加热表面淬火

2. 化学热处理

化学热处理是将钢件置于一定介质中加热和保温，使介质中的活性原子渗入工件表层，以改变表层的化学成分和组织，从而使工件表层具有某些特殊的力学性能或物理、化学性能的一种热处理工艺。化学热处理方法很多，通常以渗入元素来命名，常见的化学热处理有渗碳、渗氮、碳氮共渗及氮碳共渗等。由于渗入元素不同，工件表面处理后获得的性能也不相同，渗碳、渗氮等可以提高工件表面硬度和耐磨性，渗金属可以提高工件的耐蚀性和抗氧化性。渗碳是将钢件置于含碳量丰富的介质中，加热到高温（900~930℃），使活性碳原子渗入钢件的表面，形成高碳渗层的过程。图 2-7 所示为钢的固体渗碳示意图，图 2-8 所示为钢的气体渗碳示意图。

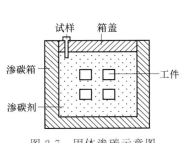

图 2-7 固体渗碳示意图

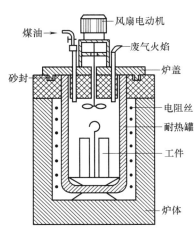

图 2-8 气体渗碳示意图

钢件渗碳后要进行淬火和低温回火处理，以保证表面和心部不同的力学性能要求。渗碳的目的就是表面形成高碳层，经淬火后表面为高碳马氏体组织而心部为低碳马氏体组织或其他组织，以保证表面具有高的强度、硬度和高的耐磨性而心部具有良好的塑性和韧性。渗碳主要适用于低碳钢和低碳合金钢的工件。

钢的渗氮又称氮化，是向钢的表层渗入氮原子的过程，目的是提高工件表面的硬度、耐磨性、疲劳强度和耐蚀性等。氮化广泛应用于耐磨性和精度均要求很高的零件，如镗床主轴、精密传动齿轮；在交变载荷下要求高疲劳强度的零件，如高速柴油机曲轴；以及要求变形很小和具有一定耐热、耐蚀性的耐磨件,如阀门、发动机气缸以及热作模具等。

想一想

表面淬火与化学热处理有何异同?

第二节 钢的热处理新技术

一、可控气氛热处理

可控气氛热处理是指在炉内通入一种或几种一定成分的气体,通过对这些气体成分的控制,使其保护钢件不发生氧化与脱碳的一种热处理工艺。其目的是防止钢件表面氧化脱碳,进行可控制的气体渗碳或碳氮共渗,使脱碳的零件重新复碳。可控气氛热处理能提高零件的耐磨性、疲劳强度、尺寸精度和表面质量,减少零件热处理后的加工余量及表面的清理工作,缩短生产周期,节能省时,是现代热处理领域中的先进技术之一。

二、激光热处理

激光热处理是利用高能量密度的激光束扫描照射工件表面,以极快的加热速度迅速加热至相变温度以上,停止照射后,依靠工件自身传导散热迅速冷却表层而进行自行淬火。激光热处理加热速度快,加热区域准确集中,不需淬火冷却介质而能自行淬火。采用激光热处理后工件表面光洁、变形极小,表面组织晶粒细小,硬度和耐磨性好,还能对复杂形状工件及微孔、沟槽、不通孔等部位进行淬火热处理。

三、真空热处理

真空热处理是指在真空中进行的热处理。它包括真空淬火、真空退火、真空回火及真空化学处理等。真空热处理是在1.33~0.0133Pa真空度的真空介质中加热零件。真空热处理后的零件表面不氧化、不脱碳、表面光洁、变形小,可显著提高零件耐磨性和疲劳强度。真空热处理操作条件好,有利于实现自动化,污染小,节约能源,已成为热处理发展的主要方向之一。

四、电子束淬火

电子束淬火是利用电子枪发射出电子束作为能源,轰击工件表面,使之急速加热,而后自冷淬火,使工件表面得到强化的热处理。其能量利用率大大提高,约达80%,大大高于激光淬火。此种工艺不受钢材种类的限制,淬火质量高,基本性能不变,是很有发展前途的新工艺。如对现代汽车的离合器、凸轮、挺杆等零件的表面处理均可采用电子束淬火。

五、热喷涂技术

热喷涂技术是表面强化处理技术的一种,是指以某种热源,将粉末或线状材料加热到熔化或熔融状态后,用高压高速气流将其雾化成细小的颗粒喷射到零件表面上,形成一层覆盖层的过程。热喷涂可以喷金属材料,也可以喷非金属材料,如陶瓷。金属喷涂主要用于修复磨损的零件，如汽车、拖拉机的曲轴、缸套、凸轮轴、半轴、活塞环等。喷涂也可用于填补铸件裂纹，以及制造和修复减摩材料、轴瓦等。

六、气相沉积技术

气相沉积是利用气相中的纯金属或化合物沉积于工件表面形成涂层，用以提高工件的耐磨性、耐蚀性，或获得某些特殊的物理化学性能的一种表面涂覆新技术。应用气相沉积方法将碳化物（TiC、SiC）或氮化物（TiN、Si3N4）涂于刃具、模具及各种耐磨结构零件表面上，可获得几个微米厚的超硬涂层，使零件具有很好的耐磨性、抗咬合性、抗氧化性和低的摩擦因数，使用寿命大大提高。

想一想

除了热处理外还有什么方法可以对工件进行表面强化？

思考与练习

1. 简述什么是热处理、退火、正火、淬火、回火。
2. 正火与退火有何区别？如何选用？
3. 钢在淬火后，为什么要回火？
4. 一批 45 钢零件进行热处理时，不慎将淬火件和调质件弄混，如何区分开？
5. 用 T8 钢材制作的一把锉刀，需要哪些热处理才能实现？

思政园地

用匠心做品质——廊坊光华热处理公司孙美荣

有人说，漫漫人生路，做一件事，太过于乏味；而也有人说一件事，一辈子，是从极简到极致的过程。比较而言，后者之精神才值得我们学习。廊坊光华热处理公司孙美荣，从 1985 年起就一直就抱着将精湛的技术传播推广出去的初心，风雨兼程，将半生心血和精力，都倾注在了热处理及表面处理的领域中。

2006 年，孙美荣来到廊坊市永清工业园区，怀揣着梦想和决心，成立了光华公司。从最初的平地到设施完善，几经拼搏，在这片一万平方米的土地上，洒满了孙美荣的心血与汗水。如今的光华公司，在严守质量关的同时，还从专业角度，针对各类产品在服役环境中的实际需求，不断进行技术创新和工艺迭代，为众多用户提供更好的产品性能。通过十余年的努力，孙美荣及其光华热处理公司最终依靠过硬的质量和优秀的服务，在业内声名鹊起。

以工匠之心，锲而不舍，将平凡之事，做到极致，这是孙美荣对廊坊光华热处理多年的总结。如今的廊坊光华热处理公司是 QPQ 国家标准的主要起草单位，全国热处理标准化技术委员会、中国热处理行业协会工艺材料专业委员会的委员单位，中国热处理行业协会、中国热处理学会的会员单位，为石油、军工、航天、汽车等民生、国防、医疗领域提供更好的服务。

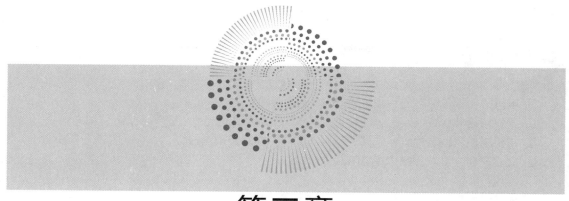

第三章
常用金属材料

知识脉络图

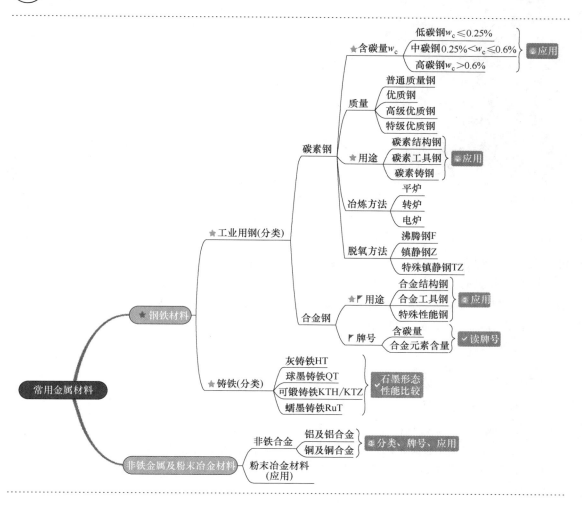

学习目标

□ 掌握常用钢铁材料的种类、牌号、性能及应用；
□ 了解常用非铁金属及合金的种类、牌号、性能及应用；
□ 初步掌握机械零件材料选择的原则与步骤，并能正确选材；
□ 树立严谨的科学态度，提高团队协作意识。

第一节 钢铁材料

我们都知道，发动机是飞机最重要、制造难度最大的部件，堪称飞机的"心脏"。除了发动机以外，起落架（图 3-1）是飞机起飞、降落时的关键受力部件，号称乘客"生命的支点"。现在我们常见的大飞机，基本都在 100 吨以上，飞机起落架那么细，怎么能够承受飞机上百吨的重量和起降时的巨大冲击力？这是因为飞机起落架使用了超高强度材料，其中包含了超高强度钢。本节我们就来介绍一下钢铁材料。

图 3-1 飞机起落架

钢铁材料是以铁和碳为主要成分的合金，通常所指的钢铁材料是钢和铸铁的总称，指所有的铁碳合金。铁一般是指工业纯铁，碳的质量分数 $w_c \leqslant 2.11\%$ 的铁碳合金称为钢，而碳的质量分数 $w_c > 2.11\%$ 的铁碳合金称为铸铁。钢中有少量的 Mn、Si、S、P 等元素。其中 Si 和 Mn 是有益元素，Mn 来自生铁和脱氧剂，质量分数一般在 0.8% 以下；Si 也是来自生铁和脱氧剂，质量分数一般在 0.4% 以下，Si 和 Mn 一样都能溶入铁素体中，产生固溶强化，可以显著提高材料的强度、硬度和耐腐耐磨性。S 和 P 则为有害元素，S 是由生铁和燃料带入的杂质，在钢中是有害元素。S 在钢中不溶于铁，而与铁形成化合物 FeS，会造成钢铁的热脆性；P 是由生铁带入钢中，P 能全部溶入铁素体，使钢的强度、硬度提高，但塑性、韧性急剧下降，会造成钢铁的冷脆性，降低材料性能。但如果在易切削钢中适当提高 S、P 的含量，使切屑易断，改善切削加工性能。为了获得不同性能的钢材，还会在熔炼过程中加入铬、镍、钼、钨、钒等微量元素，而这些化学成分决定了钢材的不同特性。

一、钢材料

1. 钢材料的分类

按化学成分不同，钢材料分为碳素钢和合金钢两大类。碳素钢是指 $w_c < 2.11\%$，并含有少量 Si、Mn、S、P 等杂质元素的铁碳合金，按碳元素含量的不同分为低碳钢（$w_c \leqslant 0.25\%$）、中碳钢（$0.25\% < w_c \leqslant 0.60\%$）、高碳钢（$w_c > 0.60\%$）。合金钢是指在碳素钢的基础上有目的地加入一种或几种金属元素所形成的钢，按合金元素含量可分为低合金钢（合金元素的总含量在

5%以下)、中合金钢(合金元素的总含量在5%~10%之间)和高合金钢(合金元素的总含量在10%以上)。

按钢的质量,钢材料可分为普通质量钢($w_S = 0.035\% \sim 0.050\%$,$w_P = 0.035\% \sim 0.045\%$)、优质钢($w_S \leqslant 0.035\%$,$w_P \leqslant 0.035\%$)、高级优质钢($w_S \leqslant 0.030\%$,$w_P \leqslant 0.030\%$)、特级优质钢($w_S \leqslant 0.020\%$,$w_P \leqslant 0.025\%$)。

按钢的用途分类,钢材料可分为结构钢、工具钢和特殊性能钢。

按钢的冶炼方法分类,钢材料分为平炉钢、转炉钢、电炉钢。

按钢的脱氧方法分类,钢材料分为沸腾钢(F)、镇静钢(Z)、特殊镇静钢(TZ)。

按钢的工艺特点分类,钢材料分为铸钢、渗碳钢、易切削钢等。

本节我们简要介绍碳素钢和合金钢。

2. 碳素钢

(1) 碳素结构钢

碳素结构钢是指用于制造一般结构件和普通机械零件的非合金钢,其牌号由代表钢材屈服强度的字母、屈服强度数值、质量等级和脱氧方法四个部分组成。其中质量等级符号用A、B、C、D、E表示,脱氧方法分别用F(沸腾钢)、B(半镇静钢)、Z(镇静钢)、TZ(特殊镇静钢)表示,在钢号中"Z"和"TZ"可以省略。例如Q235AF,"Q"是屈服强度"屈"字汉语拼音首位字母,"235"表示屈服强度值不小于235 MPa,"A"表示质量等级为A级,"F"表示沸腾钢。

碳素结构钢中碳的含量一般较低(杂质S、P的含量相对较高),有足够的强度和韧性、良好的成形工艺性、良好的焊接性。碳素结构钢可以热轧成成品或型材(圆钢、方钢、螺纹钢、盘条、工字钢等),也可进行锻造、焊接等。

碳素结构钢广泛应用于船舶、桥梁、车辆、建筑工程、石油、化工、冶金、矿山、压力容器、军工等领域。碳素结构钢常用的牌号有Q195、Q215、Q235、Q275等。

(2) 优质碳素结构钢

优质碳素结构钢是对硫、磷控制较严、用于制造重要机械结构零件的非合金钢。优质碳素结构钢的牌号用两位数字表示,即碳的平均质量分数的万分数。如45钢,表示钢中碳的平均质量分数为0.45%。若钢中锰的含量较高,则后面加"Mn"。如65Mn钢,表示钢中碳的平均质量分数为0.65%,含锰量$w_{Mn} = 0.9\% \sim 1.2\%$。若为沸腾钢,则在两位数字后面加"F",如08F钢。

优质碳素结构钢可用来制作尺寸稍大或强度要求稍高的零件。不同牌号的优质碳素结构钢具有不同的性能,如表3-1所示。

表3-1 优质碳素结构钢的牌号、化学成分和力学性能

牌号	化学成分含量/%			力学性能			
	C	Si	Mn	R_m/MPa	R_{eH}/MPa	A/%	Z/%
08F	0.05~0.11	≤0.03	0.25~0.50	295	175	35	60
10F	0.07~0.13	≤0.07	0.25~0.50	315	185	33	55
08	0.05~0.11	0.17~0.37	0.35~0.65	325	195	33	60
10	0.17~0.13	0.17~0.37	0.35~0.65	335	205	31	55
15	0.12~0.18	0.17~0.37	0.35~0.65	375	225	27	55
20	0.17~0.23	0.17~0.37	0.35~0.65	410	245	25	55
25	0.22~0.29	0.17~0.37	0.50~0.80	450	245	23	55

续表

牌号	化学成分含量/%			力学性能			
	C	Si	Mn	R_m/MPa	R_{eH}/MPa	A/%	Z/%
30	0.27～0.34	0.17～0.37	0.50～0.80	490	295	21	50
35	0.32～0.39	0.17～0.37	0.50～0.80	530	315	20	45
40	0.37～0.44	0.17～0.37	0.50～0.80	570	335	19	45
45	0.42～0.50	0.17～0.37	0.50～0.80	600	355	16	40
50	0.47～0.55	0.17～0.37	0.50～0.80	630	375	14	40
55	0.52～0.60	0.17～0.37	0.50～0.80	645	380	13	35
60	0.57～0.65	0.17～0.37	0.50～0.80	675	400	12	35
65	0.62～0.70	0.17～0.37	0.50～0.80	695	410	10	30

08F钢强度低，但塑性很好。常轧制成薄钢板，广泛用于冷冲压和深拉延制品，如外壳、容器等。

10～25钢属低碳钢，强度、硬度低，塑性、韧性好，切削加工性较差，但具有良好的冷冲压性能和焊接性能，常用于冷冲压件和焊接结构件，以及受力不大的机械零件，如螺栓、螺母、垫圈、法兰盘及焊接容器等。还可用作尺寸不大、形状简单的渗碳件，如套筒、活塞等。

30～55钢属中碳钢，具有良好的综合力学性能和切削加工性能，经调质处理后，可用于受力较大的机械零件，如齿轮、齿条、连杆、机床主轴等轴类零件等，其中以45钢应用最广。

60～85钢属高碳钢，经适当热处理后，有较高的强度和弹性，主要用于弹性元件和耐磨件，如各类板簧、弹簧、弹簧垫圈及钢轨、钢丝绳、车轮、轧辊、摩擦盘等。

(3) 碳素工具钢

碳素工具钢碳的质量分数为0.65%～1.35%，根据S、P含量的不同又分为优质碳素工具钢（简称碳素工具钢）和高级优质碳素工具钢两类。碳素工具钢的牌号以汉语拼音字母"T"，后面加数字表示碳的平均质量分数的千分数；如为高级优质碳素工具钢，则在数字后面再加上"A"。例如T8钢表示碳的平均质量分数为0.8%的优质碳素工具钢，T12A钢表示碳的平均质量分数为1.2%的高级优质碳素工具钢。

对碳素工具钢来说，随着碳的质量分数的增加，钢淬火后的硬度无明显变化，但耐磨性增加，韧性下降。使用时，一般进行淬火加较低温回火的热处理，保证高硬度和良好的耐磨性。

碳素工具钢的牌号、化学成分、热处理和用途如表3-2所示。

(4) 铸钢

铸钢是指w_c=0.15%～0.60%的铸造碳钢，用"ZG"代表"铸钢"，后面加两组数字表示，第一组数字表示上屈服强度R_{eH}，后一组数字表示抗拉强度R_m。例如ZG230-450表示上屈服强度为230MPa，抗拉强度为450MPa的铸钢。

铸钢适用于形状复杂而难于用锻压加工方法成形，但对强度、韧性要求高的机械零件，如重型机械、矿山机械、冶金机械及车辆中的齿轮拨叉、大型齿轮、辊子、缸体、阀体、缸体、机座等。

表 3-2 碳素工具钢的牌号、化学成分、热处理及用途

牌号	化学成分含量/%			退火状态	试样淬火		用途
	C	Mn	Si	HBW≤	淬火温度/℃，淬火介质	HRC≥	
T7	0.65～0.74	≤0.40	0.35	187	800～820℃，水	62	承受冲击载荷、硬度较高的工具，如冲模、板牙、丝锥、锤子、木工工具、钳工装配工具等
T8	0.75～0.84				780～800℃，水		
T8Mn	0.80～0.90	0.40～0.60					
T9	0.85～0.94	≤0.40	≤0.4	192	760～780℃，水		具有一定韧性、硬度高的工具，如冲模、木工工具、凿岩工具等
T10	0.95～1.04	≤0.40		197			不受冲击载荷、高耐磨的工具，如车刀、刨刀、钻头、手锯条等
T11	1.05～1.14	≤0.40		207			不受冲击载荷、高耐磨的工具，如车刀、刮刀、冲头、丝锥、钻头等
T12	1.15～1.24	≤0.40					不受剧烈冲击，要求高硬度的工具，如锉刀、刮刀、丝锥、量具等
T13	1.25～1.35	≤0.40		217			不受振动、极高硬度的工具，如刮刀、剃刀、刻字工具等

3. 合金钢

为改善钢的组织和性能，在碳钢的基础上加入一种或几种合金元素所形成的钢称为合金钢。合金钢与碳钢相比较，具有高的强度、韧性、耐磨性、耐腐蚀性，良好的淬透性、回火稳定性和低温冲击韧性。在合金结构钢中，常添加的合金元素有铬（Cr）、锰（Mn）、硅（Si）、钨（W）、镍（Ni）、钼（Mo）、钒（V）、钛（Ti）等。合金钢种类繁多，按用途分，可分为合金结构钢、合金工具钢和特殊性能钢。

（1）合金结构钢

合金结构钢是指用于制造各种结构件的钢，通常是在优质碳素结构钢的基础上加入一些合金元素而形成的钢。采用"两位数字＋元素符号＋数字"的方法表示。前面两位数字表示碳的平均质量分数的万分数；元素符号表示所含的合金元素；元素符号后面的数字表示该元素的平均质量分数的百分数。当合金元素的平均质量分数＜1.5%时，牌号中一般只标明元素符号，而不标明数值。如果合金元素的平均质量分数不小于1.5%，在元素符号后面标注2；如果合金元素的平均质量分数，则相应地在元素符号后面标注3；如果合金元素的平均质量分数不小于3.5%，则相应地在元素符号后面标注4。如40Cr，表示碳的质量分数 w_c=0.40%，铬的质量分数 w_{Cr}＜1.5%的合金结构钢。

合金结构钢主要包括低合金结构钢、易切削钢、调质钢、渗碳钢、弹簧钢、滚动轴承钢等。

低合金高强度结构钢是在碳素结构钢（w_c=0.16%～0.20%）的基础上，加入少量合金元素而形成的钢。合金元素除了保证钢材具有较高的强度、韧性、焊接性能外，还能提高钢的淬透性，使机械零件获得到良好的综合力学性能。低合金高强度结构钢，其编号方法与碳素结构钢的编号方法基本相同，也是在"Q"后面加屈服强度数值，数值后面再加质量等级。例如，Q390A表示屈服强度不小于390MPa，质量等级为A级的低合金高强度结构钢。常用的低合金结构钢有Q295、Q345、Q390、Q420、Q460等。如国家体育馆"鸟巢"主体

钢架结构采用 Q460E 钢建造。

渗碳钢是指经渗碳后使用的合金结构钢。渗碳钢适用于表面承受强烈摩擦、磨损和冲击载荷的零件，广泛用于制造汽车、机车及工程机械的传动齿轮、凸轮轴、活塞销等。

调质钢是指经过调质处理后的碳素结构钢和合金结构钢。调质钢通常用来制造对综合力学性能要求高的汽车、拖拉机、机床重要零件，如柴油机连杆螺栓、汽车底盘上的半轴以及机床主轴等。

弹簧钢是指用于制造各种弹簧和弹性元件的钢种，是一种专用结构。具有较高的弹性和足够强的韧性，用于重要的弹性零件，如汽车、拖拉机、坦克、车辆上的减震板簧和大型螺旋弹簧、大炮的缓冲弹簧等。

滚动轴承钢是指用于制造滚动轴承的高碳铬钢，主要用来制造滚动轴承的滚动体和内外套圈。滚动轴承在工作时，滚动体和套圈均受周期性的交变载荷作用，产生强烈的摩擦，并受到空气和润滑介质的腐蚀。滚动轴承钢需要具有高硬度、高耐磨性、高强度及耐蚀能力。

易切削钢是指在钢中添加一种或几种合金元素，提高钢的切削加工性能钢种，常用的附加元素有 S、Pb、Ca、P 等。自动机床加工的零件，大多选用低碳的碳素易切钢；若切削加工性要求高，可选用含 S 量较高的；需要焊接性好的则选用含 S 量较低的。

（2）合金工具钢

合金工具钢主要用于制造量具、刃具、模具等工具。根据使用要求，可分为量具钢、刃具钢、模具钢等。

刃具钢主要指用来制造车刀、铣刀、钻头等切削刀具的钢。刃具钢需要具有高硬度、高耐磨性、高热硬性（刃部受热升温时仍能维持高硬度）等，在刃具钢中加入 W、V、Nb 等，将显著提高钢的热硬性。高速工具钢是一种高合金工具钢，含有 W、Mo、Cr、V 等合金元素，具有良好的热硬性，当切削温度高达 600℃ 左右时，硬度仍无明显下降，能比低合金工具钢以更高的切削速度进行切削加工。其中 W18Cr4V 钢的应用就很广，适于制造高速切削用车刀、刨刀、钻头及铣刀等。W6Mo5Cr4V2 钢为另一种广泛应用的高速钢，可用于制造丝锥、钻头等。

量具钢主要指用于制造各种量具的钢。量具工作部分应有高的硬度与耐磨性，在存放和使用的过程中，尺寸不能发生变化，始终保持其高的精度，因此量具钢具有高的硬度、耐磨性，一定的塑性和韧性，某些量具要求热处理变形小。高精度的精密量具如塞规、块规等，常采用热处理变形较小的钢制造，如 CrMn、CrWMn 钢等。

模具钢主要指用于制造各类模具的钢。模具是使金属或非金属材料成形的工具，其工作条件及性能要求与成形材料的性能、温度及状态等有着密切的关系。模具钢可分为冷作模具钢、热作模具钢等。冷作模具包括拉延模、拔丝模、压弯模、冲裁模、冷镦模和冷挤压模等，所要求的性能主要是高的硬度、良好的耐磨性以及足够的强度和韧性。热作模具包括热锻模、热镦模、热挤压模、精密锻造模及高速锻模等，由于热作模具一般尺寸较大，除具备高强度、高韧性外，还要具有高的淬透性和热导性。

（3）特殊性能钢

所谓特殊性能钢，是指具有特殊的力学、物理和化学性能的钢，常用的有不锈钢、耐热钢、耐磨钢等。

① 不锈钢。不锈钢一般是指能够抵抗空气、蒸汽和水等弱腐蚀性介质腐蚀的钢的。能够抵抗酸、碱、盐等强腐蚀性介质腐蚀的钢称为耐酸钢。要提高金属的耐蚀性，主要途径是合

金化，使合金在室温下呈单一均匀的组织，提高材料本身的电极电位，使金属表面形成致密的氧化膜。常用的不锈钢有铬不锈钢和铬镍不锈钢，铬不锈钢主要有 1Cr13、2Cr13、3Cr13 和 4Cr13 等；铬镍不锈钢强度、硬度低，无磁性，塑性、韧性及耐蚀性均较 Cr13 型不锈钢好；适合于冷作成形、焊接。

② 耐磨钢。耐磨钢是指在冲击载荷作用下产生冲击硬化的高锰钢。耐磨钢不仅具有良好的耐磨性、韧性，且在寒冷气候条件下具有良好的力学性能，不会发生冷脆。主要用于制造承受严重磨损和强烈冲击零件，如挖掘机的铲斗、碎石机的颚板、坦克和拖拉机的履带板、铁轨分道岔、防弹钢板、保险箱钢板等。

③ 耐热钢。耐热钢是指在高温条件下工作具有抗氧化性或不起氧化皮，并具有足够强度的合金钢。金属材料的耐热性包含高温抗氧化性和高温强度。

❓ 想一想

你知道南京长江大桥是用什么钢建造的吗？

二、铸铁

铸铁是 $w_c>2.11\%$ 的铁碳合金，以 Fe、C、Si 为主要组成元素，比碳钢含有较多的 Mn、S、P 等杂质元素。铸铁具有优良的铸造性能、良好的切削加性能、较好的耐磨性和减振性，价格低廉，广泛应用于机械制造、冶金、矿山及交通等行业。

1. 铸铁的成分与性能特点

工业上常用铸铁的成分（质量分数）一般为含 C 2.5%～4.0%、含 Si 1.0%～3.0%、含 Mn 0.5%～1.4%、含 P 0.01%～0.5%、含 S 0.02%～0.2%。与钢相比，铸铁的 C 和 Si 含量较高。为了提高铸铁的力性能或某些物理、化学性能，在铸铁中添加一定量的 Cr、Ni、Cu、Mo 等合金元素从而形成合金铸铁。

铸铁中的 C 主要是以石墨形式存在的，所以铸铁的组织是由钢的基体和石墨组成的。铸铁的基体有珠光体、铁素体、珠光体加铁素体三种，铸铁的组织是在钢的基体上分布着不同形态的石墨。铸铁的力学性能主要取决于铸铁的基体组织及石墨的数量、形状、大小和分布，石墨的硬度仅为 3～5HBW，抗拉强度约为 20MPa，伸长率接近于零，故分布于基体上的石墨可视为空洞或裂纹。由于石墨的存在，减少了铸件的有效承载面积，且受力时石墨尖端处产生应力集中，大大降低了基体强度的利用率。因此，铸铁的抗拉强度、塑性和韧性比碳钢低。石墨的存在，使铸铁具有一些碳钢所没有的性能，如良好的耐磨性、减振性、低的缺口敏感性以及优良的切削加工性能。

2. 铸铁的分类

根据铸铁在结晶过程中石墨化的程度可分为白口铸铁、灰铸铁、麻口铸铁三类。白口铸铁中的 C 几乎全部以渗碳体形式存在，断口呈银白色，故称为白口铸铁。白口铸铁组织中存在大量莱氏体硬而脆，切削加工较困难，除极少情况下用来制造不需加工的高硬度、高耐磨零件外，主要用作炼钢原料。灰铸铁是工业上应用最广泛的铸铁。麻口铸铁中的 C 一部分以石墨形式存在，另一部分以渗碳体形式存在，其组织介于白口铸铁和灰口铸铁之间，断口呈黑白相间的麻点，故称为麻口铸铁。该铸铁性能硬而脆、切削加工困难，工业上很少使用。

根据铸铁中石墨形态的不同,铸铁分为灰铸铁、可锻铸铁、球墨铸铁和蠕墨铸铁四类。另外,在灰铸铁或球墨铸铁等中加入一定量的合金元素,可形成合金铸铁。合金铸铁具有某些特殊性能,如耐热、耐蚀及耐磨等。

(1) 灰铸铁

灰铸铁是应用最广的一种铸铁,占铸铁总用量的80%以上,灰铸铁基体上分布着片状石墨,如图3-2所示。根据基体组织的不同可分为:铁素体组织+片状石墨、珠光体组织+片状石墨、铁素体+珠光体织+片状石墨。

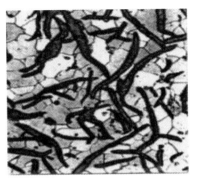

图3-2 灰铸铁基体中分布着片状石墨

灰铸铁的抗拉强度、塑性、韧性和弹性模量远比相应基体的碳钢低。石墨片的数量越多,尺寸越大,分布越不均匀,铸铁的强度、塑性与韧性就越低。石墨虽然会降低铸铁的抗拉强度、塑性和韧性,但它使灰铸铁具有了优良的铸造性能、减摩性、减振性、切削加工性,并且具有低的缺口敏感性。由于灰铸铁具有一系列的优良性能,且价格低廉,易获得,在工业生产中被广泛用于制造各种有承受压力和要求消震性的床身、机架,结构复杂的箱体、壳体和承受摩擦的导轨、缸体等。

灰铸铁的牌号是由"HT+三位数字"组成的,"HT"为灰铸铁的代号,数字表示最低抗拉强度值。如HT200表示最低抗拉强度为200MPa的灰铸铁。常用灰铸铁牌号、力学性能及用途如表3-3所示。

表3-3 常见灰铸铁的牌号、力学性能及用途

牌号	最小抗拉强度 R_m/MPa	硬度/HBW	用途
HT100	100	≤170	低负荷和不重要的零件,如盖、外罩、手轮、支架、重锤等
HT150	150	125~205	承受中等应力负荷(抗弯压应力小于100MPa)的零件。如支柱、底座、工作台、刀架、端盖、阀体、齿轮箱、工作压力不大的管子配件及一般无工作条件要求的零件
HT200	200	150~230	承受较大应力(抗弯压应力小于300MPa)和较重要的零件,如机床床身、立柱、横梁、滑板、工作台、气缸、齿轮、机座、飞轮、活塞、联轴器、齿轮箱、轴承座、油缸等
HT225	225	170~240	
HT250	250	180~250	
HT275	275	190~260	承受高弯曲应力(小于500MPa)及抗拉应力的重要零件,如剪床和压力机的机身、机架、齿轮、凸轮、车床卡盘、高压液压缸、滑阀壳体等
HT300	300	200~275	
HT350	350	220~290	

(2) 可锻铸铁

可锻铸铁是由白口铸铁在固态下经长时间可锻化退火而得到的具有团絮状石墨的一种铸铁,可锻铸铁根据化学成分、退火工艺、性能与组织不同,可分为为黑心可锻铸铁(铁素体基可锻铸铁)和珠光体可锻铸铁,如图3-3所示。牌号分别用"KTH"(黑心可锻铸铁)、"KTZ"(珠光体可锻铸铁)和其后的两组数字表示,两组数字分别表示抗拉强度和断后伸长率。如KTZ450-06表示最低抗拉强度为450MPa,最小断后伸长率为6%的珠光体可锻铸铁。

可锻铸铁比灰铸铁的力学性能高,尤其是塑性与韧性要高得多,可锻铸铁与灰铸铁相比

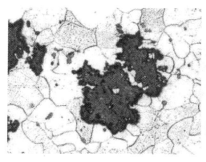 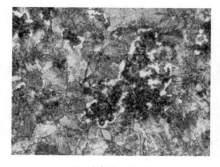

(a) 黑心可锻铸铁　　　　　　　(b) 珠光体可锻铸铁

图 3-3　可锻铸铁

较，具有较高的强度和一定的塑性、韧性，虽然被称为可锻铸铁，但它并不能锻造。珠光体基可锻铸铁的强度、塑性和韧性要高于铁素体基可锻铸铁，主要用于承受高强度、硬度和高耐磨性的铸件，铁素体基可锻铸铁主要用于承受冲击和振动的铸件。

可锻铸铁的牌号、力学性能及用途如表 3-4 所示。

表 3-4　可锻铸铁的牌号、力学性能及用途

牌号	力学性能				用途
	R_m /MPa	$R_{p0.2}$ /MPa	A /%	硬度/HBW	
KTH275-05	275	—	5	≤150	各种管接头、中低压阀门；机床附件，如钩型扳手、螺纹铰扳手等；农具，如犁刀、犁柱；汽车、拖拉机零件，如后桥壳、车轮壳、转向机构壳体等
KTH300-06	300	—	6		
KTH330-08	330	—	8		
KTH350-10	350	200	10		
KTH370-12	370	—	12		
KTZ450-06	450	270	6	150～200	载荷较高的耐磨零件，如曲轴、连杆、齿轮、凸轮轴、摇臂、活塞环、万向接头、棘轮等
KTZ500-05	500	300	5	165～215	
KTZ550-04	550	340	4	180～230	
KTZ600-03	600	390	3	195～245	
KTZ650-02	650	430	2	210～260	
KTZ700-02	700	530	2	240～290	
KTZ800-01	800	600	1	270～320	

（3）球墨铸铁

通过在浇铸前向灰铸铁铁水中加入一定量的球化剂（如镁、稀土元素等）进行球化处理，并加入少量的孕育剂（硅铁或硅钙合金）以促进片状石墨球状分布，在浇铸后可直接获得具有球状石墨结晶的铸铁，即球墨铸铁，如图 3-4 所示。

球墨铸铁的强度、塑性和韧性都远远超过灰铸铁，甚至优于可锻铸铁。球墨铸铁可适应各种热处理，使其力学性能提高到更高的水平。在一定的条件下可代替铸钢、锻钢、合金钢及可锻铸铁，用来制造各种受力复杂、负荷较大和耐磨的

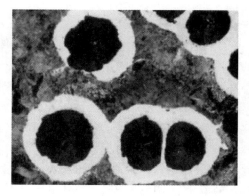

图 3-4　球墨铸铁中的球状石墨结晶

重要铸、锻件。球墨铸铁在生产中易出现白口、缩松等现象,其熔炼和铸造工艺要求较高。由于球墨铸铁具有优良的力学性能、加工性能和铸造性能,生产工艺简便,成本低廉,因此得到了越来越广泛的应用。

常见球墨铸铁的牌号、力学性能及用途如表 3-5 所示。

表 3-5 球墨铸铁的牌号、力学性能及用途

牌号	R_m /MPa	$R_{P0.2}$ /MPa	A /%	HBW	用途
QT400-18	400	250	18	120~175	承受冲击、震动的零件。如汽车、拖拉机的牵引框、轮毂、离合器、减速器壳体等;农机具的犁铧、犁柱;阀体、阀盖等
QT400-15	400	250	15	120~180	
QT450-10	450	310	10	160~210	
QT500-7	500	320	7	170~230	内燃机的机油泵齿轮、水轮机的阀门体、铁路机车车辆的轴瓦等;柴油机和汽油机的曲轴、连杆、凸轮轴、汽缸套、进排气门座;空气压缩机及冷冻机的缸体、缸套
QT600-3	600	370	3	190~270	

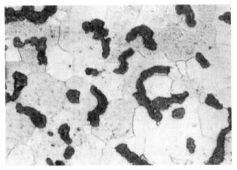

图 3-5 蠕墨铸铁中蠕虫状分布的石墨

(4) 蠕墨铸铁

蠕墨铸铁中的石墨主要以蠕虫状形态存在,如图 3-5 所示,其石墨形状介于片状和球状之间,它是一定成分的铸铁液经蠕化处理和孕育处理后而获得的。蠕墨铸铁的力学性能介于基体组织相同的灰铸铁和球墨铸铁之间。当成分一定时,蠕墨铸铁的强度和韧性比灰铸铁高;塑性和韧性比球墨铸铁低,但强度接近于球墨铸铁。蠕墨铸铁具有优良的抗热疲劳性能,其铸造性能和减震能力都好于球墨铸铁,接近于灰铸铁。蠕墨铸铁广泛用来制造诸如电机外壳、柴油机缸盖、机座、床身、锭模、飞轮、排气管、阀门体等机器零件。

蠕墨铸铁的牌号用蠕墨铸铁的代号"RuT"加一组数字表示,数字表示最小抗拉强度。例如 RuT260 表示最小抗拉强度为 260MPa 的蠕墨铸铁。

(5) 合金铸铁

合金铸铁(或称特殊性能铸铁)是向铸铁(灰铸铁或球墨铸铁等)中加入一定量的合金元素(如 Si、Mn、Mo、W、Al、Cr、Cu、V),从而提高铸铁件的力学性能或获得某些特殊性能,如耐热、耐蚀及耐磨等的铸铁。

① 耐磨铸铁。铸铁件经常在摩擦条件下工作,承受不同形式的磨损。为了保证铸铁件的使用寿命,除保证一定的力学性能外,还要求铸铁有耐磨性能。耐磨铸铁根据基体组织的不同可分为高磷耐磨铸铁、磷铜钛耐磨铸铁、钒钛耐磨铸铁等。如提高铸铁中磷的质量分数形成磷共晶,使铸铁的耐磨性显著提高,这种铸铁称为高磷耐磨铸铁,主要用于制造机床导轨、气缸套、活塞环等。若在高磷铸铁的基础上加入铜和钛元素后形成耐磨性更好的磷铜钛合金铸铁。

② 耐热铸铁。普通灰铸的耐热性较差,只能在低于 400℃ 的温度下工作,耐热铸铁是指可在高温下使用的铸铁。常用耐热铸铁有:中硅耐热铸铁(RTSi5.5)、中硅球墨铸铁(RQTSi5.5)、高铝耐热铸铁(RTA122)、高铝球墨铸铁(RQTA122)、低铬耐热铸铁

（RTCr1.5）和高铬耐热铸铁（RTCr28）等。耐热铸铁主要用于制造加热炉炉底板、加热炉衬板、热交换器、废气管道、坩埚、钢锭模等。

③ 耐蚀铸铁。在铸铁中加入 Cr、Si、Ni、Cu、P 等合金元素，可以提高铸铁在大气、酸和碱介质中的抗蚀能力，将在酸、碱、盐、大气、海水等腐蚀性介质中工作时具有较高的耐蚀能力的铸铁称为耐蚀铸铁。耐蚀铸铁不仅具有一定的力学性能，而且在腐蚀性介质中工作时具有耐蚀性。耐蚀铸铁广泛地应用于化工部门，用来制造管道、阀门等，目前我国应用最广的是高硅耐蚀铸铁。

 做一做

试观察道路上的金属井盖是什么材质的。

第二节　非铁金属及粉末冶金材料

工程中通常将钢铁材料以外的金属及其合金，统称为非铁金属或非铁合金（旧标准称有色金属）。铜、铝、铅、锌、钛、镁等非铁金属及其合金具有某些特殊的物理、化学和力学性能，如密度小、比强度大、耐热、耐腐蚀和良好的导电性等，是现代工业尤其是航空航天、航海、兵器、核能、计算机等领域的重要材料。目前广泛应用的非铁金属及其合金主要有铝及铝合金、铜及铜合金、轴承合金、钛及钛合金、镁及镁合金等。

铝合金件加工

一、铝及铝合金

1. 纯铝

纯铝的密度为 $2.72g/cm^3$，熔点为 660℃，具有面心立方晶格，无同素异构转变。纯铝的导电性、导热性很好，其化学性质活泼，极易在表面生成一层致密的氧化膜，耐大气腐蚀性能好，但不耐酸、碱、盐的腐蚀。纯铝易于铸造、切削和压力加工，可进行各种加工，制成板材、箔材、线材、带材及型材，但抗拉强度低，适用于制造电线、电缆、装饰件、散热器及日常生活器具等。

2. 铝合金

纯铝的强度低，不宜直接作为结构材料和制造机械零件。为提高其强度，向纯铝中加入 Si、Cu、Mg、Mn 等合金元素制成铝合金。这些铝合金仍具有密度小、比强度（即抗拉强度与材料表观密度之比）高，并具有良好的导热性及耐蚀性等性能。在航天工业中，铝合金是运载火箭和宇宙飞行器结构件的重要材料，也是军事工业中主要的结构材料之一。

根据铝合金的成分及生产工艺特点，将铝合金分变形铝合金和铸造铝合金。当加热至高温时能形成单相固溶体，塑性好，适宜进行压力加工的，称为加工铝合金，又称为变形铝合金；含有共晶组织，液态流动性高，适于铸造的，称为铸造铝合金。

变形铝合金可按其性能特点，可分为铝-锰系或铝-镁系铝合金（防锈铝）、铝-铜-镁系铝合金（硬铝）、铝-铜-镁-锌系铝合金（超硬铝）、铝-铜-镁-硅系铝合金（锻铝），这些合金常经冶金厂加工成各种规格的板、带、线、管等型材。表 3-6 所示为常用变形铝合金牌号。

表 3-6 常用变形铝合金牌号

新牌号	旧牌号	类别	性能与用途
H112	LF2	防锈铝	耐蚀性、焊接性能好,强度较低,用于中等强度焊接件、冷冲压件、容器、飞机油箱等
H24	LF21		
T42	LY11	硬铝	耐腐蚀性差,强度高,用于螺旋桨叶片、飞机骨架零件、蒙皮、翼梁、发动机气缸垫等
T42	LY12		
7A04	LC4	超硬铝	室温强度很高,耐蚀性差,用于高载零件、飞机大梁、起落架、火箭箭体、飞行器舱体等
7A09	LC9		
2219	2219	锻铝	锻造性能和耐热性能好,用于叶片、叶轮、活塞、火箭燃料箱等高负荷零件
2A14	LD10		

铸造铝合金的力学性能不如变形铝合金,但其熔点低,流动性好,适宜铸造成形。铸造铝合金有铝硅系、铝铜系、铝镁系和铝锌系四种,其中以铝硅系合金应用最广。表 3-7 所示常用铸造铝合金的牌号。

表 3-7 常用铸造铝合金的牌号

牌号	代号	类别	用途
ZAlSi12	ZL102	铝硅合金	用于铸造形状复杂的零件,如仪表零件、船舶零件、飞机零件、气缸体、气缸盖、油泵壳体、发动机箱体等
ZAlSi5Cu1Mg	ZL105		
ZAlCu5Mn	ZL201	铝铜合金	用于形状复杂、中等载荷零件,如活塞、气缸头、支臂等
ZAlMg10	ZL301	铝镁合金	用于高载荷、冲击载荷零件,如船舰配件等
ZAlSn11Si7	ZL401	铝锌合金	用于高的静载荷、形状复杂的零件,如汽车、飞机零件等

想一想

生活中你见过哪些铝合金制品?它们有何特点?

二、铜及铜合金

铜是人类应用最早和最广的一种有色金属,铜及铜合金在电气仪表、造船及机械制造工业有广泛的应用。

铜件的加工

1. 纯铜

纯铜密度 $8.96g/cm^3$,熔点 $1083℃$,具有面心立方晶格,无同素异构转变。纯铜是玫瑰红色金属,表面形成氧化铜膜后,外观呈紫红色,故常称为紫铜。纯铜强度不高,硬度很低,塑性极好,并有良好的低温韧性,可以进行冷、热压力加工,但强度低,价格昂贵,不宜直接用作结构材料,主要用于导电、导热及兼有耐蚀性的器材,如电线、电缆、电刷、化工用传热或深冷设备,以及用以配制各种铜合金。纯铜具有很好的化学稳定性,在大气、淡水及冷凝水中均有良好的耐蚀性,但在海水中的耐蚀性较差,易被腐蚀。纯铜在含有 CO_2 的湿空气中,表面将产生碱性碳酸盐的绿色薄膜,又称铜绿。

2. 铜合金

铜合金是以铜为基体，加入不同的合金元素形成的，按加入元素不同，分为黄铜（Cu+Zn）、白铜（Cu+Ni）及青铜（Cu+Sn），在机械制造领域中使用最广的是黄铜和青铜。

（1）黄铜

黄铜是以 Zn 为主要合金元素的铜-锌合金，分为普通黄铜和特殊黄铜两类，不含其他合金元素的黄铜称为普通黄铜，含有其他合金元素的黄铜称为特殊黄铜。黄铜具有良好的塑性、耐腐蚀性、变形加工性能和铸造性能，应用较广。

普通黄铜的代号用"H+数字"表示。"H"为"黄"汉语拼音首字母，数字表示 Cu 的平均质量分数的百分数。例如 H68 黄铜（代号 H68）表示铜的平均质量分数为 68%，其余成分为 Zn 的普通黄铜。

特殊加工黄铜代号表示方法为"H+主加元素符号+铜含量+主加元素含量"。例如，HPb59-1 表示 Cu 的平均质量分数为 59%，Pb 的平均质量分数为 1%，其余成分为 Zn 的压力加工黄铜。

常用黄铜的牌号、性能及用途如表 3-8 所示。

表 3-8 常见黄铜牌号、性能及用途

类别	牌号	代号	性能	用途
普通黄铜	H62	T27600	较高的强度和耐蚀性	散热器片、进水管、销钉、铆钉、螺母、垫圈等
普通黄铜	H68	C26300	优良的冷、热塑性变形能力	复杂冷冲件和深冲件，如导管、波纹管、弹壳等
普通黄铜	H90	C22000	优良的耐蚀性、导热性和冷变形能力	用于形状复杂、中等载荷零件，如活塞、气缸头、支臂等
特殊黄铜	HSn62-1	T46300	耐海水腐蚀性好	汽车弹性套管，船舶零件，海水中工作的零件等
特殊黄铜	HPb59-1	T38100	力学性能好、可加工性能好、易于焊接	热冲压及切削加工零件，如销钉、螺母、轴套等
特殊黄铜	HAl60-1-1	T69240	耐蚀性好、强度高	在海水中工作的高强度零件及高耐腐蚀性零件等
特殊黄铜	HMn58-2	T67400	耐蚀性好	耐腐蚀和弱电用零件、坦克诱导杆螺帽等

（2）青铜

青铜分为普通青铜（锡青铜）和特殊青铜（不含锡的青铜），特殊青铜也称无锡青铜，包括铝青铜、铍青铜、硅青铜、铅青铜、锰青铜等。青铜的代号表示方法为"Q+主加元素符号+其他元素含量"，如 QSn4-3，表示 Sn 的平均质量分数为 4%，Zn 的平均质量分数为 3%，其余为铜的锡青铜。锡青铜在大气、海水、淡水以及水蒸气中耐蚀性比纯铜和黄铜好，但在盐酸、硫酸及氨水中的抗蚀性较差；铝青铜主要用于制造耐磨、耐蚀和弹性零件，如轴承、齿轮、蜗轮、轴套、弹簧以及船舶制造中的特殊部件（如船舶螺旋桨）等。铍青铜的弹性极限、疲劳极限都很高，耐磨性、耐蚀性、导热性、导电性和低温性能也非常好，无磁性、冲击时不产生火花，承受冷热压力加工的能力很好，铸造性能也好，但铍青铜价格昂贵，主要用来制作精密仪器、仪表的重要弹簧、膜片和其他弹性元件。

做一做

请观察水龙头结构，查阅资料了解水龙头阀芯的材质。

三、粉末冶金材料

粉末冶金材料是将几种金属粉末（或金属与非金属粉末）混合后压制成型，再经过烧结而获得的材料。粉末冶金工件（图 3-6）精度高，尺寸精确，生产过程可实现少切削或无切削，生产率高。

用粉末冶金方法可以生产出具有特殊性能的材料，如硬质合金、难熔金属、磁性材料、摩擦材料和高温耐热材料等。粉末冶金不需要熔炼和铸造，生产工艺简单，占地面积小，可使压制品达到或极接近于零件要求的形状、尺寸精度与表面粗糙度，材料的利用率高，接近 100%。

图 3-6　粉末冶金工件

1. 硬质合金

硬质合金是以碳化钨（WC）或碳化钨与碳化钛（TiC）等高熔点、高硬度的碳化物为基体，并加入 Co（或 Ni）作为黏结剂混合后制成的一种粉末冶金材料。硬度高达 89～93HRA（相当于 74～82HRC）。硬质合金刀具在使用时，其切削速度、耐磨性与寿命都比高速钢有显著提高。目前常用的硬质合金有钨钴类硬质合金、钨钛钴类硬质合金、通用硬质合金等。

（1）钨钴类硬质合金

钨钴类硬质合金的主要化学成分为碳化钨（WC）和钴（Co），其代号用"YG＋数字"表示，"硬""钴"两字汉语拼音的字首"YG"表示钨钴类硬质合金，数字表示钴的质量分数的百分数。如 YG6，表示 Co 的质量分数为 6%，余量为碳化钨的钨钴类硬质合金。也可采用国际标准 ISO 代号"K"＋组别号（组别号为两位数字，如 K30）来表示，并采用红色标记。钴类硬质合金钴的含量越高，合金的强度、韧性越好，常用于有冲击振动的粗加工；钴含量越低，合金的硬度越高，耐热性越好，具有较高的强度、韧性和耐磨性。这类合金制作的刃具主要用于加工短切削的钢铁材料和非铁金属，如铸铁、青铜等脆性材料。

（2）钨钛钴类硬质合金

这类硬质合金的主要化学成分为碳化钨（WC）、碳化钛（TiC）和钴（Co）。其牌号采用 P（类别代号）＋数字表示。碳化钛含量越高，合金的硬度越高，耐热性越好，常用于精加工；碳化钛含量越低，合金的强度、韧性越好，适用于粗加工。钨钛钴类硬质合金具有较高的耐热性和耐磨性，主要用于加工长切屑的钢铁材料。

（3）通用硬质合金

这类硬质合金是用碳化钽（TaC）或碳化铌（NbC）取代了钨钛钴类硬质合金中的部分碳化钛（TiC）而形成的。在硬度不变的条件下，取代的数量越多，合金的抗弯强度越高。

此类合金兼有上述两类硬质合金的优点，适宜切削各类钢材，特别是对于不锈钢、耐热钢、高锰钢等难加工材料的切削加工效果更好。通用硬质合金又称"万能硬质合金"，其代号用"硬""万"两字的汉语拼音的字首"YW"加顺序号表示。

用粉末冶金法还可以生产钢结硬质合金，其主要化学成分是 TiC 或 WC 以及合金钢粉末，它与钢一样可进行锻造、热处理、焊接与切削加工。由于钢结硬质合金可切削加工，故适宜制造各种形状复杂的刃具、模具与要求刚度大、耐磨性好的机械零机械制造件，如镗杆、导轨等。

2. 含油轴承材料

含油轴承材料是一种多孔性的粉末冶金材料，将粉末压制成轴承后，再浸在润滑油中，由于粉末冶金材料的多孔性，在毛细现象作用下，可吸附大量润滑油（一般含油率为12％～30％）。含油轴承材料具有较高的减摩性，用这种方法制作的轴承在工作时，由于发热、膨胀，孔隙容积变小，润滑油被挤到工作表面，起到自润滑的作用。当停止工作时，润滑油在毛细现象的作用下又会渗入到孔隙中，可保证相当长的时间不必加润滑油也能有效地工作，所以含油轴承有自润滑的功能。含油轴承材料可用于制作中速、轻载荷的轴承，特别适用于不便经常润滑的轴承，如纺织机械、食品机械、家用电器所用的轴承，在汽车、拖拉机、机床中也广泛应用。

3. 粉末冶金摩擦材料

粉末冶金摩擦材料一般是以强度高、导热性好、熔点高的金属元素（如用 Fe、Cu）为基体，并加入能提高摩擦因数的摩擦组分（如 Al_2O_3、SiO_2 及石棉等），以及能抗咬合、提高减摩性的润滑组分（如 Pb、Sn、石墨、MoS2 等）制成的粉末冶金材料。因此，它能较好地满足摩擦对性能的要求。粉末冶金铜基摩擦材料常用于汽车、拖拉机、锻压机床的离合器与制动器；而铁基摩擦材料在高温重载下有优良的摩擦性能，可承受较大的压力，主要用于各种高速重载机器的制动器，如制作飞机、矿山机械、工程机械、载重汽车上的制动器与离合器摩擦片等，也广泛用于制作各种机械中的零件。

 想一想

你知道粉末冶金的工艺过程是怎样的吗？

思考与练习

1. 钢有哪些分类方式？
2. 铸铁有哪些分类？
3. 铸铁与钢相比有哪些特点？
4. 机床底座是用铸钢还是用铸铁好？为什么？
5. 解释 55，Q275C，T8，Q295，HT250，KTH300-06，QT450-10，GCr15，12Cr13 这些牌号的含义。
6. 请根据材料与用途完成连线

Q195　GCr15　HT200　20Cr　T8　08F　65Mn　45

机床齿轮　地脚螺栓　滚动轴承　锉刀　传动轴　弹簧　机床床身　冷冲压件

思政园地

"中国材料之父"——师昌绪院士

师昌绪,金属学家、材料学家。1980年当选为中国科学院学部委员(院士),1994年当选为中国工程院院士。师昌绪1948年赴美国密苏里大学矿冶学院从事真空冶金研究,1949年5月获硕士学位,并获麦格劳·希尔奖;1950年1月进欧特丹大学冶金系,1952年6月获博士学位,而后进入麻省理工学院做博士后研究。他首先研究了Fe-Mn-Al合金的恒温马氏体相变,发现其马氏体相变曲线呈C曲线状,并计算出相变激活能。他还开展了硅在超高强度钢中作用的研究,以4300系钢(Cr-Ni-Mo系结构钢)为基础,改变钢中硅和碳的含量,系统地研究了硅对回火、残留奥氏体以及二次硬化的影响。从他的工作基础上发展出来的300M超高强度钢,成为20世纪60年代到80年代世界上最常用的飞机起落架用钢,解决了过去飞机起落架常因断裂韧性或冲击韧性不够而发生事故的问题。后来这一新钢种经他人引进中国,成为我国歼击机用的最主要钢种。

1955年4月,作为日内瓦会议的成果,师昌绪进入美国政府宣布允许回国的76名中国留学生名单。从1957年起,师昌绪负责中国科学院金属研究所"合金钢与高温合金研究与开发"工作。在他的领导下,建立了钢中杂物的鉴定方法,并开展了夹杂物生成过程的研究工作,促进了我国改进钢质量工作。为了高温合金的推广与生产,他走遍全国特殊钢厂和航空发动机厂,被人们称为"材料医生"。20世纪60年代初,由于国际关系的变化,我国工业面临极大困难,特别是高温合金的生产制约着航空工业的发展。师昌绪根据我国当时缺镍少铬的情况,提出以铁基代替镍基合金的科研思路,领导并开发了中国第一种铁基高温合金,是中国高温合金开拓者之一。他同时还主持了空心涡轮叶片的研制工作,研制出中国第一代空心气冷铸造镍基高温合金涡轮叶片,使我国成为世界上第二个采用这种叶片的国家。1994年6月,师昌绪任中国工程院副院长。他对我国科学技术的发展方向、科技政策、科技管理等方面提出了许多重要意见和建议。2002年,因在冶金、金属和材料领域做出的杰出贡献,师昌绪被美国金属-矿物-材料学会(TMS)授予"2002年突出成就奖",是中国大陆第一位获此荣誉的科学家。2011年1月,师昌绪获得2010年度国家最高科学技术奖。

第四章
常用非金属材料

知识脉络图

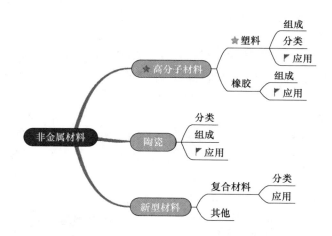

学习目标

- □ 掌握常用非金属材料的性能及特点;
- □ 了解新型材料的分类、特点及特殊用途;
- □ 初步掌握常用非金属材料的选材及应用;
- □ 树立专业学习榜样,提高专业自信心。

第一节 高分子材料

一、塑料

1. 塑料的组成

塑料是以高分子合成树脂为基本原料，加入一定量的添加剂而组成，在一定的温度压力下可塑制成具有一定结构形状，能在常温下保持其形状不变的材料。树脂是塑料中最主要的成分，它决定了塑料的类型和基本性能（如热性能、物理性能、化学性能、力学性能等）。树脂包括天然树脂和合成树脂，在塑料生产中一般都采用合成树脂。为了降低成本、改善塑料的某种性能（如强度、减摩性、耐热性等），常在塑料中加入各种添加剂，如填充剂、增塑剂、稳定剂、润滑剂、着色剂、固化剂等。

2. 塑料的分类

塑料的品种较多，分类的方式也很多，常用的分类方法有以下两种：

（1）根据塑料中树脂的分子结构和热性能分类

可将塑料分成两大类：热塑性塑料和热固性塑料。

热塑性塑料中树脂的分子呈线型或支链型结构。在加热时可塑制成一定形状的塑件，冷却后保持已定型的形状。如再次加热，又可软化熔融，再次制成一定形状的塑件，如此可反复多次使用，在此过程中一般只有物理变化而无化学变化。由于这一过程是可逆的，在塑料加工中产生的边角料及废品可以回收粉碎成颗粒后重新利用。如：聚乙烯、聚丙烯、聚氯乙烯、聚苯乙烯、ABS、聚甲醛、有机玻璃、聚砜、氟塑料等都属热塑性塑料，其制品如图 4-1 所示。

热固性塑料在受热之初分子为线型结构，具有可塑性和可溶性，可塑制成为一定形状的塑件。当继续加热时，线型高聚物分子主链间形成化学键结合（即交联），分子呈网状结构，分子最终变为体型结构，变得既不熔融，也不溶解，塑件形状固定下来不再变化。在成型过程中，既有物理变化又有化学变化。由于热固性塑料上述特性，故加工中的边角料和废品不可回收再生利用。如：酚醛塑料、氨基塑料、环氧塑料、有机硅塑料、硅酮塑料等都属于热固性塑料，其制品如图 4-2 所示。

图 4-1 热塑性塑料制品

图 4-2 热固性塑料制品

（2）根据塑料性能及用途分类

塑料按使用性能分为通用塑料、工程塑料和特种塑料三类。

通用塑料是指产量大、用途广、价格低的塑料，主要包括聚乙烯、聚氯乙烯、聚苯乙烯、聚丙烯、酚醛塑料和氨基塑料六大品种，它们的产量占塑料总产量的一半以上，构成了塑料工业的主体。图 4-3 所示为通用塑料制品。

工程塑料常指在工程技术中用作结构材料的塑料。除具有较高的机械强度外，这类塑料还具有很好的耐磨性、耐腐蚀性、自润滑性及尺寸稳定性等。它们具有某些金属特性，因而现在越来越多地代替金属来制作某些机械零件。目前常用的工程塑料包括聚酰胺、聚甲醛、聚碳酸酯、ABS、聚砜、聚苯醚、聚四氟乙烯等。图 4-4 所示为工程塑料制品。

特种塑料指具有某些特殊性能的塑料，如氟塑料、聚酰亚胺塑料、有机硅树脂、环氧树脂、导电塑料、导磁塑料、导热塑料以及为某些专门

图 4-3 通用塑料制品

用途而改性得到的塑料，例如图 4-5 所示高强度笔记本外壳就是用特种塑料制作的。

(a) 聚甲醛零件

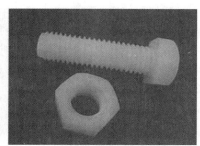
(b) 尼龙螺钉螺母

图 4-4 工程塑料制品

图 4-5 高强度笔记本外壳

3. 常用塑料

（1）聚乙烯（PE）

聚乙烯无毒、无味，密度为 $0.91\sim0.969\text{g/cm}^3$，为结晶型塑料。聚乙烯按聚合时所采用压力的不同，可分为高压、中压和低压聚乙烯。聚乙烯的吸水性极小，且介电性能与温度、湿度无关。因此，聚乙烯是最理想的高频电绝缘材料，在介电性能上只有聚苯乙烯、聚异丁烯及聚四氟乙烯可与之相比。低压聚乙烯可用于制造塑料管、塑料板、塑料绳以及承载不高的零件，如齿轮、轴承等；中压聚乙烯最适宜的成形方法为高速吹塑成形，可制造瓶类、包装用的薄膜以及各种注射成形制品和旋转成形制品，也可用在电线电缆上面；高压聚乙烯常用于制作塑料薄膜（理想的包装材料）、软管、塑料瓶以及电气工业的绝缘零件和电缆外皮等。

（2）聚丙烯（PP）

聚丙烯无色、无味、无毒。外观似聚乙烯，但比聚乙烯更透明、更轻。密度仅为 $0.90\sim0.91\text{g/cm}^3$。它不吸水，光泽好，易着色。聚丙烯具有聚乙烯所有的优良性能，如卓越的介电性能、耐水性、化学稳定性，宜于成形加工等；还具有聚乙烯所没有的许多性能，如屈服强度、拉伸强度、压缩强度和硬度及弹性比聚乙烯好。聚丙烯的高频绝缘性能好，而且由于其不吸水，绝缘性能不受湿度的影响，但在氧、热、光的作用下极易降解、老化，所以必须加入防老化剂。聚丙烯可用做各种机械零件如法兰、接头、泵叶轮、汽车零件和自行车零件；可作为水、蒸汽、各种酸碱等的输送管道，化工容器和其他设备的衬里、表面涂层；可制造盖和本体合一的箱壳，各种绝缘零件，并用于医药工业中。

(3) 聚氯乙烯（PVC）

聚氯乙烯是世界上产量最高的塑料品种之一。其原料来源丰富，价格低廉，性能优良，应用广泛。其树脂为白色或浅黄色粉末，形同面粉，造粒后为透明块状，类似明矾。根据不同的用途加入不同的添加剂，聚氯乙烯塑件可呈现不同的物理性能和力学性能。由于聚氯乙烯的化学稳定性高，所以可用于制作防腐管道、管件、输油管、离心泵和鼓风机等。聚氯乙烯的硬板广泛用于化学工业上制作各种贮槽的衬里、建筑物的瓦楞板、门窗结构、墙壁装饰物等建筑用材；由于电绝缘性能良好，可在电气、电子工业中用于制造插座、插头、开关和电缆。在日常生活中，用于制造凉鞋、雨衣、玩具和人造革等。

(4) 聚苯乙烯（PS）

聚苯乙烯是仅次于聚氯乙烯和聚乙烯的第三大塑料品种。聚苯乙烯无色、透明、有光泽、无毒无味，密度为 $1.054 g/cm^3$。聚苯乙烯是目前最理想的高频绝缘材料，可以与熔融的石英相媲美。它的化学稳定性良好，能耐碱、硫酸、磷酸、10%～30% 的盐酸、稀醋酸及其他有机酸，但不耐硝酸及氧化剂的作用，对水、乙醇、汽油、植物油及各种盐溶液也有足够的抗腐蚀能力。它的耐热性低，只能在不高的温度下使用，质地硬而脆，塑件由于内应力而易开裂。聚苯乙烯的透明性很好，透光率很高，光学性能仅次于有机玻璃。它的着色能力优良，能染成各种鲜艳的色彩。在工业上可用做仪表外壳、灯罩、化学仪器零件、透明模型等；在电气方面用做良好的绝缘材料、接线盒、电池盒等；在日用品方面广泛用于包装材料、各种容器、玩具等。

(5) 丙烯腈-丁二烯-苯乙烯共聚物（ABS）

ABS 是丙烯腈、丁二烯、苯乙烯三种单体的共聚物，价格便宜，原料易得，是目前产量最大、应用最广的工程塑料之一。ABS 无毒、无味，为呈微黄色或白色不透明粒料，ABS 的热变形温度比聚苯乙烯、聚氯乙烯、尼龙等都高，尺寸稳定性较好，具有一定的化学稳定性和良好的介电性能，经过调色可配成任何颜色。其缺点是耐热性不高，连续工作温度为 70℃ 左右，热变形温度约为 93℃ 左右，耐气候性差，在紫外线作用下易变硬发脆。ABS 在机械工业上用来制造齿轮、泵叶轮、轴承、把手、管道、电机外壳、仪表壳、仪表盘、水箱外壳、蓄电池槽、冷藏库和冰箱衬里等；汽车工业上用 ABS 制造汽车挡泥板、扶手、热空气调节导管、加热器等，还可用 ABS 夹层板制作小轿车车身；ABS 还可用来制作水表壳、纺织器材、电器零件、文教体育用品、玩具、电子琴及收录机壳体、食品包装餐器、农药喷雾器及家具等。

(6) 聚酰胺（PA）

聚酰胺通称尼龙（Nylon）。尼龙是含有酰胺基的线型热塑性树脂，尼龙是这一类塑料的总称。根据所用原料的不同，常见的尼龙品种有尼龙 1010、尼龙 610、尼龙 66、尼龙 6、尼龙 9、尼龙 11 等。尼龙有优良的力学性能，抗拉、抗压、耐磨。经过拉伸定向处理的尼龙，其拉伸强度很高，接近于钢的水平。尼龙的耐磨性高于一般用做轴承材料的铜、铜合金、普通钢等。尼龙可以耐碱、弱酸，但耐强酸和氧化剂能力差。尼龙的缺点是吸水性强、收缩率大，尼龙广泛用于工业上制作各种机械、化学和电气零件，如轴承、齿轮、滚子、辊轴、滑轮、泵叶轮、风扇叶片、蜗轮、高压密封扣圈、垫片、阀座、输油管、储油容器、绳索、传动带、电池箱、电器线圈等零件，还可将粉状尼龙热喷到金属零件表面上，以提高耐磨性或修复磨损零件。

(7) 酚醛塑料（PF）

酚醛塑料是一种产量较大的热固性塑料，它是以酚醛树脂为基础而制得的。酚醛树脂本身很脆，呈琥珀玻璃态，必须加入各种纤维或粉末状填料后才能获得具有一定性能要求的酚醛塑料。酚醛塑料大致可分为四类：层压塑料、压注塑料、纤维状压注塑料、碎屑状压塑料。酚醛塑料与一般热塑性塑料相比，刚性好，变形小，耐热耐磨，能在 150～200℃ 的温度范围内长期使用；在水润滑条件下，有极低的摩擦系数；其电绝缘性能优良。酚醛塑料的缺点是质脆，抗冲击强度差。酚醛纤维状压注塑料可以加热模压成各种复杂的机械零件和电器零件，具有优良的电气绝缘性能、耐热、耐水、耐磨，可制作各种线圈架、接线板、电动工具外壳、风扇叶子、耐酸泵叶轮、齿轮和凸轮等。

 做一做

我们经常在塑料容器的底部发现图 4-6 所示的塑料回收标志，它表示塑料容器所用的材料，请观察生活中的塑料制品，查阅资料，了解它们的含义。

图 4-6　塑料回收标志

二、橡胶

1. 橡胶的组成

橡胶是以生胶为主要原料，加入适量配合剂而制成的高分子材料，其弹性变形量可达 100%～1000%，回弹性好，回弹速度快。一般橡胶在－40℃～80℃ 范围内具有高弹性，某些特种橡胶在－100℃的低温和 200℃高温下都保持高弹性。橡胶有优良的伸缩性、耐磨性、很好的绝缘性和不透气、不透水性，是常用的弹性材料、密封材料、减振防振材料和传动材料。

生胶是橡胶制品的主要成分，也是影响橡胶特性的主要因素。由于生胶性能随温度和环境变化很大，如高温发黏、低温变脆，而且极易被溶解剂溶解，因此必须加入各种不同的橡胶配合剂，以改善橡胶制品的使用性能和工艺性能。橡胶中常加的配合剂有硫化剂、硫化促进剂、活性剂、软化剂、填充剂、防老剂和着色剂等。骨架材料可提高橡胶的承载能力、减少制品变形。常用的骨架材料有金属丝、纤维织物等。

橡胶按原料来源分为天然橡胶和合成橡胶，按用途分为通用橡胶和特种橡胶。天然橡胶是橡胶树流出的胶乳，经凝固、干燥等工序制成的弹性固状物，其单体为异戊二烯高分子化合物。它具有很好的弹性，但强度、硬度不高。为提高强度并硬化，需进行硫化处理。天然橡胶是良好的绝缘体，但耐热老化和耐大气老化性较差，不耐臭氧、油和有机溶剂，且易燃。天然橡胶属通用橡胶，广泛应用于制造轮胎、胶带等。由于天然橡胶数量、性能不能满足工业需要，于是发展了以石油、天然气、煤和农副产品为原料制成的合成橡胶，它的种类很多，例如丁苯橡胶（SBR）、顺丁橡胶（BR）和氯丁橡胶（CR）等。

 想一想

在橡胶制品（图 4-7）加工的过程中需要进行硫化处理，你知道为什么吗？

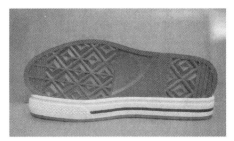

图 4-7　橡胶制品

第二节　陶瓷材料

一、陶瓷的组织

陶瓷是一种无机非金属材料，是人类最早使用的材料之一。陶瓷在传统意义上是指陶器和瓷器，但也括玻璃、水泥、砖瓦、搪瓷、耐火材料及各种现代陶瓷。陶瓷是由金属和非金属元素组成的无机化合物。

陶瓷是高温烧结后形成的致密固体物质，其结构组织比金属复杂得多。在室温下，陶瓷的典型组织由三相构成：晶体相、玻璃相、气相。各相的数量、形状、分布不同，陶瓷的性能不同。

1. **晶体相**

晶体相是陶瓷的主要组成相，决定陶瓷的主要性能。组成陶瓷晶体相的晶体通常有硅酸盐、氧化物和氮化物等，它们的结合键为离子键或共价键。键的强度决定了陶瓷的各种性能。陶瓷一般是多晶体，改善其性能的有效方法也是细化晶粒。

2. **玻璃相**

玻璃相是陶瓷烧结时各组分通过物理化学作用而形成的非晶态物质，熔点较低。它的主要作用是黏结分散的晶体相，抑制晶粒长大并填充气孔。但是由于玻璃相的结构疏松，会降低陶瓷的耐热性和电绝缘性，因此，通常将其含量控制在 20%～40% 内。

3. **气相**

气相是由于材料和工艺等方面的原因，陶瓷结构中存在的气孔约占陶瓷体积的 5%～10%，分布在玻璃相、晶界、晶内，使组织致密性下降，强度和抗电击穿能力下降，材料脆性增加。因此，应力求降低气孔的大小和数量，使气孔均匀分布。

二、陶瓷的分类

陶瓷材料及产品种类繁多。陶瓷材料按原料不同，分为普通陶瓷（传统陶瓷）和特种陶瓷（现代陶瓷）。按用途不同，陶瓷材料又分为工程陶瓷和功能陶瓷。

传统陶瓷是以黏土、长石和石英等天然原料经过粉碎、成型和烧结制成，产量大，应用广，大量用于日用陶器、瓷器、建筑工业、电器绝缘材料、耐蚀要求不很高的化工容器、管道，以及机械性能要求不高的耐磨件，如纺织工业中的导纺零件等。

特种陶瓷是以人工化合物为原料制成，如氧化物、氮化物、碳化物、硅化物、硼化物和氟化物瓷以及石英质、刚玉质、碳化硅质过滤陶瓷等。这类陶瓷具有独特的物理、化学性质，满足工程技术的特殊需要，主要用于化工、冶金、机械、电子、能源和一些新技术中。特种陶瓷包括氧化物陶瓷、氮化硅陶瓷、碳化硅陶瓷、氮化硼陶瓷等几种。

三、陶瓷的性能

1. 力学性能

与金属相比，陶瓷的弹性模量高，抗压强度高，硬度高，一般硬度大于1500HV，而淬火钢的硬度只有500～800HV，高分子材料硬度小于20HV；但脆性大，抗拉强度低。原因是离子键的断裂和大量气孔的存在。应力求减少气孔。

2. 力学性能

陶瓷是耐高温材料，它的熔点高（2000℃以上），抗蠕变能力强，热膨胀系数和导热系数小，1000℃以上仍能保持室温性能。

3. 电性能

室温下的大多数陶瓷都是良好的电绝缘体。一些特种陶瓷具有导电性和导磁性，是作为功能材料而开发的新型陶瓷。

4. 力学性能

陶瓷的化学性能非常稳定，耐酸、碱、盐和熔融的有色金属等的腐蚀，不老化，不氧化。

四、常用陶瓷

1. 氧化铝陶瓷

是以 Al_2O_3 为主要成分的陶瓷。Al_2O_3 的含量一般大于46%，还含有少量的 SiO_2，也称为高铝陶瓷。Al_2O_3 含量在90%～99.5%时称为刚玉瓷。按 Al_2O_3 的成分可分为75瓷、85瓷、96瓷、99瓷等。氧化铝瓷是一种极有应用前途的高温结构材料，它的耐高温性能很好、硬度高、电绝缘性能好、耐蚀性和耐磨性也很好。可用作高温器皿、刀具、内燃机火花塞、轴承、化工用泵、阀门等。用高纯度的原料和先进工艺，还可以使氧化铝陶瓷变得透明，可制作高压钠灯的灯管。

2. 氮化硅陶瓷

氮化硅稳定性极强，有惊人的耐化学腐蚀性能，除氢氟酸外，能耐各种酸和碱的腐蚀，也能抵抗熔融有色金属的浸蚀。氮化硅的硬度很高，尤其是热压氮化硅，是世界上最坚硬的物质之一有。氮化硅具有良好的耐磨性，极耐高温，有优良的电绝缘性，摩擦系数小，还有自润滑性，热膨胀系数小。

氮化硅按生产方法分为热压烧结法和反应烧结法两种。反应烧结氮化硅可用于耐磨、耐腐蚀、耐高温、绝缘的零件，如腐蚀介质下工作的机械密封环、高温轴承、热电偶套管、输送铝液的管道和阀门、燃气轮机叶片、炼钢生产的铁水流量计以及农药喷雾器的零件等。热压烧结氮化硅主要用于刀具，可进行淬火钢、冷硬铸铁等高硬材料的精加工和半精加工，也用于钢结硬质合金、镍基合金等的加工，还可作转子发动机的叶片、高温轴承等。

3. 碳化硅陶瓷

碳化硅，俗称金刚砂，是无色的晶体（含有杂质时为钢灰色）。碳化硅具有高硬度、高熔点、高稳定性和半导体性质。碳化硅的高温强度高，作为一种耐热材料，被广泛用于冶炼炉窑和锅炉燃烧系统的衬板、炉拱等高温区域，也可利用它的高硬度和耐磨性可用来制造砂轮、磨料等。

4. 氮化硼陶瓷

氮化硼陶瓷按晶体结构不同分为六方结构和立方结构两种。六方氮化硼结构与石墨相似，性能也有很多相似之处，所以又叫"白石墨"。有良好的耐热性、热稳定性、导热性、高温介电强度，是理想的散热材料和高温绝缘材料。六方氮化硼的化学稳定性好，能抵抗大部分熔融金属的浸蚀，可用于制造坩埚及冶金用高温容器、半导体散热绝缘零件、高温轴承、热电偶套管及玻璃成型模具等。立方氮化硼为立方结构，结构紧密，其硬度与金刚石接近，是优良的耐磨材料，常用于制作刀具。

 想一想

数控陶瓷刀具有什么优点？又有什么缺陷？

第三节 新型材料

随着材料科学理论和材料制作工艺的不断发展，一些性能各异的新型材料也在不断开发和生产中。如在不同的材料之间（金属之间、非金属之间、金属与非金属之间）进行复合，可以生产出具有组合新功能的复合材料等。

一、复合材料

复合材料是两种或两种以上化学本质不同的组成成分经人工合成的材料。其结构为多相，一类组成（或相）为基体，起黏结作用，另一类为增强相。复合材料按基体类型可分为金属基复合材料、高分子基复合材料和陶瓷基复合材料等三类。目前应用最多的是高分子基复合材料和金属基复合材料。

1. 复合材料的分类

复合材料常见的分类方法主要有以下几种。

（1）按材料的用途分

按材料的用途可将其分为结构复合材料和功能复合材料两大类。结构复合材料多用于工程结构，以承受各种不同载荷的材料，主要是利用材料良好的力学性能；功能复合材料是具有各种独特物理化学性质的材料，具有优异的功能特性，如吸波、电磁、超导、屏蔽、光学和摩擦润滑等。

（2）按基体材料类型分

按复合材料基体的不同可分为金属基和非金属基两类。目前大量研究和使用的多为以高聚物为基体的复合材料。

（3）按增强体特性分

按复合材料中增强体的种类和形态不同，可将其分为纤维增强复合材料、颗粒增强复合材料、层状复合材料和填充骨架形复合材料。

2. 复合材料的性能特点

复合材料具有以下性能特点：

(1) 比强度和比模量大

许多现代动力设备和结构，要求强度高、重量轻。这就要求使用比强度（强度/密度）和比模量（弹性模量/比重）高的材料。复合材料的比强度和比模量都比较大，例如碳纤维和环氧树脂组成的复合材料，其比强度是钢的七倍，比模量比钢大三倍。因此，这些特性为某些要求自重轻、强度好的零件提供了理想的材料。

(2) 耐疲劳性能强

复合材料中基体和增强纤维间的界面能够有效地阻止疲劳裂纹的扩展。疲劳破坏在复合材料中总是从承载能力比较薄弱的纤维处开始的，然后逐渐扩展到结合面上，所以复合材料的疲劳极限比较高。例如碳纤维－聚酯树脂复合材料的疲劳极限是拉伸强度的70%～80%，而金属材料的疲劳极限只有强度极限值的40%～50%。

(3) 减震性能好

结构的自振频率除与结构本身的质量、形状有关外，还与材料的比模量有关。材料的比模量越大，则其自振频率越高，可避免在工作状态下产生共振及由此引起的早期破坏。即使结构已产生振动，由于复合材料的阻尼特性好（纤维与基体的界面吸振能力强），振动也会很快衰减。

(4) 耐高温性能较好

由于各种增强纤维一般在高温下仍可保持高的强度，所以用它们增强的复合材料的高温强度和弹性模量均较高，特别是金属基复合材料。例如铝合金在400℃时，弹性模量接近于零，强度值从室温时的$500N/mm^2$降至$30～50N/mm^2$，而碳纤维或硼纤维增强组成的复合材料，在400℃时，强度和弹性模量可保持接近室温下的水平。碳纤维增强的镍基合金也有类似的情况。

许多复合材料还有良好的化学稳定性、隔热性、耐蚀性、耐磨性和自润滑性，以及特殊的光、电、磁等性能。

3. 常用复合材料

(1) 玻璃纤维

玻璃纤维有较高的强度，相对密度小，化学稳定性高，耐热性好，价格低。缺点是脆性较大，耐磨性差，纤维表面光滑而不易与其他物质结合。玻璃纤维可制成长纤维和短纤维，也可以织成布，制成毡。

(2) 碳纤维与石墨纤维

有机纤维在惰性气体中，经高温碳化可以制成碳纤维和石墨纤维。在2000℃以下制得碳纤维，再经2500℃以上处理得石墨纤维。碳纤维的相对密度小，弹性模量高。石墨纤维的耐热性和导电性比碳纤维高，并具有自润滑性。

(3) 硼纤维

硼纤维是用化学沉积的方法将非晶态硼涂覆到钨和碳丝上面制得的。硼纤维强度高，弹性模量大，耐高温性能好。在现代航空结构材料中，硼纤维的弹性模量绝对值最高，但硼纤维的相对密度大，延伸率差，价格昂贵。

(4) SiC 纤维

SiC 纤维是一种高熔点、高强度、高弹性模量的陶瓷纤维。它可以用化学沉积法及有机硅聚合物纺丝烧结法制造 SiC 连续纤维。SiC 纤维的突出优点是具有优良的高温强度。

(5) 晶须

晶须是直径只有几微米的针状单晶体，是一种新型的高强度材料。晶须包括金属晶须和陶瓷晶须。金属晶须中可批量生产的是铁晶须，其最大特点是可在磁场中取向，可以很容易地制取定向纤维增强复合材料。陶瓷晶须比金属晶须强度高，相对密度低，弹性模量高，耐热性好。

二、其他新型材料

随着各项新技术的不断发展，非晶态、准晶态、纳米材料等新型材料也正在日新月异地发展。新型材料种类繁多，这里选几种比较有代表性的新型材料介绍。

1. 木塑复合材料

木塑复合材料是近年来发展起来的一种新型材料，它将木材和塑料两种不同材料的优点有机地结合在一起。既可以像木材一样表面胶合、油漆，也可以进行钉、钻、刨等，又可像热塑性塑料一样成形加工，发挥了木材的易加工性和塑料的加工方法多样性、灵活性，应用领域十分广泛。

2. 贮氢合金

某些金属具有很强的捕捉氢的能力，在一定的温度和压力条件下，这些金具、铸造合"收"氢气，反应生成金属氢化物，同时放出热量。其后，将这些金属氢化物加热，它们又会分解，将贮存在其中的氢释放出来。这些会"吸收"氢气的金属，称为贮氢合金。

3. 形状记忆合金

1951 年美国人在一次试验中，发现了 Au-Cd 合金具有形状记忆特性，但当时并未引起重视。1953 年又在 In-Tl 合金中发现这种效应。1962 年，美国海军军械实验室在 Ni-Ti 合金中发现了"形状记忆效应"，用这种合金丝制成弹簧，加热到 150℃ 再冷却，随后拉直，把被拉直的合金丝再加热到 95℃ 时，它又准确恢复了预设的弹簧形状，因此，称为"形状记忆合金"。

❓ 想一想

你知道跑车采用碳纤维车身有什么好处吗？

✎ 思考与练习

1. 简述塑料的分类，通用塑料和工程塑料的特点及使用场合。
2. 何谓热固性塑料和热塑性塑料？举例说明。
3. 简述橡胶老化的原因。
4. 举例说明陶瓷的应用。
5. 复合材料有哪些特点？

思政园地

新材料之王——石墨烯

石墨烯是一种以碳原子紧密堆积，形成单层二维蜂窝状晶格结构的新材料，具有优异的电学、光学、力学等特性，在材料学、能源以及微纳加工方面具有重要的应用前景。作为一种新型材料，石墨烯的最大特点就是坚固并且重量轻，被认为是一种未来革命性材料。在医疗科技领域，用石墨烯材料制作的心脏支架具有特别长的使用寿命；在航空航天领域，用石墨烯来制造飞机的主要结构，可以大幅度提升飞机性能，相较于铝合金结构，石墨烯制造的飞行器不仅重量轻，机身强度也大幅度提升。

在全球各国争夺的石墨烯技术领域内，中国研究机构和公司拥有其中60%还要多的专利，可以说掌握了石墨烯技术的命脉。目前中科院已经开始研究石墨烯芯片，并且已经取得了重大突破。

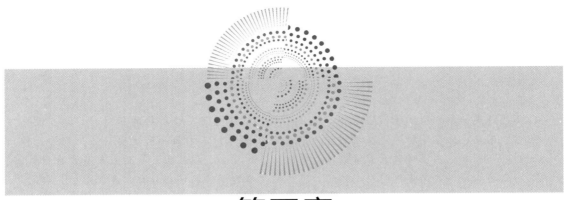

第五章
金属的热加工

知识脉络图

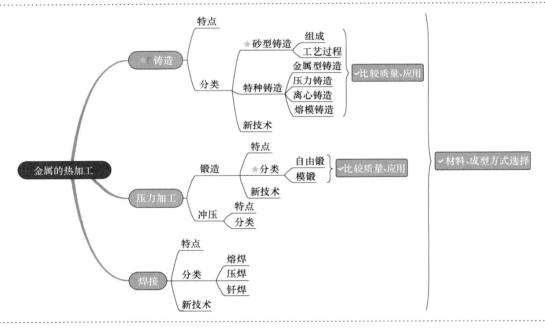

学习目标

- □ 掌握铸造、锻造、焊接的特点及分类；
- □ 了解铸造、锻造、焊接的应用；
- □ 初步掌握机械零件毛坯制备方法选择的原则与步骤，并能正确选择；
- □ 树立质量意识和团队协作精神，树立严谨的科学态度。

第一节　铸造

铸造是指将熔化的金属浇入或压射到铸型型腔中，凝固后获得一定形状、尺寸和性能铸件的成形方法，也是人类掌握比较早的一种金属热加工工艺，迄今已有约 6000 年的历史。中国约在公元前 1700 年就已进入青铜铸造全盛期，工艺上达到相当高的水平。图 5-1 所示为商代后期制造的青铜铸件——司母戊大方鼎，于 1939 年出土于河南省安阳市武官村，现藏于中国国家博物馆。此鼎高 133 厘米，口长 110 厘米，口宽 79 厘米，重 832.84 千克，鼎身与四足为整体铸造，鼎耳则是在鼎身铸成之后再装范浇铸而成。其形制巨大，工艺精巧，鼎身四周铸有精巧的盘龙纹和饕餮纹。司母戊大方鼎是迄今为止世界上出土最大、最重的青铜礼器，享有"镇国之宝"的美誉。

图 5-2 所示为铸造现场一角；图 5-3 所示为铸件。

图 5-1　司母戊大方鼎

图 5-2　铸造现场一角

图 5-3　铸件

一、铸造的特点与分类

1. 铸造的特点

① 铸造适用范围广。可铸造各种尺寸和形状复杂的铸件，特别是内腔复杂的铸件，如各种箱体、床身、机座等零件的毛坯。大多数金属材料都适用于铸造生产，如铸铁、铸钢和铸造非铁合金。铸造既可用于单件生产，也可用于批量生产。

② 铸造生产成本低。铸造所用的原材料来源广泛，价格低廉，废品、废料都可重新熔炼使用，材料利用率高；一般铸造生产所用设备成本也低。

③ 少切削或无切削。铸件的形状和尺寸与零件非常接近，铸件的加工余量小，实现了少切削或无切削加工，不仅可以节约金属材料，还可以减少切削加工费用。

④ 铸造生产工艺复杂，工艺过程难以综合控制，会出现晶粒粗大、成分偏析、缩孔、缩松、砂眼、夹渣、冷隔、裂纹等缺陷，所以铸件的力学性能不稳定。

2. 铸造的分类

铸造按造型方法来分类，可分为砂型铸造和特种铸造。砂型铸造包括湿砂型、干砂型和化学硬化砂型三类。特种铸造按造型材料的不同，可分为两大类：一类以天然矿产砂石作为主要造型材料，如熔模铸造、陶瓷型铸造等；一类以金属作为主要铸型材料，如金属型铸造、离心铸造和压力铸造等。

 想一想

后母戊鼎形制巨大，雄伟庄严，工艺精巧。这个巨型容器在商朝时是如何铸造出来的？

二、砂型铸造

砂型铸造是将液态金属浇入用型砂制作的铸型型腔中，待其冷却凝固后，将铸型破坏取出铸件的方法。砂型铸造是应用最为广泛的一次性铸造方法，砂型铸件目前占铸件总产量的80%以上。砂型铸造的工艺过程如图5-4所示。

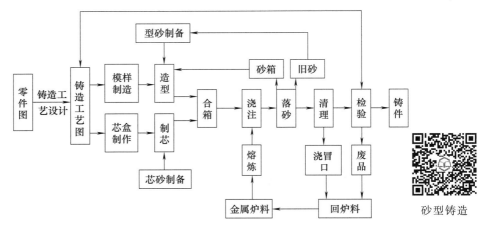

图 5-4 砂型铸造工艺过程

以齿轮毛坯为例，其砂型铸造的工艺流程如图 5-5 所示。

1. 模样和芯盒

模样通过造型形成铸型型腔，其形状与铸件外形一致；芯盒用来制造型芯，铸件内部的空腔是由型芯形成的，制造型芯的模样称为型芯盒（简称芯盒）。模样和芯盒由木材、金属或其他材料制成。木模样质轻、价廉、易于加工，但强度和硬度低，易变形和损坏，常用于单件小批量生产。金属模样强度高、尺寸精度高、使用寿命长，但制造困难，生产周期长，成本高，常用于机器造型和大批量生产。

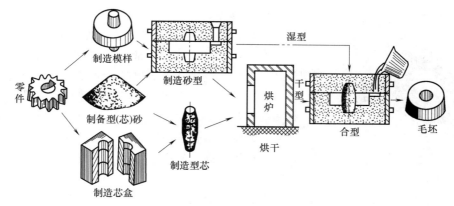

图 5-5　齿轮毛坯砂型铸造流程示意图

2. 造型

造型是指用型砂、模样、砂箱等工艺装备制造砂型的过程。造型材料包括型砂和芯砂。型砂和芯砂由原砂、黏结剂（黏土和膨润土、水玻璃、植物油、树脂等）、附加物（煤粉或木屑等）、旧砂和水组成。原砂为主要成分，常用石英砂、石英-长砂石、黏土砂等；黏结剂的作用是将原砂黏结，使型（芯）砂具有一定的强度，常用的黏结剂有黏土、油类（矿物油和植物油）、树脂和水玻璃等；辅助材料起到提高透气性、退让性，防止粘砂、粘模的作用，常用的辅助材料有锯木屑、煤粉、石墨粉和煤油等。为了获得合格的铸件，造型材料应具备较高的可塑性、强度、透气性、耐火性和一定的退让性。

造型方法一般可分为手工造型和机器造型两类。手工造型时模样、芯盒等可以简化，操作灵活、适应性强、准备时间短，但工作效率低、劳动强度大，主要用于单件、小批量生产，也可用于制造大型复杂铸件。手工造型方法的种类很多，常用的手工造型方法按模样特征可分为整模造型、分模造型、挖砂造型、假箱造型、活块造型、刮板造型等；按砂箱特征可分为两箱造型、三箱造型、脱箱造型、地坑造型等。

机器造型是用机器代替人完成紧砂和起模的过程，它是现代化铸造车间的基本造型方法。机器造型生产率高、铸件尺寸精度高、表面质量好、工人劳动强度低，但设备成本高、生产准备周期长，因此只适用于大批量生产。机器造型有震实造型、震压造型和抛砂造型等紧实型砂的方法，其中以震压造型最常用。

3. 制芯

型芯的主要作用是形成铸件的内腔，制造型芯的过程称为制芯。制芯方法分为手工制芯和机器制芯。单件小批生产时采用芯盒手工制芯，如图 5-6 所示，大批生产时采用机器制芯。芯砂具有很高的强度、耐火性、透气性、退让性，型芯一般都要烘干使用。

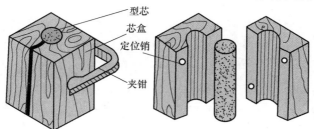

图 5-6　芯盒制芯

4. 浇注系统

浇注系统（图 5-7）是指为填充型腔和冒口而开设于铸型中的一系列通道，通常由浇口杯、直浇道、横浇道、内浇道组成。浇注系统的作用是承接和导入金属液，控制金属液流动方向和速度，保证金属液均匀、平稳地流入并充满型腔；调节浇注速度及各部分的温度分布，防止金属液冲坏型腔，防止熔渣、砂粒等杂质进入型腔。浇注系统若设置得不合理，易产生夹砂、夹渣、砂眼、气孔和缩孔等缺陷。

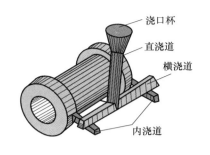

图 5-7 浇注系统的组成

尺寸较大的铸件或体收缩率较大的金属浇注时还要加设冒口，用于补缩铸件，防止铸件出现缩孔、缩松等缺陷，并排除型腔中气体和集渣。为便于补缩，冒口具有一定的储液能力，一般开设在铸件的厚大部位或上部。

5. 熔炼和浇注

熔炼是把固体熔化成具有合适的浇注温度的液体，并减少其中的杂质和气体，使浇入铸型的金属液体在温度、化学成分和纯净度方面都符合预期要求，铸造出质量合格的铸件。如果金属液体的化学成分不合格，温度过高或过低，会造成铸件力学性能、物理性能、化学性能降低，并产生冷隔、浇不到、变形、开裂、气孔、夹渣和粘砂等缺陷。常用的熔炼设备有冲天炉（适于熔炼铸铁）、电弧炉（适于熔炼铸钢）、坩埚炉（适于熔炼非铁金属）、感应加热炉（适于熔炼铸钢和铸铁）等。

浇注是将熔融金属从浇包中浇入铸型。浇注时应选择合适的浇注温度和浇注速度。一般中小型铸铁件的浇注温度为 1260～1350℃，薄壁件为 1350～1400℃。若浇注温度过低，则金属液流动性差，不利于金属液充满型腔，不利于补缩以及排气排渣，可能会产生浇不足、冷隔、夹渣等缺陷；浇注温度过高则金属液吸气多，体积收缩大，容易产生气孔、缩孔、缩松等缺陷，同时会使晶粒粗大，导致铸件机械性能下降。浇注速度快，金属液充满型腔快，可减少金属氧化，但如果速度过快，会使铸型中的气体来不及排出，产生气孔，不利于补缩，同时金属液对铸型的冲击加剧，造成冲砂；浇注速度过慢，型腔表面烘烤时间长，易导致砂层翘起脱落，产生夹砂结疤、夹砂等缺陷。

6. 落砂、清理和检验

落砂是将铸件、铸型与型芯（芯砂）、砂箱分离的操作过程。落砂应在铸件充分冷却后进行。若落砂过早，会使灰铸铁表层出现白口组织，增加切削加工难度，使铸件产生表面硬化、变形、甚至裂纹；若落砂过晚，会使收缩应力大，导致铸件产生裂纹，并且长时间占用场地和砂箱，影响生产率。一般 10kg 左右的铸件需冷却 1～2h 才能开箱，上百吨的大型铸件需要冷却十几天。

清理是指对落砂后的铸件清除表面黏砂、型砂、多余金属（包括浇冒口、飞边和氧化皮）等的操作。灰铸铁件上的浇注系统、冒口可用铁锤敲掉；钢铸件上的浇注系统、冒口可用气割枪切掉；有色金属铸件的浇冒口可锯掉；粘附在铸件表面的砂粒可用压缩空气吹掉；如出现黏砂不能清除，则可用砂轮打磨。

清理后应对铸件进行检验，并将合格铸件进行去应力退火。铸件的质量检验方法分为外部检验和内部检验。通过眼睛观察，找出铸件的表面缺陷，如铸件外形尺寸不合格、砂眼、粘砂、夹砂、夹渣、浇不足、冷隔、外部裂纹等，称为外部检验。利用特定设备找出铸件的内部缺陷,如气孔、缩孔、缩松、内部裂纹等,称为内部检验。常用的内部检验方法有化学成分检验、金相检验、力学性能检验、耐压试验、超声波探伤等。

❓ 想一想

有何方法可控制缩孔缩松产生的位置,避开零件重要表面?

三、特种铸造

通常把除砂型铸造之外的其他铸造方法统称为特种铸造。特种铸造可以使铸件获得更高的尺寸精度和表面质量,提高铸件性能,易于实现自动化,提高生产率,改善工人工作条件。常用的有金属型铸造、压力铸造、离心铸造和熔模铸造等。

消失模铸造

1. 金属型铸造

将液体金属注入金属(铸铁或钢)制成的铸型以获得铸件的过程,称为金属型铸造。根据分型面位置不同,金属型可分为整体式、垂直分型式、水平分型式和复合分型式等,垂直分型式如图 5-8 所示,便于开设内浇道和取出铸件,易于实现机械化,应用较多。

金属型导热快,铸件冷却迅速,晶粒细小,得到的铸件力学性能好,铸件表面质量好,尺寸精度高,质量和尺寸稳定,加工余量小,铸造过程中不用或者少用砂,可节约造型材料 80%~100%。此

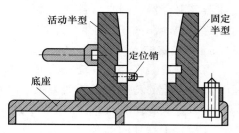

图 5-8 垂直分型式金属型

外,铸件缺陷少,工序简单,易实现机械化和自动化,有利于节省造型时间提高生产率,改善工人劳动条件。但金属型制造成本高、生产周期长,金属材料不透气,且无退让性,易造成铸件浇不到、开裂或铸铁件产生白口等缺陷;金属型铸造时,对温度、浇注速度、时间、涂料等都需要严格控制。

金属型铸造主要用于形状简单的非铁合金铸件的大批量生产,如汽车、拖拉机、内燃机的铝合金活塞、铜合金轴瓦、气缸体、缸盖等;也可用于铸铁件生产,如碾压用的各种铸铁轧辊等。金属型铸造较少用于铸钢件的生产,一般仅作为钢锭模使用。

2. 压力铸造

在高压下,以很快的速度地将液态或半液态的金属压入金属铸型,并使它在高压下凝固以形成铸件的方法,称为压力铸造。压力铸造常用的压力为 5~150MPa,金属液的充型速度为 5~100m/s。

压铸机是压铸生产专用设备,分为热压室式和冷压室式两类。冷压室式有立式和卧式两种,卧式冷室压铸机工作过程如图 5-9 所示。金属液定量浇入压室中,压射活塞将其压入型腔,保压、冷凝后,用顶杆把铸件顶出。

压力铸造保留了金属型铸造的一些有点,如铸件晶粒细、组织致密、铸件强度高等。但金属型是依靠金属液体的重力充填铸型的,不适宜进行薄壁件生产;而压铸法是以高压、高速金属液体注入铸型,故可以制造形状复杂的薄壁件。压力铸造生产率高,易于实现自动化生产,铸件尺寸精度高,表面质量好,可铸出结构复杂、轮廓清晰的薄壁、深腔、精密铸

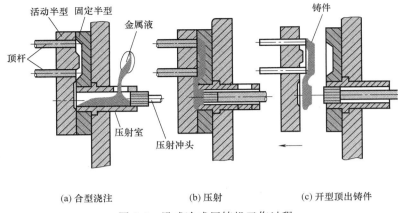

(a) 合型浇注　　　　(b) 压射　　　　(c) 开型顶出铸件

图 5-9　卧式冷式压铸机工作过程

件，可实现少、无切削加工。但是，压铸件易产生气孔，设备投资较大，铸型制造费用较高。故压力铸造主要用于非铁合金铸件的大批量生产，如汽车、拖拉机、摩托车、仪表中的化油器、离合器、喇叭、各类薄型壳体等。另外，压力铸造已应用到铸铁、碳钢和合金钢等材料的生产，在汽车、拖拉机、电器、仪表、纺织、国防等行业均得到广泛应用。

3. 离心铸造

离心铸造是将金属液浇入旋转着的铸型中，并在离心力的作用下凝固成铸件的铸造方法。离心铸造的铸型以金属型为主。离心铸造在离心铸造机上进行，按转轴的方位不同，分为立式、卧式和倾斜式，图 5-10 所示为立式和卧式离心铸造方法。立式离心铸造主要用于生产直径大于高度的圆环类铸件，卧式离心铸造主要用于生产长度大于直径的套、管类铸件。由于离心力的作用，金属液中的气体、熔渣都集中于铸件的内表面，并使金属呈定向性结晶，因而铸件外部组织致密，无缩孔、缩松、气孔、夹渣，力学性能较好，但其内表面质量较差。离心铸造无需型芯，无需浇注系统，减少了金属的消耗量，可铸造双金属铸件节约贵重金属。离心铸造主要用于生产铸钢、铸铁及铜合金圆形中空铸件（如管、缸套、轴套、圆环等）的大批量生产。

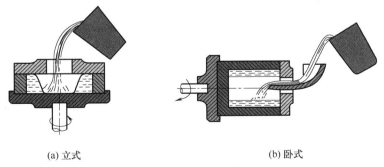

(a) 立式　　　　　　　(b) 卧式

图 5-10　离心铸造

4. 熔模铸造

熔模铸造又称"失蜡铸造"，是一种精密铸造方法。熔模铸造是先用易熔材料（如蜡料），制成与铸件形状相同的蜡模，在蜡模表面涂挂耐火材料和硅砂，经硬化、干燥后，将蜡模熔出，得到中空的型壳，再经干燥和高温焙烧，浇注铸造合金，获得铸件的工艺方法

(图 5-11)。熔模铸造可生产形状复杂、轮廓清晰、薄壁，且无分型面的铸件。铸造的尺寸精度高，表面粗糙度值低，可实现少（无）切削加工。熔模铸造可铸造各种合金铸件，尤其适于铸造高熔点、难切削加工、难以成形的合金，如耐热合金、磁钢和不锈钢等，可铸造出各种形状复杂的小型零件，例如各种汽轮机、发动机的叶片，汽车、拖拉机、风动工具、机床上的小型零件，油泵拨叉、刀具等。该方法不受生产批量限制，可单件小批量生产，也可大批量生产，而且易于实现机械化，但工艺过程复杂，生产周期较长，生产成本较高。目前熔模铸造已广泛应用于电器仪表、刀具、航空、汽车等领域。

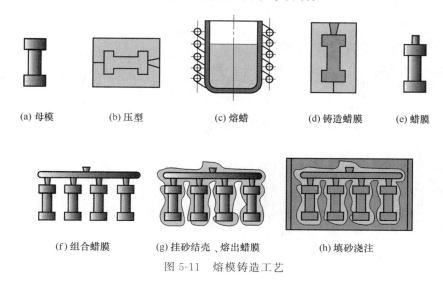

图 5-11　熔模铸造工艺

 做一做

查阅资料，了解还有哪些常用的特种铸造方法。

四、铸造成型新技术

随着机械制造水平的不断提高，铸造技术正朝着优质、高效、自动化、节能、低耗和低污染的方向发展，以满足机械制造的新需求。

1. 半固态铸造

半固态铸造是在液态金属的凝固过程中进行强烈搅拌，使凝固过程中形成的树枝晶骨架被打碎，形成分散的颗粒状组织，以制成半固态金属液，然后将其压铸成铸件。半固态铸造多用于军事装备和汽车的关键部件，如汽车轮毂，可提高性能，减轻重量，降低废品率。

2. 实型铸造

实型铸造又称为消失模铸造，是将与铸件尺寸形状相似的泡沫模型粘结组合成模型簇，刷涂耐火涂料并烘干后，埋在干石英砂中振动造型，在负压下浇注，使模型气化，液体金属占据模型位置，凝固冷却后形成铸件。消失模铸造的铸件尺寸精度高，表面光洁，成本低，对铸件材质、大小均限制，大大减少清理工作，可实现大规模、自动化流水线产生，降低劳动强度，减少能源消耗。

第二节　金属塑性加工

金属塑性加工是指通过外力作用使金属材料产生塑性变形，获得所需形状、尺寸和力学性能的毛坯、零件。常用的金属塑性加工方法如表 5-1 所示。

表 5-1　常用金属塑性加工方法

加工方法	典型加工图	特点及应用
锻造		金属坯料在上、下砧铁间受冲击力或压力而变形，适用于生产承受大载荷的机器零件毛坯，如吊钩、轴、齿轮毛坯等
冲压		利用安装在压力机上的冲模对金属板料加压，获得零件或毛坯。可用于生产汽车外壳、电器、日用品等
轧制		金属坯料在相对回转轧辊的压力作用下产生塑性变形，获得所要求的截面形状。主要用于型材、板材和管材的制造
拉拔		坯料在牵引力作用下穿过拉拔模的模孔，产生塑性变形，截面减小，长度增加。主要生产各种细线材、薄壁管、型材
挤压		将金属坯料置于挤压筒中加压，使其从挤压模的模孔中挤出，从而使坯料横截面积减小，获得所需制品。主要适用于型材和管材的加工

本节介绍生产中应用最多的锻造和冲压加工。

一、锻造

锻造能消除金属在冶炼过程中产生的疏松缺陷，优化微观组织结构。锻件的机械性能一般优于同样材料的铸件。负载高、工作条件严峻的重要零件多采用锻件。根据生产设备不同，通常将锻造分成自由锻、胎模锻和模锻，自由锻一般用于单件、小批量生产，模锻适用于大批量生产。

1. 自由锻

自由锻是指采用相对简单的锻造工具在锻造设备上直接使坯料变形的方法。自由锻可分为手工自由锻和机器自由锻，手工自由锻适用于小件生产或维修工作，目前多采用机器自由锻。自由锻设备可分为自由锻锤（冲击力作用）和压力机（静压力作用）两大类。自由锻锤有空气锤和蒸汽-空气锤，空气锤的吨位较小，主要用于小型锻件的锻造，如图5-12所示；蒸汽-空气锤的吨位较大。压力机有水压机、油压机等，实际生产中水压机应用较多，它的吨位较大，可以锻造巨型锻件，如图5-13所示。

图 5-12　空气锤

图 5-13　水压机

自由锻所用工具、设备简单，适应性强，工艺灵活，可锻造小至几克、大至数百吨的锻件，但锻件的加工精度低，材料消耗大，劳动强度高，工作条件恶劣，对工人操作技术要求高，生产率低。

自由锻工序分为基本工序、辅助工序和精整工序。基本工序是指用来改变坯料的形状和尺寸的工序，如表5-2所示。辅助工序是指为了完成基本工序而进行的预先变形工序，包括压钳口、倒棱、压肩等。修整工序是对已成形表面进行平整，包括校正、滚圆、修整鼓形等。

2. 胎模锻

胎模锻是在自由锻设备上使用可移动模具生产锻件的锻造方法，是介于自由锻和模锻之间的锻造方法。锻造时，胎模放在砧座上，将加热后的坯料放入胎模，锻制成形；也可先将坯料经过自由锻，预锻成近似锻件的形状，然后用胎模锻成形。一般先采用自由锻方法使坯料初步成形，然后放入胎模中终锻成形。

胎模锻与自由锻相比，具有生产率高、锻件尺寸精度高、表面粗糙度小、节省金属材料、锻件成本低的特点。胎模锻生产率不高，工人劳动强度大，胎模寿命短。主要适用于中、小批量小型锻件的生产。

表 5-2 自由锻基本工序

工序名称	定 义	图 例	应 用
镦粗	使坯料的高度减低、截面积增大的工序	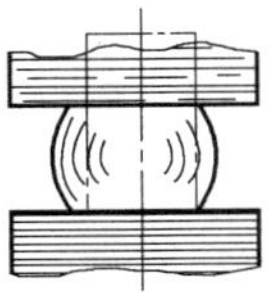	1. 锻造高度小、截面大的工件,如齿轮、圆盘、叶轮等; 2. 作为冲孔前的准备工序
局部镦粗	将坯料的一部分镦粗的工序	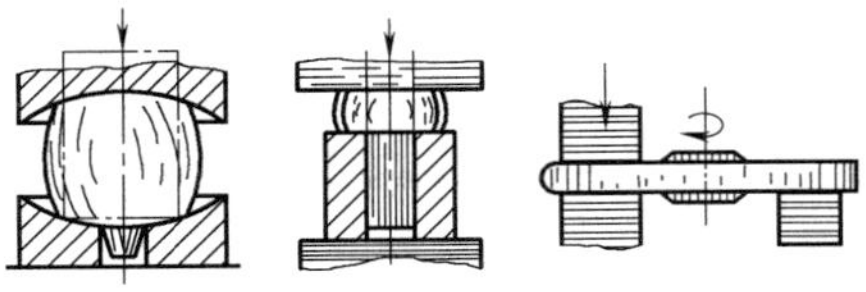	
拔长	缩小坯料截面积、增加其长度的工序	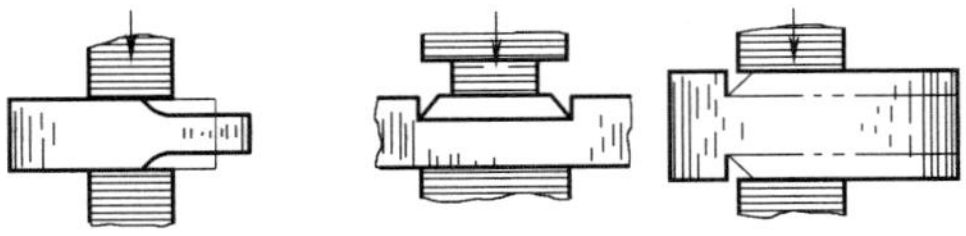	1. 锻造长而截面小的工件,如轴、拉杆、曲轴等; 2. 锻造空心件,如炮筒、透平主轴、圆环和套筒等
带心轴拔长	减小空心坯料的壁厚和外径、增加其长度的工序	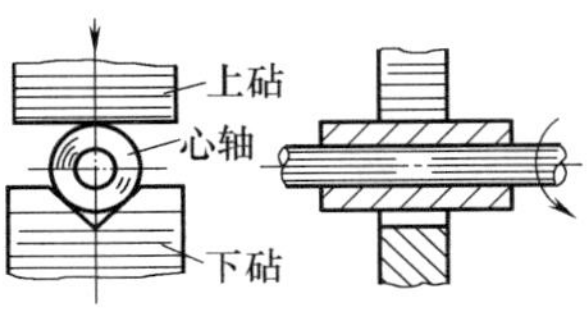	
实心冲头冲孔	在坯料上冲出透孔或不透孔的工序	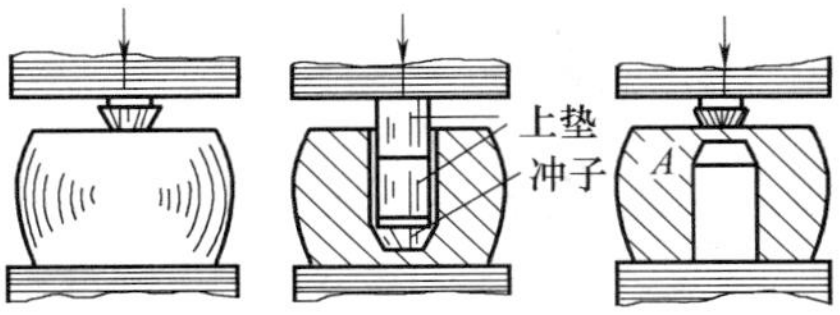	1. 锻造空心件,如齿轮环、圆环和套筒等; 2. 锻件质量要求较高的大工件,如大型汽轮机的轴
空心冲头冲孔		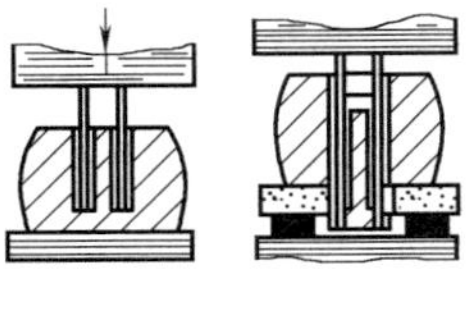	
板料冲孔		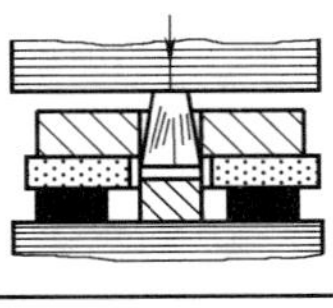	

　　胎模有摔模、扣模、垫模、套模、合模、弯曲模、跳模等,常用的有摔模、扣模、套模、合模。摔模常用来锻制回转体锻件。扣模主要应用于长杆非回转体锻件的锻制,如图 5-14 所示。套模如图 5-15 所示,主要用于回转体锻件的最终成形和制坯,有时也用于非回转体锻件。合模一般由上、下模组成,如图 5-16 所示,可锻出形状较复杂的锻件,尤其是非回转体类锻件,主要用于锻件的终锻成形,如连杆、叉形等。

3. 模锻

　　模锻是利用模具使坯料变形而获得锻件的方法。模锻锻件尺寸精度高,表面粗糙度值

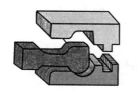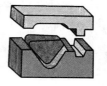

图 5-14 扣模

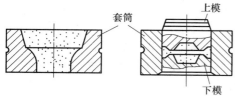

图 5-15 套模

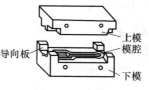

图 5-16 合模

小，加工余量小，生产率高，操作简单，易于实现机械化，可大批量生产，但模具费用高，需要较大的专用设备，生产周期长。模锻件的质量一般在 150kg 以下，一般只在大批量生产中小型锻件时才采用模锻工艺。模锻生产广泛应用于国防工业和机械制造业中。根据所用设备的不同，模锻可以分为锤上模锻、曲柄压力机上模锻、平锻机上模锻和摩擦压力机上模锻。其中锤上模锻最为常用。锤上模锻所用设备主要是蒸汽-空气模锻锤。形状简单的锻件可在单模膛内锻造成形，如图 5-17 所示；复杂的锻件必须在多个模膛内锻造后才能成形，如图 5-18 所示。

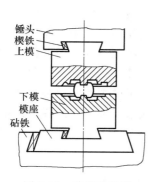

图 5-17 单模膛模锻

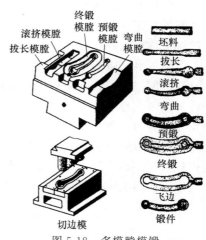

图 5-18 多模膛模锻

4. 精密模锻

精密模锻是在普通的模锻设备上锻制出形状复杂的高精度锻件的一种模锻工艺。常用于加工锥齿轮、汽轮机叶片、航空件、电器件等。锻件公差在 0.02mm 以下，达到少切削或无切削的目的。

5. 液态模锻

液态模锻是将金属液直接浇入金属模的型腔内，然后对熔融或半熔融的金属施以机械静压力，使液态金属充满型腔并在压力下结晶凝固，获得毛坯或零件的加工方法，是一种介于压力铸造和模锻之间的加工方法。由于结晶过程是在压力下进行的，所以改变了常态下结晶的宏观及微观组织，使柱状晶粒变为细小的等轴晶粒。液态模锻工作过程主要包括浇注、加压成形和脱模。液态模锻可用于各种钢铁材料及非铁金属材料制品的锻造。

? 想一想

实际生产中，自由锻、胎模锻、模锻如何选择？

二、冲压

冲压是利用安装在压力机上的模具对材料施加压力，从而获得所需零件的一种压力加工方法。冲压用的金属材料有低碳钢、高塑性合金钢、铝、铜及其合金等。冲压制品广泛应用于汽车、拖拉机、航空、电器、仪表和国防等领域。冲压生产效率高，材料的利用率高，操作简单，易于实现自动化，可用于各种尺寸零件的加工。冲压模具结构复杂，精度要求高，制造费用高，因此只有在大批量生产时，才能体现出其优越性。

冲压生产

冲压模具按冲压工序的组合程度不同可分为单工序模、复合模和级进模（也称连续模）三种。

单工序模是在压力机的一次行程中，只完成一道冲压工序的模具。单工序模结构简单，容易制造，价格低廉，维修方便，生产率低，适用于试制或单件小批量生产。

复合模是在压力机的一次行程中，在同一工位上同时完成两道或两道以上冲压工序的模具。复合模生产率高，零件加工精度高，平整性好，但结构复杂，成本高，主要适合批量大、精度高的冲压件的生产。

级进模也称连续模，是在压力机的一次行程中，在不同的工位上逐次完成两道或两道以上冲压工序的模具。级进模生产效率高，易于实现自动化，但由于模具定位精度要求高、模具结构复杂、制造成本高，主要用于大批量生产精度要求不高的中、小型零件。

冲压加工因制件的形状、尺寸和精度不同，所采用的工序也不同。根据材料的变形特点可将冲压工序分为分离工序和成形工序两类。分离工序是指坯料在冲压力作用下，变形部分的应力达到强度极限以后，坯料发生断裂而产生分离。分离工序主要有剪裁和冲裁等。成形工序是指坯料在冲压力作用下，变形部分的应力达到屈服极限，但未达到强度极限，坯料产生塑性变形，成为具有一定形状、尺寸与精度的制件，成形工序主要有弯曲、拉深、翻边、旋压等。

? 想一想

你知道汽车覆盖件是怎么生产出来的吗？

第三节 焊接

焊接是现代工业生产和工程建设中连接金属构件的重要方法，在汽车、船舶、桥梁、压力容器、起重机械、房屋建筑、电视塔、金属桁架、天然气管道等的制造、安装上得到广泛应用。它是通过加热被焊金属材料，使金属原子之间相互扩散，从而实现连接的加工方法。

一、焊接的特点

1. 节省材料，减轻重量

焊接件比铆接件节省10%～25%的金属材料；焊接件比铸件节省30%～50%的金属材料。采用点焊的飞行器结构，重量明显减轻，油耗降低，运载能力提高。

2. 良好的密封性

焊接接头不仅具有良好的力学性能，而且具有良好的密封性。核电站锅炉都是采用焊接制造，现代导弹、船舶、飞机及压力容器等全部采用焊接制造。

3. 简化复杂和大型零件制造过程

焊接方法灵活，可化大为小，以简拼繁，生产周期短。许多复杂的大型机械零件，如万吨水压机的横梁、立柱塔式齿轮等重型机械零件的制造工艺中，都包含有焊接。采用焊接的方法能极大地简化加工工艺，弥补铸造或锻造设备吨位的不足。

4. 适应性强

大多数金属材料和部分非金属材料都可以进行焊接，而且连接性能较好。焊接接头强度可达到工件金属强度的标准，还可获得特殊性能。

5. 满足特殊连接要求

不同材料焊接在一起，能使零件的不同部分或不同位置具备不同的性能，满足使用要求；在已磨损的零件部位堆焊一层耐磨材料，可以延长零件的使用寿命。

焊接加工也有缺点。焊接过程是一个不均匀加热和冷却的过程，因此焊接接头部位组织的不均匀程度大大超过了铸件和锻件，易产生应力、变形和焊接缺陷，从而影响了焊接结构的精度和承载能力。

想一想

你能想到生活中有哪些物品是焊接件吗？

二、焊接的分类

按焊接过程的特点，通常分为熔焊、压焊和钎焊三大类。

1. 熔焊

熔焊是将待焊处的母材金属熔化，冷却凝固后形成焊缝，从而将两焊件连接在一起。常用的熔焊有焊条电弧焊、气焊、电渣焊、电子束焊、激光焊和等离子弧焊等。

2. 压焊

压焊是在焊接过程中对焊件施加压力，使两者结合面紧密接触并产生一定的塑性变形，从而将两焊件连接在一起。常用的压焊有电阻焊、摩擦焊、爆炸焊等。

3. 钎焊

钎焊是硬钎焊和软钎焊的总称。钎焊采用比焊件母材熔点低的钎料，将其和焊件一起加热到钎料熔点，使液态钎料填充接头间隙，润湿母材，并与母材相互扩散，实现焊件连接。常用的钎焊有锡焊、铜焊、火焰钎焊、电子束钎焊等。

做一做

查阅资料,了解还有哪些焊接方法。

三、焊条电弧焊

焊条电弧焊是利用焊条和焊件间产生的电弧将焊件和焊条熔化,从而使两块金属连成一体的焊接方法,如图 5-19 所示。

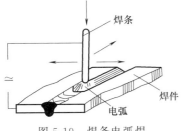

图 5-19 焊条电弧焊

焊条电弧焊的焊接过程如图 5-20 所示。焊接时首先将焊条夹在焊钳上,电焊机电源一极与工件相连接。引燃电弧时,焊条与工件相互接触发生短路,随即提起焊条 2～4mm,在焊条端部和工件之间产生电弧,电弧产生大量的热量,将焊条、工件局部加热到熔化状态,使工件接头处局部熔化,同时也使焊条端部不断熔化而滴入焊件接头空隙中,形成金属熔池。焊条上的药皮熔化后产生保护气体和熔渣,保护气体充满熔滴和熔池的周围,熔渣从熔池中浮起覆盖在熔融金属上。随着电弧的向前移动,焊条端部熔化后形成的熔滴和熔化的母材一起不断形成新的熔池,原来的熔池随着温度的降低开始冷却、凝固,从而形成连续的焊缝,使工件的两部分牢固连接在一起。

1. 焊接设备

焊条电弧焊的主要设备是电焊机,实际上是一种弧焊电源。按产生的电流种类不同,弧焊机可分为直流弧焊机和交流弧焊机两种,分别如图 5-21 和图 5-22 所示。

直流弧焊机的特点是结构复杂,价格较为昂贵,焊接质量好,可自由选择极性。用直流电焊机焊接时有正接和反接两种接线方法,如图 5-23 所示。若把阳极接在工件上,阴极接在焊条上,则电弧热量大部分集中在工件上,使工件快速熔化,适用于厚板焊接,称为正接法。反之称为反接法,适用于薄板和非铁金属的焊接。在使用碱性焊条时,均采用直流反接。

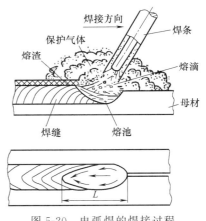

图 5-20 电弧焊的焊接过程

交流弧焊机是常用的焊条电弧焊设备,又称弧焊变压器,它将 220V 或 380V 的电压降

图 5-21 直流弧焊机

图 5-22 交流弧焊机

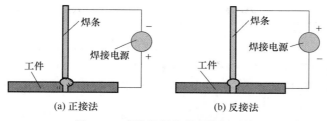

图 5-23 直流弧焊机的正接与反接

到 60～80V（即焊机的空载电压），以满足引弧的需要。焊接时，电压会自动下降到电弧正常工作时所需的工作电压 20～30V。交流弧焊机结构简单，制造方便，价格便宜，节省电能，使用可靠，维修方便，但电弧不太稳定。

2. 焊条

焊条是涂有药皮的熔化电极，是焊接材料，由焊芯和药皮两部分组成，如图 5-24 所示，焊条对焊接质量有很大的影响。

焊芯是焊条中被药皮包覆的金属芯，主要作用是导电，产生电弧，并作为焊缝的填充金属，与熔化的母材共同形成焊缝。焊芯金属的成分一定要保证焊缝的性能不低于焊件金属的性能。焊芯所用钢材都是经过特殊

图 5-24 焊条

冶炼的，碳、硅含量较低，硫、磷含量极少。焊条的直径是用焊芯的直径来表示的，最小的为 0.4mm，最大的为 9mm，常用的焊芯直径有 2.0mm、2.5mm、3.2mm、5.0mm、6.0mm 等几种，长度为 350～450mm。直径为 3.2～5.0mm 的焊芯应用最广。

药皮是压涂在焊芯表面的涂料层，由矿石粉和铁合金粉等原料按一定比例配制而成。药皮中含有造气剂、造渣剂等材料，可对焊缝金属进行气-渣联合保护，并去除有害杂质，补充有益元素，保证焊缝的成分和力学性能，改善焊接工艺性能，并使电弧稳定燃烧，焊缝成形好、易脱渣。

焊条按用途不同可分为非合金钢焊条、低合金钢焊条、不锈钢焊条、堆焊焊条、镍及镍合金焊条、铜及铜合金焊条、特殊用途焊条等。按熔渣性质不同可分为酸性焊条和碱性焊条，其中酸性焊条氧化性强，焊缝的塑性和韧性不高，抗裂性差，但具有良好的焊接工艺性，对油、水、锈不敏感，交、直流电源均可用，广泛用于一般结构件的焊接；碱性焊条力学性能好，有益元素比酸性焊条多，但稳弧性差，飞溅大，脱渣性和成形性也较差，适用于裂纹倾向大的，塑性、韧性要求高的重要结构，如锅炉压力容器、桥梁、船舶等。

我国焊条的牌号用符号（或汉字）后加三位数字来表示，其中符号表示焊条的类型，前两位数字表示熔敷金属的抗拉强度最小值，最后一位数字表示药皮类型及焊接电源。如 J426 表示焊缝金属抗拉强度不低于 420MPa，药皮类型为低氢钾型，电源为直流反接或交流。

焊条电弧焊常用工具和辅具还有焊钳、焊接电缆、面罩、防护服、敲渣锤、钢丝刷和焊条保温筒等。

3. **焊接工艺**

焊条电弧焊的焊接工艺包括焊接接头头型式的选择、焊缝的空间位置的确定、焊条直径

的选择等。

(1) 焊接接头的型式

在焊条电弧焊中，根据焊件的使用条件、结构形式和厚度的不同，可选择适宜的焊接接头型式。一般焊接接头型式可分为对接接头、角接接头、T形接头、搭接接头四种，如图 5-25 所示。焊接时对接接头应用最多。当焊件较厚时，还需开设各种坡口，如图 5-26 所示。

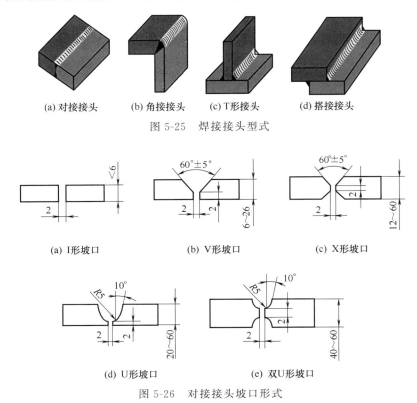

(a) 对接接头　(b) 角接接头　(c) T形接头　(d) 搭接接头

图 5-25　焊接接头型式

(a) I形坡口　(b) V形坡口　(c) X形坡口

(d) U形坡口　(e) 双U形坡口

图 5-26　对接接头坡口形式

当焊件厚度小于 6mm 时，对接接头一般不开坡口；当焊件厚度大于 6mm 时，应视情况加工出 V 形坡口、X 形坡口或 U 形坡口。其中 V 形坡口容易加工，但焊后易产生角变形；X 形坡口与 V 形坡口相比，焊接应力和变形较小，可节省金属，主要用于大厚度以及要求变形较小的结构中；U 形坡口容易焊透，变形小，但不易加工，主要用于一些重要结构件中。

(2) 焊缝的空间位置

按焊缝在空间的位置，可分平焊、横焊、立焊和仰焊四种，如图 5-27 所示。平焊操作容易，质量也易于保证，故一般应尽量把焊缝放在平焊的位置施焊。在进行立焊、横焊和仰

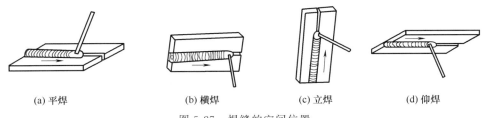

(a) 平焊　(b) 横焊　(c) 立焊　(d) 仰焊

图 5-27　焊缝的空间位置

焊时,由于重力的作用,被熔化的金属向下滴落而造成施焊困难,因此应尽量避免,若不得不采用这三种焊接位置时,则应采用小直径的焊条、较小的电流、短弧操作,并相应调整焊条与焊件的夹角。

(3) 焊条直径的选择

根据焊件的机械性能、化学成分选出相应的焊条后,再根据焊件厚度、接头型式及焊缝位置等来选择焊条直径。表 5-3 为一般情况下焊条直径选择参考表。

表 5-3 焊条直径选择参考表

焊件厚度/mm	≤1.5	2	3	4~5	6~12	≥13
焊条直径/mm	1.5	2	3.2	3.2~4	4~5	5~6

为提高生产效率,一般情况下应尽量选择较大直径的焊条;但立焊时焊条直径最大不应超过 5mm;仰焊、横焊时焊条最大直径不应超过 4mm,这样可减少熔化金属的下淌。对于多层焊,焊第一层时应采用直径较小的焊条,以后各层可根据焊件厚度来选用较大直径的焊条。

 做一做

查阅资料,了解摩擦焊是一种怎样的焊接方法。

四、焊接新技术

随着科学技术和机械制造技术的发展,焊接新技术不断涌现,下面简要介绍其中的几种。

1. 等离子弧焊

等离子弧焊是一种通过借助水冷喷嘴对电弧的拘束作用获得较高能量密度的等离子弧而进行焊接的方法。等离子弧的强弱易于控制,能量集中,弧柱温度高,弧流流速大,穿透能力强,焊接质量高,焊接速度快,焊接应力及变形小,生产效率高,焊缝深宽比大,但设备复杂,对控制系统要求较高。等离子弧焊主要用于焊接不锈钢、耐热钢、铜、钛及钛合金薄板,以及用于钨、钼、钴等难熔金属的焊接,焊接质量非常稳定。

2. 电子束焊

电子束焊是利用加速和聚焦后的电子束轰击焊件,产生热能而进行焊接的一种方法。电子束焊能实现几十个点同时焊接。其特点是焊接质量好,熔深大,焊接速度快,焊缝窄而深,焊缝纯净,焊接变形很小,焊接过程控制灵活,适应性强,但焊接设备复杂、造价高,使用与维护技术要求高。电子束焊特别适合焊接化学活泼性强、纯度高和极易被大气污染的金属,在原子能、航空航天等尖端领域应用广泛。

3. 超声波焊接

超声波焊是利用超声波的高频振荡能对工件接头进行局部加热和表面清理,然后施加压力实现焊接的一种方法。其特点是焊件表面无变形,焊件表面无需严格清理,焊接质量高,适用于焊接厚度小于 0.5mm 的工件。它可以焊接一般方法难以焊接的工件和材料,如铝、铜、镍、金薄件。主要用于无线电、仪表、精密机械及航空航天等领域。

4. 激光焊

激光焊是以聚焦的激光束轰击工件所产生的热量进行焊接的方法。其特点是能量密度大且释放迅速，焊接速度快，焊接质量高，能避免热损伤和焊接变形，灵活性较大，比较容易实现异种材料的焊接，可实现一般焊接方法难以实现的焊接，可以对绝缘材料直接焊接。目前已广泛用于电子工业和仪器仪表工业中微型件的焊接，如集成电路内外引线、微型继电器以及仪表游丝等。

5. 爆炸焊

爆炸焊是利用炸药爆炸产生的冲击力使焊件迅速碰撞，实现工件焊接的一种压焊方法。美国"阿波罗"登月飞船的燃料箱与不锈钢管的连接采用了爆炸焊方法。

目前焊接技术正向高温、高压、高容量、高寿命、高生产率、智能化方向发展。

思考与练习

1. 简述焊条电弧焊的焊接过程。
2. 焊条电弧焊的设备与工具有那些？
3. 焊条由哪几部分组成？其作用是什么？
4. 常见的焊接接头型式有哪些？坡口的作用是什么？
5. 焊接应力及焊接变形产生的原因是什么？有哪些危害？如何减少或预防？
6. 铝及铝合金可用那些方法焊接？
7. 中碳钢焊接工艺有哪些特点？

思政园地

无轨导全位置爬行焊接机器人

2021年10月25日，由潘际銮院士团队首创的无轨导全位置爬行焊接机器人首次在广州白云站项目投入使用，开展现场焊接示范作业与试验研究。无轨导全位置爬行焊接机器人无需预设轨道，对焊缝能自动识别，自动跟踪，能自动在构件上竖向和横向爬行，完成焊接作业。经过两天的焊接作业，无轨导全位置爬行焊接机器人顺利完成现场大直径超厚板圆管柱的对接焊接，经现场无损检测，一级全熔透焊缝一次合格率达100％。作为中国焊接领域的开拓者，潘际銮院士参与解决了我国多项重大工程问题，他率队研发的焊接技术让中国8万里高铁轨道"天衣无缝"，让中国的核电站"密不透风"。从1997年焊接机器人雏形诞生，到无轨导全位置爬行焊接机器人的成功研制，潘际銮院士以及他的团队二十年如一日，步履不停。目前无轨导爬行焊接机器人和管道焊接机器人已应用到很多重要领域中。

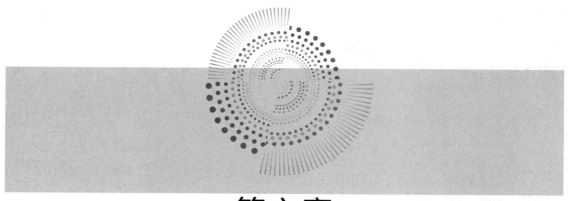

第六章
公差与配合

知识脉络图

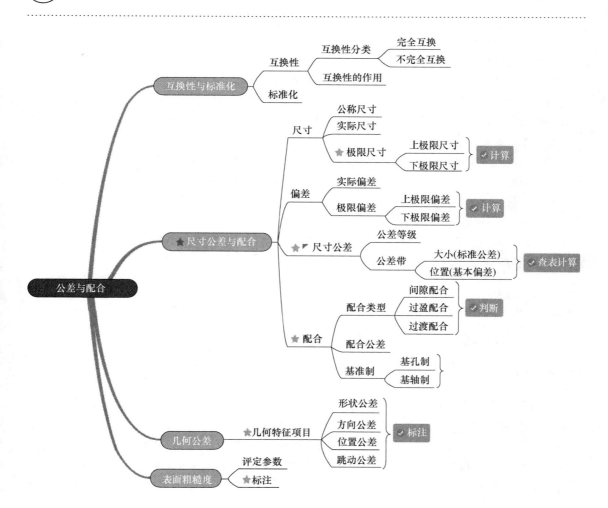

学习目标

- 了解互换性与标准化的重要性；
- 熟悉极限与配合的基本概念；掌握某些极限配合标准的主要内容；
- 了解并掌握几何公差的特征项目；
- 了解表面粗糙度的评定参数及其标注；
- 了解榜样的先进事迹，树立专业自信心。

第一节 互换性与标准化

一、互换性

互换性是指同一规格的零部件，不经过挑选、调整和修配，就能装配到机器上去，并能够满足使用要求的特性。

按照互换性程度，互换性可分为完全互换和不完全互换。完全互换是指零部件具有在装配时不需要经过挑选、分组、调整和修配，装配后就能达到预定要求的特性。不完全互换是指在装配时零部件需要进行挑选、分组，或者需要经过部分调整、修配后才能达到预定要求的特性。在企业内部的生产中，常采用不完全互换的方式，既满足不同等级的装配精度要求，又不致增加生产成本。

有了互换性，在产品设计中可以最大限度地使用标准件、通用件，大大减少绘图和计算工作量，并有利于计算机辅助设计，有效地缩短设计周期，降低制造成本。

在使用维修过程中，利用互换性可以在最短时间内及时更换损坏的零部件，减少维修时间和费用，降低生产成本，提高设备的利用率和使用价值。

互换性是进行社会化大生产的重要基础，是企业提高经济效益的重要途径，已成为现代制造业普遍遵守的技术经济原则。

想一想

给汽车更换轮胎属于完全互换还是不完全互换？

二、标准化

在现代化生产中，机械产品的制造过程涉及许多行业和企业，甚至涉及国际间的合作。为了技术上的协调要求，必须有一个共同遵守的统一技术规范，即标准。标准是对重复性事物和概念所作的统一规定，它以科学、技术和实践经验的综合成果为基础，经有关方面协商一致，由主管机构批准，作为共同遵守的准则和依据。标准按不同级别颁发，在世界范围共同遵守的是国际标准（ISO）。我国标准分为国家标准、行业标准及企业标准。国家标准和行业标准又分为强制性标准和推荐性标准。有关人身安全、健康、卫生及环境保护之类的标准属于强制性标准,国家通过法律、行政和经济等手段来维护其实施。企业标准是在没有国家标准及行业标准可依据、而在某个范围内又需要统一技术要求的情况下制定的技术规范。

标准化是组织社会化生产的重要手段,是管理科学化的主要依据。标准化水平的高低反映出一个国家现代化水平的程度,所以各个国家对标准化工作都非常重视。标准化的工作过程如图 6-1 所示。

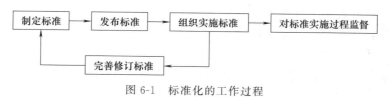

图 6-1 标准化的工作过程

? 想一想

互换性与标准化的关系是什么?

第二节 尺寸公差与配合

产品几何参数的实际值与设计值之间的差异程度称为产品的制造精度。差异程度越小,制造精度越高。在加工过程中,由于机床、刀具、夹具、量具以及操作人员技术水平等诸多因素的影响,加工出来的零件几何参数与设计值不完全一致,经测量得出的差异值称为误差。误差越大,精度越低,质量等级越低。限制误差允许范围的规定是公差,由国家制定并颁布。公差是产品精度最直接的反映。

? 想一想

误差、公差与精度的关系是什么?

一、基本术语

1. 孔、轴

从公差与互换性的角度,孔是指零件的圆柱形内表面,轴是指零件的圆柱形外表面。从装配关系看,孔是包容面,轴是被包容面。

2. 尺寸

尺寸是用特定单位表示线性几何量大小的数值。机械加工中尺寸的常用单位是 mm。在图样上标注尺寸时,可将 mm 省略,仅标注数值,当以其他单位表示尺寸时,必须注出长度单位,如 $100\mu m$、$10m$ 等。

(1) 公称尺寸

设计时根据零件使用要求,通过刚度、强度计算及结构等方面的考虑,并按标准值圆整后确定下来的尺寸为公称尺寸,也叫基本尺寸。

(2) 实际尺寸

加工后经测量得到的尺寸为实际尺寸。由于存在制造误差,所以实际尺寸一般不等于公称尺寸。

(3) 极限尺寸

允许尺寸变动的两个界限值,称为极限尺寸,分为上极限尺寸和下极限尺寸。

上极限尺寸:允许实际尺寸的最大值。

下极限尺寸:允许实际尺寸的最小值。

3. 尺寸偏差和极限偏差

尺寸偏差简称偏差,是指实际尺寸减去公称尺寸得到的代数差。上极限尺寸减去公称尺寸得到的代数差,称为上极限偏差,简称上偏差,同理定义下偏差。孔的上极限偏差和下极限偏差分别用 ES 和 EI 表示,轴的上极限偏差和下极限偏差分别用 es 和 ei 表示。国标规定极限偏差的基本标注形式为:

$$公称尺寸^{上偏差}_{下偏差}$$

例如 $\phi 12^{-0.006}_{-0.017}$,表示公称尺寸是直径 12,其上极限偏差为 -0.006,下极限偏差为 -0.017。若上、下偏差绝对值相等,符号相反,例如绝对值都等于 0.026,公称尺寸为直径 20,则表示为 $\phi 20\pm 0.026$。

4. 尺寸公差和公差带图

尺寸公差是允许实际尺寸的变动量,其数值为绝对值。

孔的尺寸公差:$T_h = ES - EI$;

轴的尺寸公差:$T_s = es - ei$。

为了直观地反映出极限偏差与公差之间的关系,常把基本尺寸、极限偏差与尺寸公差之间的关系简化为公差带图,如图 6-2 所示。图中,零线代表基本尺寸界线位置,也是确定上、下偏差的起点位置,标注为"0"。零线上方是正偏差,下方是负偏差,分别标注"+""−"。公差带是由代表上、下偏差的两条直线所限定的区域,即允许实际尺寸变动的区域。公差带包括大小和位置两个要素:大小即为公差值,称为标准公差;位置由代表基本偏差的直线位置确定,即靠近零线的那个极限偏差直线的位置。

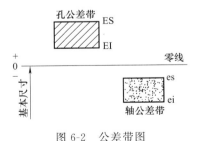

公差带图

图 6-2 公差带图

5. 零件的合格性判定条件

零件的实际尺寸在极限尺寸范围内,或者其误差在极限偏差范围内,就是合格品;反之是废品。零件的合格性判断如图 6-3 所示。

6. 配合

配合是指公称尺寸相同的孔与轴的公差带之间的位置关系。按照孔、轴公差带相对位置

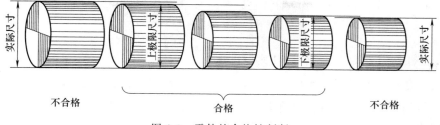

图 6-3 零件的合格性判断

的不同,分为间隙配合、过渡配合和过盈配合三种类型,如图 6-4 所示。

① 间隙配合:孔的公差带位于轴公差带之上,具有间隙(包括最小间隙等于零)的配合。当孔为上极限尺寸 D_{max}、轴为下极限尺寸 d_{min} 时,装配后便产生最大间隙 X_{max},此时孔、轴处于最松配合状态;当孔为下极限尺寸 D_{min}、轴为上极限尺寸时 d_{max},装配后便产生最小间隙 X_{min},此时孔、轴处于最紧配合状态。如图 6-4(a)所示。最大间隙 X_{max} 和最小间隙 X_{min} 统称为极限间隙,其计算公式为:

$$X_{max} = D_{max} - d_{min} = ES - ei$$
$$X_{min} = D_{min} - d_{max} = EI - es$$

有时也用平均间隙表示:

$$X_{av} = (X_{min} + X_{max})/2$$

② 过盈配合:孔的公差带在轴公差带之下,具有过盈(包括最小过盈等于零)的配合。当孔为上极限尺寸 D_{max}、轴为下极限尺寸 d_{min} 时,装配后便产生最小过盈 Y_{min},此时孔、轴处于最松配合状态;当孔为下极限尺寸 D_{min}、轴为上极限尺寸 d_{max} 时,装配后便产生最大过盈 Y_{max},此时孔、轴处于最紧配合状态。如图 6-4(c)所示。

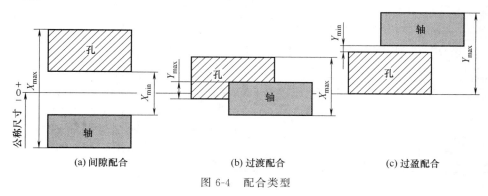

(a) 间隙配合　　　　　(b) 过渡配合　　　　　(c) 过盈配合

图 6-4 配合类型

最小过盈 Y_{min} 与最大过盈 Y_{max} 统称为极限过盈,其计算公式为:

$$Y_{min} = D_{max} - d_{min} = ES - ei$$
$$Y_{max} = D_{min} - d_{max} = EI - es$$

有时也用平均过盈表示:

$$Y_{av} = (Y_{min} + Y_{max})/2$$

③ 过渡配合:孔与轴的公差带相互交叠,可能有间隙或过盈的配合。当孔为上极限尺寸 D_{max}、轴为下极限尺寸 d_{min} 时,装配后得到最大间隙 X_{max},此时孔、轴处于最松配合状态;当孔为下极限尺寸 D_{min}、轴为上极限尺寸 d_{max} 时,装配后产生最大过盈 Y_{max},此时

孔、轴处于最紧配合状态。如图 6-4（b）所示。计算公式为：
$$X_{max}=D_{max}-d_{min}=ES-ei$$
$$Y_{max}=D_{min}-d_{max}=EI-es$$

7. 配合公差

配合公差是允许间隙或过盈的变动量，用 T_f 表示。配合公差表示配合精度的高低，是评定配合质量的一个重要指标。配合公差越大，允许间隙或过盈的变动量就越大，配合后松紧程度的变化也越大，因而配合精度越低。

对于间隙配合：$T_f=T_h+T_s=|X_{max}-X_{min}|$

对于过盈配合：$T_f=T_h+T_s=|Y_{max}-Y_{min}|$

对于过渡配合：$T_f=T_h+T_s=|X_{max}-Y_{max}|$

例 6-1 三对孔、轴的配合尺寸分别为：

孔 $\phi 50^{+0.025}_{0}$，轴 $\phi 50^{-0.025}_{-0.050}$；孔 $\phi 50^{+0.025}_{0}$，轴 $\phi 50^{+0.041}_{+0.026}$；孔 $\phi 50^{+0.025}_{0}$，轴 $\phi 50\pm 0.008$。分别求出每对配合的极限偏差、公差、极限尺寸、极限盈隙、配合公差，判断配合类型，并画出公差带图。

解：按上述公式计算，结果如表 6-1 所示，公差带图如图 6-5 所示。

表 6-1 例 6-1 的计算结果 mm

项 目	配合一		配合二		配合三	
	孔 $\phi 50^{+0.025}_{0}$	轴 $\phi 50^{-0.025}_{-0.050}$	孔 $\phi 50^{+0.025}_{0}$	轴 $\phi 50^{+0.041}_{+0.026}$	孔 $\phi 50^{+0.025}_{0}$	轴 $\phi 50\pm 0.008$
上偏差	+0.025	−0.025	+0.025	+0.041	+0.025	+0.008
下偏差	0	−0.050	0	+0.026	0	−0.008
公差	0.025	0.025	0.025	0.015	0.025	0.016
上极限尺寸	50.025	49.975	50.025	50.041	50.025	50.008
下极限尺寸	50	49.950	50	50.026	50	49.992
最大间隙 X_{max}	+0.075		—		+0.033	
最小间隙 X_{min}	+0.025		—		—	
最大过盈 Y_{max}	—		−0.041		−0.008	
最小过盈 Y_{min}	—		−0.001		—	
配合公差 T_f	0.050		0.040		0.041	
配合类型	间隙配合		过盈配合		过渡配合	

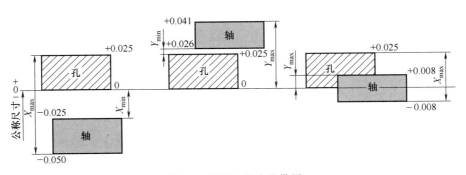

图 6-5 例 6-1 的公差带图

做一做

根据表 6-2 中给出的数据求出空格中应有的数据并填入空格内。

表 6-2 做一做

公称尺寸 /mm	孔			轴			X_{max} 或 Y_{min}	X_{min} 或 Y_{max}	X_{av} 或 Y_{av}
	ES	EI	T_h	es	ei	T_s			
$\phi 28$		0				0.021	+0.074		+0.057
$\phi 13$		0				0.010		−0.012	+0.0025
$\phi 46$			0.025	0				−0.050	−0.0295

二、极限制与配合制

为了方便设计和交流，国家标准将加工精度和装配精度的标准化通过尺寸公差带的标准化进行体现，即两者组成尺寸公差带的两个基本要素：公差带的大小和位置。前者称为标准公差，后者称为基本偏差。由此形成两大标准系列：标准公差系列和基本偏差系列。

1. 标准公差系列

（1）标准公差等级

标准公差是国家标准中规定的标准公差数值，用代号 IT（ISO Tolerance）表示。标准公差的大小反映了零件精度的高低，根据应用场合不同分为 20 个精度等级：

IT 表示国际公差，数字表示公差等级代号。

（2）标准公差数值

在生产实际中，不同精度等级范围内对公差数值的影响因素较为复杂。为了方便使用，经过大量的实践、实验并经过统计分析，总结出标准公差数值表，如表 6-3 所示。在实际应用时，只要选定了精度等级，就可用查表法确定出公差数值。查表步骤如下：

表 6-3 标准公差数值表（GB/T 1800.2—2009）

公称尺寸 /mm	公 差 等 级																			
	IT01	IT0	IT1	IT2	IT3	IT4	IT5	IT6	IT7	IT8	IT9	IT10	IT11	IT12	IT13	IT14	IT15	IT16	IT17	IT18
	μm													mm						
≤3	0.3	0.5	0.8	1.2	2	3	4	6	10	14	25	40	60	100	0.14	0.25	0.40	0.60	1.0	1.4
3～6	0.4	0.6	1	1.5	2.5	4	5	8	12	18	30	48	75	120	0.18	0.30	0.48	0.75	1.2	1.8
6～10	0.4	0.6	1	1.5	2.5	4	6	9	15	22	36	58	90	150	0.22	0.36	0.58	0.90	1.5	2.2
10～18	0.5	0.8	1.2	2	3	5	8	11	18	27	43	70	110	180	0.27	0.43	0.70	1.10	1.8	2.7
18～30	0.6	1	1.5	2.5	4	6	9	13	21	33	52	84	130	210	0.33	0.52	0.84	1.30	2.1	3.3
30～50	0.6	1	1.5	2.5	4	7	11	16	25	39	62	100	160	250	0.39	0.62	1.00	1.60	2.5	3.9
50～80	0.8	1.2	2	3	5	8	13	19	30	46	74	120	190	300	0.46	0.74	1.20	1.90	3.0	4.6

① 根据公称尺寸，找到所在尺寸段（左竖列）；
② 根据精度等级，找到 IT 所在位置（上横行）；
③ 竖列与横行交叉点数值即为所查公差数值。

例如，轴 $\phi 12g6$，公称尺寸是 12，精度为 IT6 级，查表 6-3 得 IT6＝0.011。

2. 基本偏差系列

（1）基本偏差概念

基本偏差用来确定公差带相对零线的位置，用靠近零线的那个极限偏差表示。当公差带位于零线以上时，基本偏差为下偏差；当公差带位于零线以下时，基本偏差为上偏差，如图 6-6 所示。

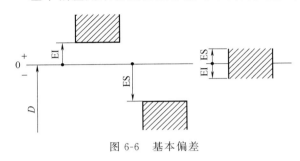

图 6-6 基本偏差

（2）基本偏差代号

国家标准对孔和轴分别规定了 28 种基本偏差，其代号用拉丁字母表示，在 26 个字母中去掉与其他参数易混淆的 5 个字母 I、L、O、Q、W（i、l、o、q、w），同时增加 7 个双字母 CD、EF、FG、JS、ZA、ZB、ZC（cd、ef、fg、js、za、zb、zc），共 28 个基本偏差代号，从而构成基本偏差系列，如图 6-7 所示。

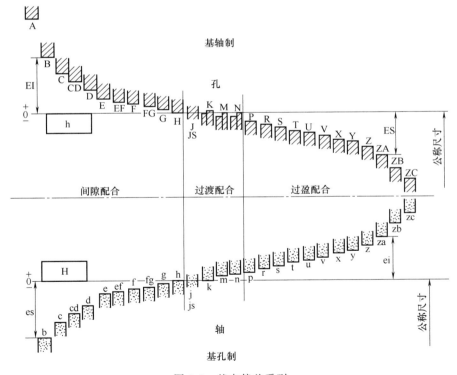

图 6-7 基本偏差系列

其特点如下：

① 上半部是孔的 28 种基本偏差，下半部是轴的 28 种基本偏差。反映出 28 种公差带相对于零线的位置。

② 公差带的封口端为基本偏差：在零线以上为下偏差，零线以下为上偏差。公差带另一端开口，表示其大小可随精度等级的高低而变化，体现出公差带包含标准公差和基本偏差两要素的基本特征。

③ 代号 H 下偏差为零、上偏差是正值；代号 h 上偏差为零、下偏差是负值。

④ 代号 JS（js）上、下偏差大小相等、符号相反，$es=ei=\pm\frac{1}{2}IT$。

（3）公差带及配合的表示方法

孔、轴公差代号用基本偏差代号与公差等级代号组成。例如：H7、F8 等为孔的公差带代号；h6、f7 等为轴的公差带代号。

国家标准已列出轴、孔基本偏差数值表，可查国标确定其数值。例如图 6-8 所示示例中，某轴径为 ϕ12g6，其公称尺寸是 12，基本偏差代号是 g，可查国标得到其基本偏差数值是 es＝－0.006。而 ϕ12js6 则不用查表，其标准公差值 IT6＝0.011，则基本偏差数值为其 1/2＝±0.0055。

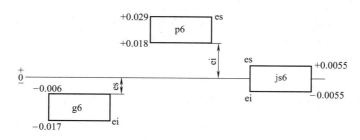

图 6-8 公差带图示例

3. 基准制（配合制）

为了制造的经济性，将相配合的孔、轴其中一个公差带位置固定，改变另一个公差带位置，以实现所需配合类型的配合制度称为基准制，如图 6-9 所示。国家标准规定有两种基准制：基孔制与基轴制，优先选用基孔制。

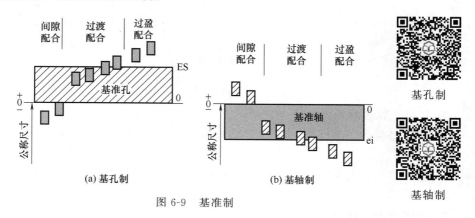

图 6-9 基准制

① 基孔制：基本偏差为一定的孔的公差带，与不同基本偏差的轴的公差带形成各种配合的制度。在基孔制中，孔为基准件，称为基准孔；轴是非基准件，称为配合轴。标准规定基准孔的下偏差为零，上偏差为正值，以基本偏差代号 H 表示。

② 基轴制：基本偏差为一定的轴的公差带，与不同基本偏差的孔的公差带形成各种配

合的制度。在基孔制中，轴为基准件，称为基准轴；孔是非基准件，称为配合孔。标准规定基准轴的上偏差为零，下偏差为负值，以基本偏差代号 h 表示。

 想一想

基准制中为什么优先选用基孔制？

第三节　几何公差

零件在加工过程中不仅会出现尺寸误差，而且会产生形状、方向和位置误差（简称为几何误差），这些误差都会对产品质量造成影响。例如，若车床导轨表面的平面度不好，将影响刀架的运动精度，从而影响零件的车削质量；如果导轨表面与底面平行度误差过大，或者床头箱与导轨表面垂直度误差过大，也会对车削造成影响。因此应规定几何公差加以限制。在实际生产中，几何公差是机械零件加工精度的重要指标。

一、几何要素

构成零件几何特征的点、线、面称为零件的几何要素，简称要素，如图 6-10 所示。

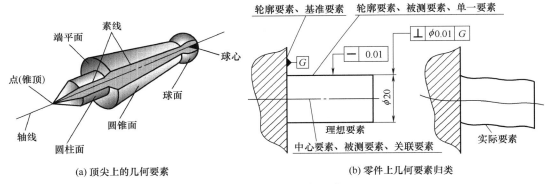

图 6-10　零件的几何要素

几何要素可从以下不同的角度进行分类。

1. 按存在状态分

① 理想要素：指具有几何学意义的要素，不存在误差的点、线、面，如图 6-10（b）所示。

② 实际要素：指零件上实际存在的要素，存在误差的点、线、面，如图 6-10（b）所示。

2. 按结构特征分

① 轮廓要素：是构成零件外形，能为人们直接感觉到的要素，如图 6-10 中的球面、圆柱（锥）面、端平面、圆柱面素线等。

② 中心要素：是指零件上的球心、圆心、轴线、对称中心线面等要素，如图 6-10 中的球心、轴线等。

3. 按所处地位分

① 被测要素：是图样上给出几何公差要求，需要被检测的要素，如图 6-10（b）中的圆柱面素线、轴线等。

② 基准要素：是作为基准用来确定被测要素方向、位置的要素，如图 6-10（b）中的 G 平面。

4. 按功能关系分

① 单一要素：指仅对被测要素本身给出形状公差要求的要素，如图 6-10（b）中圆柱面素线。

② 关联要素：指对被测要素给出方向、位置、跳动公差要求，与其他要素有功能关系的要素，如图 6-10（b）中的圆柱轴线（相对于 G 平面有垂直度要求）。

  想一想

如何区分轮廓要素和中心要素？

二、几何公差项目及其符号

几何公差分为四类，共 19 项，如表 6-4 所示。

表 6-4　几何公差分类项目

类别	项目	符号	基准要求	公差	项目	符号	基准要求
形状公差	直线度	—	无	方向公差	平行度	∥	有
	平面度	▱			垂直度	⊥	
	圆度	○			倾斜度	∠	
	圆柱度	⌭		位置公差	对称度	═	
	线轮廓度	⌒			同心度（用于中心点）	◎	
	面轮廓度	⌓			同轴度（用于轴线）	◎	
方向公差或位置公差	线轮廓度	⌒	有		位置度	⌖	有或无
	面轮廓度	⌓		跳动公差	圆跳动	↗	有
					全跳动	⌰	

  想一想

几何公差一共分哪几大类？

三、几何公差的标注

几何公差的标注由公差框格、带箭头的指引线和基准符号组成，见图 6-11。

公差框格一般水平放置，也可以竖直放置，框格中的内容按从左到右（或从下到上）填

图 6-11 几何公差标注示意图

写：几何公差项目符号、几何公差值、基准字母，如图 6-12 所示。用带箭头的指引线将几何公差框格与被测要素相连。当被测要素是轮廓要素时，指引箭头应垂直指向轮廓或其延长线上（与尺寸线明显错开），如图 6-13 所示；当被测要素是中心要素时，指引箭头应与尺寸线对齐，如图 6-14 所示。

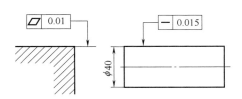

图 6-12 几何公差框格

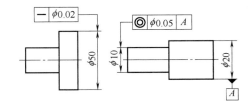

图 6-13 被测要素是轮廓要素时的标注　　图 6-14 被测要素是中心要素时的标注

基准符号由基准字母、方框、基准连线和黑三角组成，如图 6-15 所示。

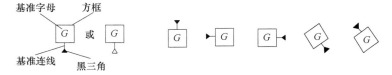

图 6-15 基准符号的标注

当基准要素是轮廓要素时，基准连线应垂直于基准或其延长线（与尺寸线明显错开），如图 6-11 中基准 B。

当被测要素是中心要素时，基准连线应与尺寸线对齐，如图 6-11、图 6-14 中基准 A。

无论基准符号方向如何，方框内字母都应水平书写。为了不引起误解，字母 E、F、I、J、L、M、O、P、R 不能用作基准字母；

基准一般分为 3 类：

① 单一基准：由 1 个要素建立的基准，用一个字母表示；

② 组合基准：由 2 个要素建立的 1 个基准，用横线隔开的两个字母在一个框格内表示；

③ 基准体系（三基面体系）：由互相垂直的 2 个或 3 个要素构成 1 个基准体系，用 2 个

或 3 个字母分别放在不同框格内表示。

做一做

指出图 6-16 中各项几何公差标注上的错误（不改变几何公差项目）。

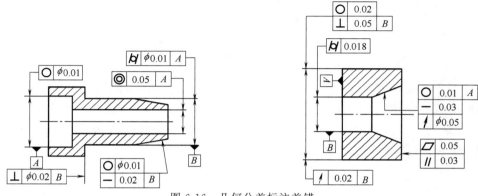

图 6-16 几何公差标注差错

第四节　表面粗糙度

　　在零件加工过程中，由于机床、刀具的振动，刀具与零件表面间的摩擦，以及材料被切削时产生塑性变形等原因，零件表面在加工后不可能是理想的光滑表面。在放大镜或显微镜下观察，可以看到高低不平的状况，凸起的部分称为峰，低凹的部分称为谷，如图 6-17 所示。零件表面在加工后形成的由微小间距的峰谷组成的微观几何形状特征称为表面粗糙度，即表面精度。

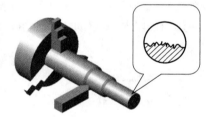

图 6-17 零件表面微观放大图

　　表面粗糙度会影响零件的强度、耐磨性和抗蚀性，并影响配合性质的稳定性。对于间隙配合，相对运动的表面会因粗糙不平而迅速磨损，使间隙增大；对于过渡配合，表面粗糙会使配合变松，甚至变成间隙配合；对于过盈配合，由于装配时将微观凸峰挤平，减小了实际有效过盈，从而降低了连接强度。表面粗糙度对接触刚度、密封性、产品外观及表面反射能力等也均有明显的影响。因此，在保证零件尺寸精度、几何精度的同时，必须对表面质量提出相应精度要求。

一、表面粗糙度的主要评定参数

　　国家标准规定表面粗糙度主要参数有轮廓算术平均偏差 Ra、轮廓最大高度 R_Z。轮廓算术平均偏差 Ra 是指在一个取样长度内，轮廓上各点的纵坐标 $Z(x)$ 绝对值的平均值，如图 6-18 所示。其数学表达式为：

$$Ra = \frac{1}{l_r}\int_0^{l_r} |Z(x)|\,\mathrm{d}x \quad \text{或} \quad Ra = \frac{1}{n}\sum_{i=1}^{n}|Z_i|$$

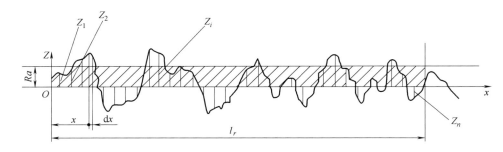

图 6-18 轮廓算术平均偏差 Ra 示意图

Ra 值越大,表面越粗糙。Ra 参数客观地反映了零件实际表面的微观不平程度,并且测量方便,因而被标准定为首选参数,在生产中广泛采用。但材料较软、或面积很小时不便采用。轮廓最大高度 Rz 是指在取样长度内,最大轮廓峰高和最大轮廓谷底线之间的距离,如图 6-19 所示。其数学表达式为

$$Rz = |Z_{pmax}| + |Z_{vmax}|$$

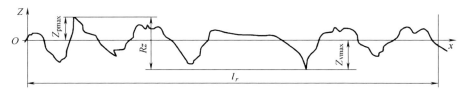

图 6-19 轮廓最大高度 Rz 值示意图

Rz 参数对不允许出现较深加工痕迹的表面和小零件的表面质量有着重要意义,尤其是在交变载荷作用下,是防止出现疲劳破坏源的一项保证措施。因此 Rz 主要应用于有交变载荷作用的场合(辅助 Ra 使用),以及不便使用 Ra 时的小零件表面、特别光滑或粗糙的表面。

 想一想

轮廓算术平均偏差 Ra 和轮廓最大高度 Rz 的数值大小与表面精度的关系是什么?

二、表面结构代号及标注

图样上所标注的表面粗糙度符号、代号是该表面加工完成后的表面质量要求,国家标准规定了零件表面粗糙度符号及其在图样上的注法。

1. 表面粗糙度符号

表面粗糙度符号及含义如表 6-5 所示。

表面粗糙度的幅度参数标注示例及含义如表 6-6 所示。

2. 表面粗糙度的标注方法

表面粗糙度符号的尖端从材料外指向表面,数字的注写和读取方向与尺寸标注一致。一般标注时,可标注在轮廓线或延长线上、尺寸线或尺寸界线上,如图 6-20 (a)、(b)、(c) 所示。也可标注在几何公差框格上方,如图 6-20 (d) 所示。必要时可用带箭头的或黑点的引线引出,如图 6-20 (e) 所示。

表 6-5 表面粗糙度符号及其含义

符号	所指含义	符号	所指含义
√	基本符号,表示用任何工艺方法获得表面(仅用于简化代号标注,没有补充说明不能单独使用)	√ √ √	完整符号,在上述符号长边加一横线用于标注有关参数和补充信息
√	扩展符号,基本符号加一短横,表示用去除材料的加工方法获得表面	(c/a/b, e, d)	a、b:评定参数代号、数值(μm)及有关信息; c:加工要求、镀、涂、表面处理或其他说明; d:加工纹理方向符号; e:加工余量(mm)
√	扩展符号,基本符号加一小圆,表示用不去除材料的加工方法获得表面	√ √ √	在符号上加一小圆,表示投影面上构成封闭轮廓的各表面具有相同表面粗糙度要求

表 6-6 表面粗糙度幅度参数标注示例及其含义

符号	含义	符号	含义
√$Ra\ 3.2$ (不去除)	用不去除材料方法获得的表面,Ra 的上限值为 $3.2\mu m$	√$Ra\ \max\ 3.2$ (不去除)	用不去除材料方法获得的表面,Ra 的最大值为 $3.2\mu m$
√$Ra\ 3.2$	用去除材料方法获得的表面,Ra 的上限值为 $3.2\mu m$	√$Ra\ \max\ 3.2$	用去除材料方法获得的表面,Ra 的最大值为 $3.2\mu m$
√$U\ Ra\ 3.2$ $L\ Ra\ 1.6$	用去除材料方法获得的表面,Ra 的上限值为 $3.2\mu m$,下限值为 $1.6\mu m$(也可以不注 U、L)	√$Ra\ \max\ 3.2$ $Ra\ \min\ 1.6$	用去除材料方法获得的表面,Ra 的最大值为 $3.2\mu m$,最小值为 $1.6\mu m$
√$Ra\ 0.8$ $Rz\ 3.2$	用去除材料方法获得的表面,Ra 的上限值为 $0.8\mu m$,Rz 的上限值为 $3.2\mu m$	√$Ra\ \max\ 0.8$ $Rz\ \max\ 3.2$	用去除材料方法获得的表面,Ra 的最大值为 $0.8\mu m$,R_z 的最大值为 $3.2\mu m$

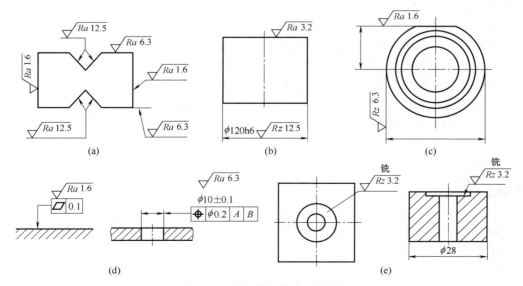

图 6-20 表面粗糙度的一般标注

当零件的大部分表面具有相同的表面粗糙度时，可统一标注在标题栏附近，如图 6-21 表示，图中除 $\sqrt{Rz\,6.3}$、$\sqrt{Rz\,1.6}$ 外，其余表面均为 $Ra\,3.2$。

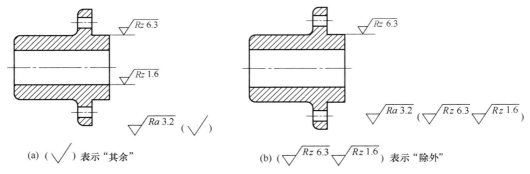

图 6-21 其余表面具有相同表面粗糙度要求的简化标注

若图样标注空间所限，对具有相同表面粗糙度要求的表面，可采用图 6-22 方式标注。

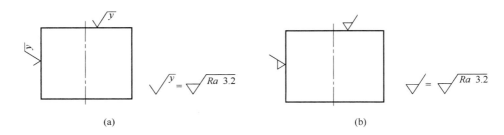

图 6-22 具有相同表面粗糙度要求的简化标注

 做一做

判断正误（正确的打√，错误的打×）
1. 选择表面粗糙度评定参数值应尽量小好。（   ）
2. 零件的尺寸精度越高，通常表面粗糙度参数值相应取得越大。（   ）
3. 零件的表面粗糙度值越大，则零件的几何精度应越高。（   ）
4. 当零件的大部分表面具有相同的表面粗糙度时，可统一标注在图样右上角。
5. 要求配合精度高的零件，其表面粗糙度数值应大。（   ）
6. Rz 参数对某些表面上不允许出现较深的加工痕迹和小零件的表面质量有实用意义。
（   ）

思考与练习

1. 极限偏差的概念是什么？如何计算？
2. 偏差与公差的正负符号如何规定？
3. 配合的概念是什么？分哪几类？
4. 标准公差的概念和含义是什么？有多少级？

5. 基本偏差的概念和含义是什么？

6. 几何公差特征项目共有多少项？其名称和符号是什么？

7. 几何公差标注时，指引箭头有何规定？基准连线有何规定？

8. 何谓表面粗糙度？它对零件使用性能有什么影响？

9. 评定表面粗糙度的基本参数是哪两个？其含义和代号是什么？

10. 基本尺寸为 $\phi50$，上极限尺寸为 $\phi50.008$，下极限尺寸为 $\phi49.992$，试计算极限偏差和公差，并画出公差带图。

11. 孔为 $\phi60^{+0.030}_{\ 0}$，轴为 $\phi60^{-0.025}_{-0.050}$，求孔和轴的极限尺寸、极限偏差，画出公差带图并判断配合类型。

12. 查表确定下列公差带的极限偏差

① $\phi30f8$　② $\phi40h9$　③ $\phi60p9$　④ $\phi50js5$
⑤ $\phi60F8$
⑥ $\phi50N7$　⑦ $\phi20T5$　⑧ $\phi30JS7$　⑨ $\phi40H8$
⑩ $\phi40J8$

13. 将下列几何公差要求，分别标注在图 6-23 上。

① 底平面的平面度公差为 $0.021mm$；

② $\phi20^{+0.021}_{\ 0}$ 两孔的轴线分别对它们的公共轴线的同轴度公差为 $0.015mm$；

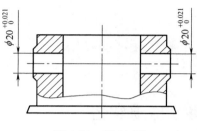

图 6-23　题 13 图

③ $\phi20^{+0.021}_{\ 0}$ 两孔的轴线对底面的平行度公差为 $0.01mm$；两孔表面的圆柱度公差为 $0.008mm$。

思政园地

中国工程物理研究院机械制造工艺研究所高级技师陈行行

陈行行，1990 年出生于山东省济宁市微山县鲁桥镇，毕业于山东技师学院，现任中国工程物理研究院机械制造工艺研究所高级技师。先后获得"全国五一劳动奖章""全国技术能手""四川工匠"等荣誉称号。

2019 年 1 月 18 日，陈行行当选 2018 年"大国工匠年度人物"。他用比头发丝还细 $0.02mm$ 的刀头，在直径不到 $20mm$ 的薄薄的圆盘上打出 36 个小孔，用在尖端武器装备上。在新型数控加工领域，陈行行总是把不可能变成了可能。在机械制造领域，大幅提高薄壳体加工的合格率是一个世界级难题，在国内始终难以逾越 50% 的合格率，陈行行为此无数次修改编程、调整刀具、订正参数，变换走刀轨迹和装夹方式，经过不懈的努力，最终让产品合格率达到了 100%。

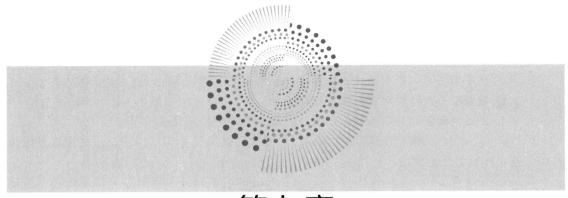

第七章
常用机构

知识脉络图

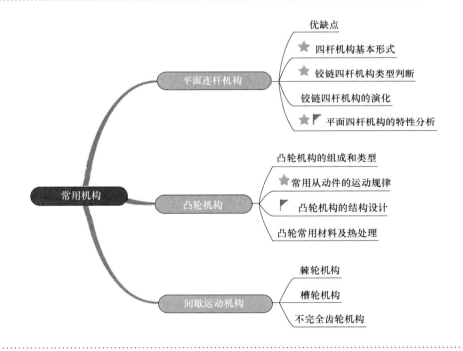

学习目标

□ 掌握平面连杆机构特点、基本型式、演化、曲柄存在的条件以及运动特性；
□ 掌握凸轮机构的组成、类型、常用运动规律、凸轮机构的结构设计方法；
□ 了解间歇运动机构的类型、组成、特点及应用；

□ 了解中国机长刘传健的故事，培养职业奉献精神。

第一节　平面连杆机构

一、铰链四杆机构

平面连杆机构

若干构件通过低副（转动副或移动副）连接所组成的机构称作连杆机构。连杆机构又可以分为平面连杆机构和空间连杆机构。平面连杆机构是由若干构件用平面低副（转动副和移动副）连接而成的平面机构，用以实现运动的传递、变换和传送动力。平面连杆机构的使用更多一些，广泛应用于各种机械和仪表中，所以本节主要讨论平面连杆机构。平面连杆机构主要优点有：

① 运动副是低副，为面接触，传力时压强小，磨损较轻，承载能力较强；
② 构件的形状简单，易于加工，工作可靠；
③ 可实现多种运动形式及其转换，满足多种运动规律的要求；
④ 利用平面连杆机构中的连杆可满足多种运动轨迹的要求。

平面连杆机构主要缺点有：

① 由于低副中存在间隙，机构不可避免地存在着运动误差，精度不高；
② 主动构件匀速运动时，从动件通常为变速运动，不适用于高速场合。

平面连杆机构常以其组成的构件（杆）数来命名，如由四个构件通过低副连接而成的机构称为四杆机构，而五杆或五杆以上的平面连杆机构称为多杆机构。四杆机构是平面连杆机构中最常见的形式，也是多杆机构的基础。构件之间都是用转动副连接的平面四杆机构称为铰链四杆机构，如图 7-1 所示。铰链四杆机构是平面机构的最基本的可实现运动和力转换的连杆机构型式，是构件数目最少的平面连杆机构。

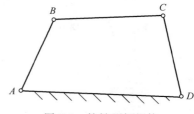

图 7-1　铰链四杆机构

图 7-1 所示机构中，AD 固定不动，称为机架；AB、CD 两构件与机架组成转动副，称为连架杆；BC 称为连杆。在连架杆中，能进行整周回转的构件称为曲柄，而只能在一定角度范围内摆动的构件称为摇杆。根据机构中有无曲柄和有几个曲柄，铰链四杆机构又有三种基本形式：曲柄摇杆机构、双曲柄机构和双摇杆机构。

两连架杆中一个为曲柄，另一个为摇杆的铰链四杆机构，称为曲柄摇杆机构，如图 7-2 所示的雷达天线俯仰机构和图 7-3 所示的缝纫机踏板机构就属于这类机构。

两个连架杆都是曲柄的铰链四杆机构，称为双曲柄机构。如图 7-4 所示的惯性筛的四杆机构就属于这种机构。

当双曲柄机构中的四个杆件满足相对两杆平行且长度相等时，称为平行双曲柄机构或平行四边形机构，如图 7-5 所示的火车联动机构和图 7-6 所示的摄影平台升降机构。它的运动特点是：两曲柄则以相同的角速度同向转动，而连杆作平移运动。

如果从动曲柄的转向发生反转，则该机构称为反平行四边形机构。例如车门开闭机构就利用了反平行四边形机构的两曲柄转向相反的特性,使两车门同时打开或关闭,如图 7-7 所示。

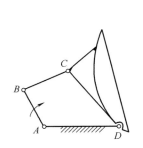

图 7-2 雷达天线俯仰机构

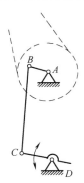

图 7-3 缝纫机踏板机构

曲柄摇杆机构

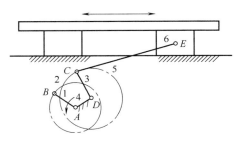

图 7-4 惯性筛四杆机构

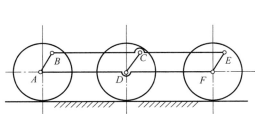

图 7-5 火车联动机构

双曲柄机构

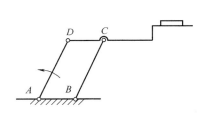

图 7-6 摄影平台升降机构

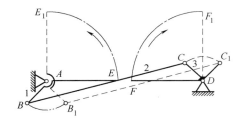

图 7-7 反平行四边形机构

两个连架杆都是摇杆的铰链四杆机构,称为双摇杆机构。如图 7-8 所示的飞机起落架和图 7-9 所示的汽车、拖拉机等的前轮转向机构。

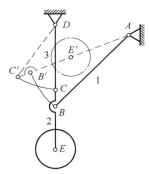

图 7-8 飞机起落架

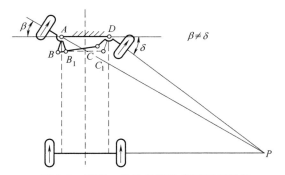

图 7-9 汽车、拖拉机等的前轮转向机构

双摇杆机构

> **想一想**
>
> 观察公交车门双扇门车门的开闭机构,说明它利用了哪种四杆机构。

二、铰链四杆机构的演化

机构的演化方法有三种:
① 通过改变构件的形状和相对尺寸进行演化;
② 通过改变运动副尺寸进行演化;
③ 通过选用不同构件作为机架进行演化。

不管采用哪种方法,都要遵循"不改变构件间的相对运动状况,而只可改变构件的形状或其绝对运动"的原则。

例如图 7-10(a)所示的铰链四杆机构中,当摇杆 CD 长度趋于无穷大时,点 C 圆弧轨迹变成直线,机构就演化成图(b)所示含有滑块的机构。

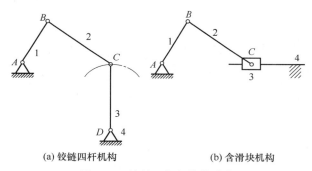

(a) 铰链四杆机构　　　(b) 含滑块机构

图 7-10　铰链四杆机构的演化

曲柄滑块机构　　摆动导杆机构　　曲柄摇块机构　　转动导杆机构　　移动导杆机构

当构件 1 能整周回转成为曲柄时,该机构称为曲柄滑块机构;否则该机构称为摆杆滑块机构。根据滑块导路是否通过固定铰链中心 A,可分为对心曲柄滑块机构和偏心曲柄滑块机构,其偏心的距离称作偏心距。

在对心曲柄滑块机构中,若改取构件 1 为机架,则机构演化为导杆机构。设构件 1、2 的杆长分别为 l_1 和 l_2,当 $l_1<l_2$ 时,随着构件 2 的转动,构件 4 也作整周转动,我们称之为转动导杆机构。当 $l_1>l_2$ 时,构件 2 作整周转动时,导杆 4 只能在一定角度范围内摆动,该机构称为摆动导杆机构。若改取构件 2 为机架,当 $l_1<l_2$ 时,随构件 1 的转动,滑块 3 只在一定角度范围内摆动,该构件称为曲柄摇块机构;当 $l_1>l_2$ 时,则滑块 3 可作整周转动,我们称为曲柄转块机构。

如取滑块 3 为机架,则该机构演化成移动导杆机构。

按照同样的演化方法,若将铰链四杆机构中两个转动副分别用移动副代替,并分别改取不同的构件为机架，可以演化出正弦机构、正切机构、双滑块机构和双转块机构，如图 7-11～图 7-14 所示。

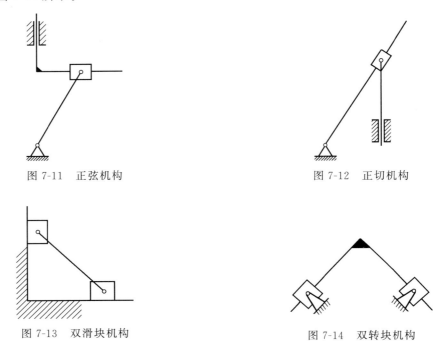

图 7-11　正弦机构

图 7-12　正切机构

图 7-13　双滑块机构

图 7-14　双转块机构

? 想一想

铰链四杆机构的演化都有哪些途径？

三、铰链四杆机构存在曲柄的条件

如图 7-15 所示，AB 为曲柄，CD 为摇杆，各杆的长度分别为 a、b、c、d。因 AB 曲柄，因此可作出其作整转动时两次与连杆共线的位置，如图中 AB_1C_1D、AB_2C_2D 所示。在曲柄与连杆部分重叠而成共线的位置，构成△AC_1D；在曲柄与连杆相延长而成共线的位置，构成△AC_2D。根据三角形两边之和必大于第三边，由△AC_1D 得：

$$c < (b-a) + d$$
$$d < (b-a) + c$$

移项得：

$$a + c < b + d$$
$$a + d < b + c$$

由△AC_2D 得：

$$a + b < c + d$$

由于△AC_1D 与△AC_2D 的形状随各杆的相对长度不同而变化，故考虑三角形变为一直线的特殊情况，此时，曲柄与连杆成一直线的位置即四杆共线的位置，这在曲柄与另一杆长度之和正好等于其余两杆长度之和时才出现这一特殊情况。于是上面三式应写为：

$$a + c \leqslant b + d$$

$$a+d \leqslant b+c$$
$$a+b \leqslant c+d$$

将上述三式中每两式相加并简化,可得:
$$a \leqslant b$$
$$a \leqslant c$$
$$a \leqslant d$$

由此可以归纳出铰链四杆机构中存在曲柄的条件为:
① 最短杆与最长杆长度之和小于或等于其余两杆长度之和(简称长度和条件);
② 连架杆和机架中必有一杆为最短杆(简称最短杆条件)。

通过分析可得如下结论:
① 铰链四杆机构中,如果最短杆与最长杆的长度之和小于或等于其余两杆长度之和,则根据机架选取的不同,可有下列三种情况:
a. 取与最短杆相邻的杆为机架,则最短杆为曲柄,另一连架杆为摇杆,组成曲柄摇杆机构;
b. 取最短杆为机架,则两连架杆均为曲柄,组成双曲柄机构;

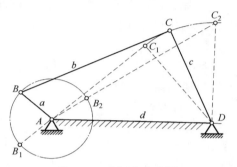

图7-15 曲柄存在条件

c. 取最短杆对面的杆为机架,则两连架杆均为摇杆,组成双摇杆机构。
② 铰链四杆机构中,如果最短杆与最长杆的长度之和大于其余两杆长度之和,则不论取哪一杆为机架,都没有曲柄存在,均为双摇杆机构。

❓ 想一想

若连架杆与机架之一是最短杆,则连架杆必为曲柄。这个论述是否正确?

四、平面四杆机构的特性分析

平面四杆机构工作时,由于构件的长度不同以及各构件的用途不同,其形式具有多样性,同时,机构也表现出一些重要特性,掌握这些特性,有利于我们更好地使用这些机构。

1. 急回特性

如图7-16所示的曲柄摇杆机构,曲柄AB为原动件,摇杆CD为从动件。

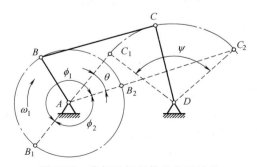

图7-16 曲柄摇杆机构的急回特性

原动件AB在一周的等速回转过程中,有两次与连杆共线,这时摇杆CD分别处于左右两个极限位置C_1D和C_2D,称为极位。机构在极位时,原动件AB所处两个位置之间所夹的锐角θ,称为极位夹角。$\phi_1 = 180° + \theta$,$\phi_2 = 180° - \theta$,$v_1 = \psi l_{CD}/t_1$,$v_2 = \psi l_{CD}/t_2$。由于曲柄AB等速回转,其转角$\phi_1 > \phi_2$,因此$t_1 > t_2$,故$v_2 > v_1$。由此得出:摇杆在空回行程的平均速度大于工作行程的平均速度,这种特性称为机构的急回特性。

机构急回特性的大小常用行程速比系数 K 来表示：

$$K=\frac{v_2}{v_1}=\frac{C_1C_2/t_2}{C_1C_2/t_1}=\frac{t_1}{t_2}=\frac{\phi_1}{\phi_2}=\frac{180°+\theta}{180°-\theta}$$

极位夹角 θ 的计算式：

$$\theta=180°\frac{K-1}{K+1}$$

上述分析表明，平面四杆机构具有急回特性的条件是：
① 原动件等角速整周转动，即曲柄为原动件；
② 输出件作往复运动；
③ 极位夹角满足 $\theta\neq0$。

常见的具有急回特性的机构有曲柄摇杆机构、偏置曲柄滑块机构、摆动导杆机构。

2. 压力角与传动角

在不计摩擦力、惯性力和重力时，从动件上受力点的速度方向与所受作用力方向之间所夹的锐角，称为机构的压力角，用 α 表示，如图 7-17 所示。压力角的余角 $\gamma=\pi/2-\alpha$，称为机构的传动角。压力角 α 或传动角 γ 是衡量传力性能的重要指标。

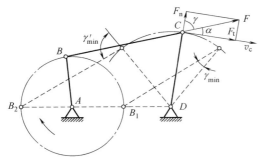

图 7-17 曲柄摇杆机构的压力角和传动角

图 7-17 中，力 F 可分解为有效分力 F_t 和有害分力 F_n。为了保证机构具有良好的传动性能，一般应使最小传动角 $\gamma_{\min}\geqslant40°$。机构在运动过程中，压力角 α 和传动角 γ 是随机构位置而变化的。可以证明 $\gamma_{\min}$ 必出现在曲柄 AB 与机架 AD 两次共线位置之一。

3. 死点位置

如图 7-18 所示，若以摇杆 CD 为原动件，曲柄 AB 为从动件，不计构件的重力、惯性力和运动副中的摩擦阻力，当摇杆为主动件，连杆和曲柄共线时，过铰链中心 A 的力对 A 点不产生力矩，这时，无论我们在原动件上施加多大的力都不能使曲柄转动，机构的这种位置称为死点。显然，死点位置就是作往复运动的构件的极限位置，但只有当 $\gamma=0°$ 时，极限位置才称为死点位置。曲柄滑块机构、摆动导杆机构及双摇杆机构中都可能存在死点位置。

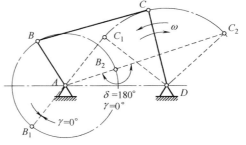

图 7-18 曲柄摇杆机构的死点

如果考虑运动副中的摩擦，则不仅处于死点位置时的机构无法运动，而且处于死点位置附近的一定区域内机构同样会发生"卡死"现象，称为自锁现象。对于传动机构而言，死点会使机构处于停顿或运动不确定状态，例如脚踏式缝纫机，有时出现踩不动或倒转现象，就是踏板机构处于死点位置的缘故。在工程实践中，常常利用机构的死点位置来实现一些特定的工作要求。如图 7-19 所示钻床夹具就是利用死点位置夹紧工件，并保证在钻削加工时工件不会松脱。

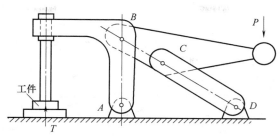

图 7-19 钻床夹具

 做一做

根据图 7-20 中标注的尺寸,判断下列铰链四杆机构是曲柄摇杆机构、双曲柄机构还是双摇杆机构。

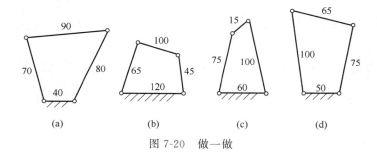

图 7-20 做一做

第二节 凸轮机构

一、凸轮机构的组成和类型

凸轮机构是机械中的一种常用机构。图 7-21 所示为内燃机配气机构,当凸轮匀速转动时,驱使阀杆按预期的运动规律上、下往复移动,以控制阀门定时开启和关闭。

图 7-22 所示为靠模车削机构。工件回转,凸轮作为靠模被固定在床身上,刀架在弹簧作用下与凸轮轮廓紧密接触。当拖板纵向移动时,刀架在凸轮轮廓曲线的推动下作横向移动,从而切削出与靠模板曲线一致的工件。

图 7-23 所示为机床横向进给机构。当具有凹槽的圆柱凸轮 1 匀速转动时,其轮廓迫使扇形齿轮绕轴线 O_2 作往复摆动,从而控制齿条 3 按一定的运动规律完成进刀、退刀运动。

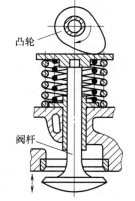

凸轮机构

图 7-21 内燃机配气机构

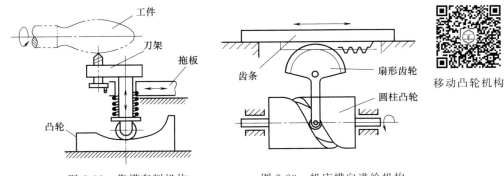

图 7-22 靠模车削机构　　图 7-23 机床横向进给机构

图 7-24 所示为自动上料机构。当具有凹槽的圆柱凸轮匀速转动时，槽中的滚子带动从动件作往复移动，将毛坯推到指定位置，从而完成自动上料任务。

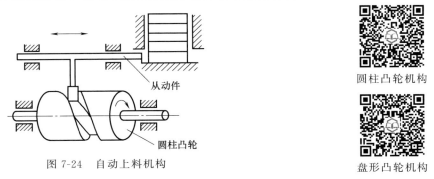

图 7-24 自动上料机构

由以上实例可以看出：凸轮机构是由凸轮、从动件和机架组成的高副机构。一般凸轮为主动件，可将凸轮的连续转动或移动变换为从动件的往复移动或摆动。

与连杆机构比较，凸轮机构的优点是：只要适当地设计凸轮轮廓曲线，即可使从动件实现各种预期的运动规律，且结构简单、紧凑，工作可靠。缺点是：由于凸轮与从动件间为高副接触，压强较大，易磨损；凸轮加工较困难，成本较高；受凸轮尺寸的限制，从动件工作行程较小。因此凸轮机构多用于能精确实现较复杂的运动规律且传力不大的控制装置中。

凸轮从形状上分为以下几类：

① 盘形凸轮　这种凸轮是一个绕固定轴转动并且具有变化的轮廓向径的盘形构件，它是凸轮的最基本型式。如图 7-21 所示。

② 移动凸轮　当盘形凸轮的回转中心趋于无穷远时，凸轮相对于机架作直线运动，如图 7-22 所示，这种凸轮称为移动凸轮。

③ 圆柱凸轮　将移动凸轮卷曲成圆柱体即成为圆柱凸轮。一般制成凹槽形状，如图 7-23 所示。

从结构上看，凸轮机构的从动件分为以下几类：

① 尖顶式从动件　如图 7-22 所示，从动件工作端部为尖顶，工作时与凸轮点接触。其优点是尖顶能与任意复杂的凸轮轮廓保持接触而不失真，因而能实现任意预期的运动规律。但尖顶磨损快，所以只宜用于传力小和低速的场合。

② 滚子从动件　如图 7-22 所示，在从动件的端部安装一个小滚轮，使从动件与凸轮的

滑动摩擦变为滚动摩擦,克服了尖顶式从动件易磨损的缺点。滚动从动件耐磨,可以承受较大载荷,是最常用的一种型式。

③ 平底式从动件 如图 7-21 所示,这种从动件工作部分为一平面或凹曲面,所以它不能与有凹陷轮廓的凸轮轮廓保持接触,否则会运动失真。其优点是:当不考虑摩擦时,凸轮与从动件之间的作用力始终与从动件的平底相垂直,传力性能最好(压力角恒等于 0);同时由于平面与凸轮为线接触,可用于较大载荷;接触面上可以储存润滑油,便于润滑。这种从动件常用于高速和较大载荷场合,但不能用于有内凹或直线轮廓的凸轮。

按从动件的运动方式,凸轮机构的从动件分为做往复直线运动的直动从动件(见图 7-21)和做往复摆动的摆动从动件(见图 7-23)。直动从动件又可分为对心式和偏置式。

为了使凸轮机构能够正常工作,必须保证凸轮与从动件始终相接触,保持接触的措施称为锁合。锁合方式分为力锁合和几何锁合两类。力锁合方式的凸轮机构中,主要利用重力、弹簧力等使推杆与凸轮始终保持接触,如图 7-21 所示。几何锁合也叫形锁合,是依靠凸轮和从动件推杆的特殊几何形状来保持两者的接触,例如图 7-24 中的凹槽即起锁合作用。

想一想

说明内燃机的配气机构和靠模车削加工机构分别属于哪种类型的凸轮机构。

二、从动件常用的运动规律

凸轮机构的运动规律是指从动件在推程或回程时,其位移、速度和加速度随时间或凸轮转角变化的规律。设计凸轮机构时,首先应根据生产实际要求确定凸轮机构的型式和从动件的运动规律,然后再按照其运动规律要求设计凸轮的轮廓曲线。

下面以如图 7-25 所示的尖顶式直动从动件盘形凸轮机构为例,说明凸轮机构的工作过程。

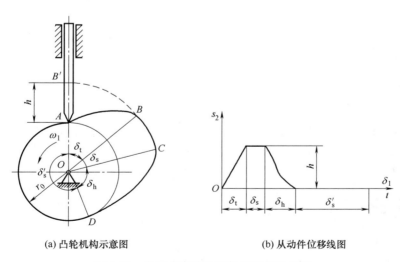

(a) 凸轮机构示意图 (b) 从动件位移线图

图 7-25 尖顶式直动从动件盘形凸轮机构

在凸轮轮廓上各点的轮廓向径是不相等的,以凸轮轴心为圆心,以凸轮轮廓最小向径为半径所作的圆,称为基圆,其半径为基圆半径,用 r_b 表示。当凸轮逆时针方向转动时,图

示位置 A 是从动件移动上升的起点。当凸轮从位置 A 逆时针以匀角速度 ω 转过 δ_t 时，轮廓向径逐渐增大，从动件由最近点上升到最远点，这一过程称为推程，对应凸轮转过的角度 δ_t 称为推程角。从动件在推程中移动的距离定义为升程。当凸轮转过 δ_s 时，由于凸轮向径不变，因此从动件停留在最远点不动，这一过程称为远停程，对应凸轮转过的角度 δ_s 称为远休止角。当凸轮转过 δ_h 时，由于凸轮向径逐渐减小，从动件由最远点返回到最近点，这一过程称为回程，对应凸轮转过的角度 δ_h 称为回程角。当凸轮转过 δ'_s 时，因凸轮向径不变，因此从动件停留在最近点不动，这一过程称为近停程，对应凸轮转过的角度 δ'_s 称为近休止角。若凸轮逆时针等角速度转动，从动件会重复"推程—远停程—回程—近停程"这一循环过程，这是凸轮机构的运动规律。通常推程为凸轮机构的工作行程，而回程则是其空回行程。

常用的从动件运动规律有等速运动规律，等加速等减速运动规律、简谐运动规律以及正弦运动规律等。

（1）等速运动规律

从动件推程或回程的运动速度为常数的运动规律称为等速运动规律，如图 7-26 所示。从动件在推程（或回程）开始和终止的瞬间，速度有突变，其加速度和惯性力在理论上为无穷大，致使凸轮机构产生强烈的冲击、噪声和磨损，这种冲击为刚性冲击。因此，等速运动规律只适用于低速、轻载的场合。

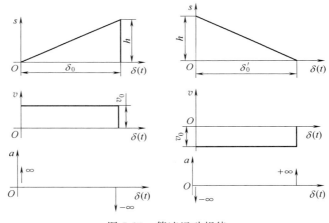

图 7-26 等速运动规律

（2）等加速等减速运动规律

等加速等减速运动规律是指从动件在一个行程中，前半行程等加速运动，后半行程等减速运动，加速度和减速度的绝对值相等。图 7-27 所示为从动件按等加速等减速规律运动时的位移、速度和加速度线图。

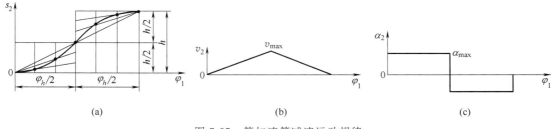

图 7-27 等加速等减速运动规律

（3）简谐运动规律（余弦加速度运动规律）

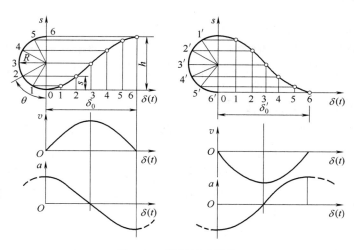

图 7-28 简谐运动规律

当一质点在圆周上匀速运动时，它在该圆直径上的投影的运动规律称为简谐运动，因其加速度运动曲线为余弦曲线，故也称余弦加速度运动规律，如图 7-28 所示。此运动规律在行程的始末两点加速度会发生突变，存在柔性冲击，只适用于中速场合。但当从动件做无停歇的升—降—升连续往复运动时，则得到连续的余弦曲线，柔性冲击消除，这种情况下可用于高速场合。

（4）摆线运动规律（正弦加速度运动规律）

当一圆沿纵轴匀速纯滚动时，圆周上某定点 A 的运动轨迹为一摆线，而定点 A 运动时在纵轴上投影的运动规律即为摆线运动规律。因其加速度按正弦曲线变化，故又称正弦加速度运动规律，如图 7-29 所示。从动件按正弦加速度规律运动时，在全行程中无速度和加速度的突变，因此不产生冲击，适用于高速场合。

以上介绍了从动件常用的运动规律，实际生产中还有更多的运动规律，如复杂多项式运动规律、改进型运动规律等，了解从动件的运动规律，便于我们在凸轮机构设计时根据机器的工作要求进行合理选择。

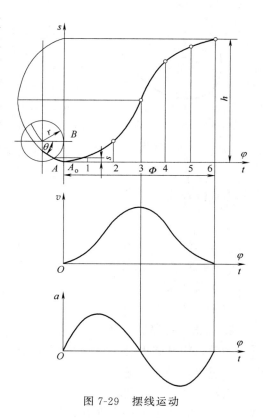

图 7-29 摆线运动

 想一想

从动件常用的运动规律有哪些？

三、凸轮机构的结构设计

设计凸轮机构，不仅要保证从动件能实现预期的运动规律，而且还要求机构传力性能良好，结构紧凑，这些要求与凸轮机构的压力角、基圆半径、滚子半径等因素有关，下面就来研究它们之间的关系，以便合理地确定机构各部分的尺寸，设计出质量较好的凸轮机构。

1. 凸轮机构的压力角与许用值

以图 7-30 所示的尖顶对心直动从动件盘形凸轮机构为例，F_Q 为作用在从动件上的载荷（包括工作阻力、从动件的重力、惯性力及弹簧力等）。当忽略摩擦时，凸轮作用于从动件的力 F 方向（沿着法线 n-n 方向）与从动件在该点的运动速度 v 方向间所夹的锐角，称为凸轮机构的压力角，用 α 表示。

将力 F 分解为：
$$F_1 = F\cos\alpha$$
$$F_2 = F\sin\alpha$$

式中，F_1 为推动从动件运动的有效分力，F_2 为侧推力。

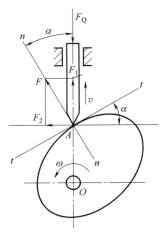

图 7-30 尖顶对心直动从动件盘形凸轮机构

显然，凸轮轮廓上各点的压力角是不同的。α 角越小，有效力越大，侧推力越小，凸轮与从动件间的摩擦阻力越小，凸轮运转较轻快，传力性能越好。当 α 角增大时，有效力减小，侧推力增大，凸轮与从动件间的摩擦阻力增大，凸轮运转沉重。当 α 角增大到一定值时，侧推力所引起的摩擦阻力大于有效力，此时无论凸轮作用于从动件的力多大，从动件都不能运动，这种现象称为自锁。为了防止凸轮机构自锁，保证机构有良好的传力性能，必须限制凸轮在推程的最大压力角 α_{max}：

$$\alpha_{max} \leqslant [\alpha]$$

式中，$[\alpha]$ 为许用压力角。在设计中，一般推荐推程的 $[\alpha]$ 如下：
① 移动从动件为 30°；
② 摆动从动件为 45°；
③ 回程为 80°。

2. 盘形凸轮基圆半径 r_b 的确定

凸轮机构基圆半径 r_b 是凸轮机构设计中的一个重要参数，它对凸轮机构的结构尺寸、体积、重量、受力状况、工作性能、压力角 α 等都有重要的影响。当其他条件不变时，基圆半径愈小，凸轮尺寸愈小，但压力角越大，凸轮机构的传力性能较差。故从机构尺寸紧凑的观点来看，基圆半径愈小愈好；反之，若从改善机构的传力性能考虑，基圆半径愈大愈有利。实际设计工作中，基圆半径的确定必须从凸轮机构的尺寸、受力、安装、强度等方面以综合考虑。为兼顾结构紧凑和受力状况两方面的要求，确定基圆半径的原则是：在 $\alpha_{max} \leqslant [\alpha]$ 的条件下，应使基圆半径尽可能小；若对机构的尺寸没有严格要求，可将基径取大些，以便减小压力角 α，提高其传力性能。通常情况下，当凸轮与轴制成一体时，凸轮基圆半径略大于轴的半径；当需要单独制凸轮，然后装配到轴上时，$r_b = (1.6 \sim 2)r_o$（r_o 为轴的半径)。

3. 滚子半径 r_T 的选择

凸轮机构中，常采用滚子从动件。合理选择滚子的半径，要考虑多方面的因素。滚子的强度、结构及凸轮轮廓曲线形状等方面的因素。为了减小滚子与凸轮间的接触应力并便于安装，应选用较大的滚子半径。但滚子半径的增大，会影响凸轮的实际轮廓。下面结合图 7-31 来说明。

① 当理论轮廓曲线内凹时，如图 7-31（a）所示，实际轮廓的曲率半径 ρ' 等于理论轮廓的最小曲率半径 ρ_{min} 与滚子半径 r_T 之和，即 $\rho' = \rho_{min} + r_T$。此时，无论滚子半径取何值，实际轮廓总可以作出。

② 当理论轮廓曲线外凸时，实际轮廓的曲率半径 $\rho' = \rho_{min} - r_T$，根据 r_T 与 ρ_{min} 间的关系，可分为三种情况：当 $\rho_{min} > r_T$ 时，$\rho' > 0$，实际轮廓为一光滑曲线，见图 7-31（b）；当 $\rho_{min} = r_T$ 时，$\rho' = 0$，在凸轮实际轮廓曲线上产生了一尖点，见图 7-31（c），这种尖点极易磨损，磨损后从动件不能精确地按预期运动规律运动；当 $\rho_{min} < r_T$ 时，$\rho' < 0$，实际轮廓曲线出现交叉，见图 7-31（d），交叉部分的轮廓曲线在加工时将被切去，使这一部分运动规律无法实现，出现运动失真。

为了使凸轮轮廓在任何位置既不变尖又不相交，应满足 $r_T < \rho_{min}$。通常取 $r_T \leqslant 0.8\rho_{min}$。如果 ρ_{min} 过小，按上述条件选择的滚子半径 r_T 太小，而不能满足安装和强度要求时，应增大基圆半径 r_b，重新设计凸轮轮廓曲线。

在实际设计凸轮机构时，一般可按基圆半径 r_b 来确定滚子半径 r_T，通常 $r_T = (0.1 - 0.5)r_b$。

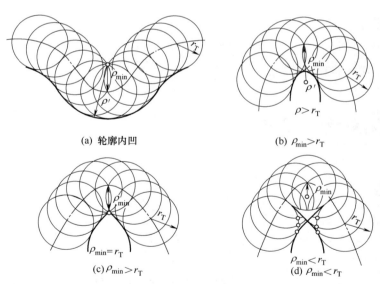

图 7-31 滚子半径的选择

? 想一想

工程上设计凸轮机构时，其基圆半径 r_b 一般如何选取？

四、凸轮常用材料及热处理

凸轮机构工作时，凸轮与从动件间的接触应力大，载荷往往有冲击，工作表面易于磨损，所以一般要求凸轮表面硬度高而心部有良好的韧性。表 7-1 列出了凸轮和从动件常用材料及热处理，供选用时参考。

表 7-1　凸轮和从动件常用材料及热处理

工作条件	凸轮		从动件	
	材料	热处理	材料	热处理
低速轻载	40,45,50	调质 220～260HBW	45	表面淬火 40～45HRC
	HT200,HT250,HT300	调质 170～250HBW		
	QT500-1.5,QT600-2	调质 190～270HBW	尼龙	
中速中载	45	表面淬火 40～45HRC		
	45,40Cr	表面高频淬火 52～58HRC	20Cr	渗碳淬火，渗碳 0.8～1.5mm,56～62HRC
	15,20,20Cr,20CrMn	渗碳淬火，渗碳层深 0.8～1.5mm,56～62HRC		
高速重载	40Cr	高频淬火，表面 56～60HRC，心部 45～50HRC	T8 T10 T12	淬火 58～62HRC
	38CrMoAl,35CrAl	氮化，表面硬度 60～67HRC		

注：一般中等尺寸的凸轮机构，$n \leqslant 100$r/min 为低速；100r/min$< n < 200$r/min 为中速；$n > 200$r/min 为高速。

 想一想

凸轮机构常用的材料有哪些？

第三节　间歇运动机构

一、棘轮机构

1. 棘轮机构的工作原理和类型

图 7-32 所示为常见的外啮合棘轮机构，主要由棘轮 1、棘爪 2、摇杆 3、止回棘爪 4 和机架组成。弹簧 5 用来使止回棘爪 4 与棘轮保持接触。棘轮装在轴上，用键与轴连接在一起。棘爪 2 铰接于摇杆 3 上，摇杆 3 可绕棘轮轴心摆动。当摇杆 3 顺时针方向摆动时，棘爪棘轮齿顶滑过，棘轮静止不动；当摇杆 3 逆时针方向摆动时，棘爪插入棘轮齿间推动棘轮过一定角度。这样，摇杆 3 连续往复摆动，棘轮 1 即可实现单向的间歇运动。

常见棘轮机构分为齿啮式和摩擦式两大类。齿啮式棘轮机构是靠棘爪和棘轮齿啮合传动。棘轮的棘齿做在棘轮的外缘称为外啮合仓机构，如图 7-32 所示；做在棘轮的内缘称为内啮合棘轮机构，如图 7-33 所示。

对于齿啮式棘轮机构，按照棘轮机构的运动形式不同可以分为三类。

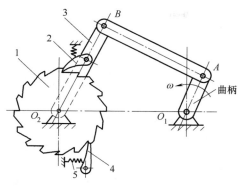
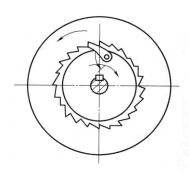

图 7-32　外啮合棘轮机构　　　　　图 7-33　内啮合棘轮机构　　棘轮机构

（1）单动式棘轮机构

单动式棘轮机构如图 7-32 和图 7-33 所示。这种机构的特点是摇杆向某一方向摆动时，棘爪驱动棘轮沿同一方向转过一定角度，摇杆反方向转动时，棘轮静止。

（2）双动式棘轮机构

双动式棘轮机构如图 7-34 所示。这种棘轮机构的棘爪可制成直爪 [图 7-34（a）] 或带钩头的爪 [图 7-34（b）]。当主动摇杆往复摆动一次时，棘轮沿同一方向做二次间歇转动。这种棘轮机构每次停歇的时间间隔较短，棘轮每次转过的转角也较小。

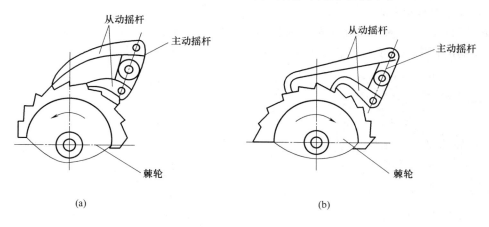

图 7-34　双动式棘轮机构

（3）双向棘轮机构

双向棘轮机构如图 7-35 所示，棘轮做双向间歇运动。如图 7-35（a）所示棘爪处于实线位置 B 时，摇杆往复摆动时，棘轮做逆时针间歇运动；当把棘爪绕其销轴 O_2 翻转到虚线所示位置 B'，摇杆往复摆动时，棘轮做顺时针间歇运动。图 7-35（b）采用回转棘爪，当棘爪按图示位置放置时，棘轮将做逆时针间歇运动；若将棘爪提起并绕自身轴线 180°后再插入棘轮齿槽时，棘轮将做顺时针间歇运动。

另外还有摩擦式棘轮机构，如图 7-36 所示。当摇杆逆时针方向摆动时，驱动偏心楔块与摩擦轮之间产生摩擦力，使摩擦轮沿逆时针方向转动。当摇杆顺时针方向摆动时，驱动偏心楔块在摩擦轮上滑过，而止动楔块与摩擦轮之间的摩擦力使楔块与摩擦轮卡紧，从而使摩擦轮静止，实现了单向的间歇运动。

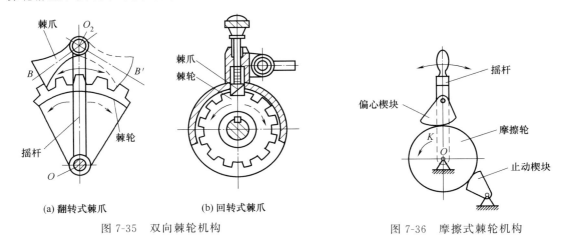

(a) 翻转式棘爪　　(b) 回转式棘爪

图 7-35　双向棘轮机构　　　　　　　　　　图 7-36　摩擦式棘轮机构

2. 棘轮转角的调节

（1）利用遮板调节棘轮转角

如图 7-37 所示，在棘轮外部罩一遮板（遮板不随棘轮一起转动），改变遮板位置以遮住部分棘齿，可使棘爪行程的一部分在遮板上滑过，不与棘齿接触，从而改变棘爪推动棘轮的实际转角大小。

（2）改变摇杆摆角调节棘轮转角

如图 7-38 所示，棘轮机构是利用曲柄摇杆机构带动棘轮做间歇运动的，可利用调节螺钉改变曲柄的长度，以实现摇杆摆角的改变，从而控制棘轮的转角。

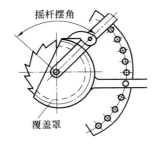
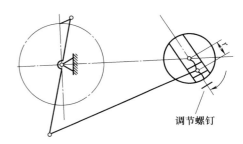

图 7-37　用遮板调节棘轮转角　　　　　　　图 7-38　改变摇杆摆角调节棘轮转角

3. 棘轮机构的特点及应用

棘轮机构结构简单、制造方便、转角准确、运动可靠，棘轮的转角可以在一定范围内调节，但棘爪在齿背上滑行时容易产生噪声、冲击和磨损，故适用于低速、轻载和转角精度要求不高的场合。

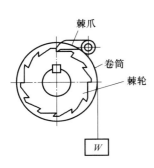

图 7-39 所示为起重设备中的棘轮制动器。当提升重物时，棘轮逆时针转动，棘爪在棘轮齿背上滑过；当需要使重物停在某一位置时，棘爪将及时插入到棘轮相应齿槽中，防止棘轮在重力作用下顺时针转动使重物下坠，以实现制动。有关棘轮机构的设计，可参阅机械设计手册。

图 7-39　棘轮制动器

> **想一想**

棘轮机构的类型有哪些？

二、槽轮机构

图7-40所示为外啮合槽轮机构，它由拨盘、槽轮和机架组成。拨盘逆时针匀速转动，当拨盘上的圆柱销 A 未进入槽轮的径向槽时，槽轮的内凹锁止弧被拨盘的外凸锁止弧锁住，槽轮静止不动；当圆柱销 A 进入槽轮的径向槽时，内外锁止弧脱开，槽轮在圆柱销 A 的驱动下顺时针转动；当圆柱销 A 离开槽轮的径向槽时，槽轮的下一个内凹锁止弧又被拨盘的外凸圆弧锁住，槽轮又静止不动。从而实现将拨盘的连续转动转换为槽轮的单向间歇运动。

依据机构中圆柱销的数目，外啮合槽轮机构又有单圆柱销、双圆柱销和多圆柱销之分。单圆柱销机构拨盘转动一周，槽轮反向转动一次；双圆柱销机构工作时，拨盘转动一周，槽轮反向转动两次，以此类推。

图7-41所示为内啮合槽轮机构，其拨盘转向与槽轮的转向相同。

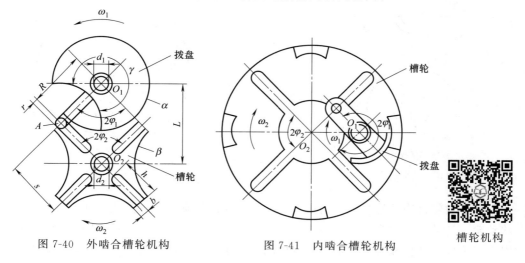

图7-40 外啮合槽轮机构　　图7-41 内啮合槽轮机构

槽轮机构结构简单、制造方便、转位迅速、工作可靠，但制造与装配精度要求较高，且转角不能调节，转动时有冲击，故不适用于高速机械，一般用于转速不很高的自动机械、轻工机械或仪器仪表中，如图7-42、图7-43所示。

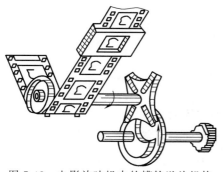

图7-42 电影放映机中的槽轮送片机构

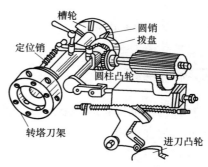

图7-43 转塔车床的刀架转位机构

? 想一想

简述槽轮机构的工作原理、类型及特点。

三、不完全齿轮机构

不完全齿轮机构是由普通渐开线齿轮机构演化而成的间歇运动机构,有外啮合和内啮合两种类型。图 7-44 所示为外啮合不完全齿轮机构,主动轮只有 1 段锁止弧,从动轮有 4 段锁止弧,主动轮每转 1 转,从动轮转 1/4 转,从动轮每转 1 转停歇 4 次。停歇时,从动轮上的锁止弧与主动轮上的锁止弧啮合,保证了从动轮停歇在确定的位置上而不发生游动现象,外啮合不完全齿轮机构中两轮转向相反。图 7-45 所示为内啮合不完全齿轮机构,轮 1 只有 1 段锁止弧,轮 2 有多段锁止弧,轮 1 每转 1 周,轮 2 转 1/8 周,两轮转向相同。

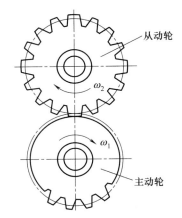
图 7-44 外啮合不完全齿轮机构

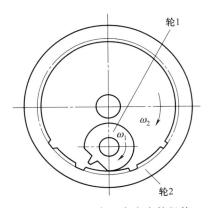
图 7-45 内啮合不完全齿轮机构

不完全齿轮机构结构简单、制造方便、从动轮的运动时间和静止时间的比例可变。但因为从动轮在转动开始和终止时,角速度有突变,冲击较大,故一般只用于低速、轻载场合,常用于多工位自动机和半自动机工作台的间歇转位及某些间歇进给机构中,如蜂窝煤压制机工作台转盘的间歇转位机构等。

? 想一想

简述不完全齿轮机构的工作原理、类型及特点。

思考与练习

1. 铰链四杆机构有哪几种基本类型?它们各有怎样的运动特点
2. 曲柄摇杆机构是否一定有急回特性?是否一定有死点位置?举例说明。
3. 分析压力角(或传动角)与机构传力性能的关系。
4. 分析缝纫机踏板机构有无死点,若有,分析它是如何越过死点位置的。

5. 工程中有哪些案例是利用死点实现一定工作要求的？
6. 凸轮机构有什么特点？
7. 从动件的端部结构有几种形式？其特点是什么？各应用在何种场合？
8. 等速运动、等加速等减速运动、简谐运动及摆线运动各有什么特点？分别应用在什么场合？
9. 什么是凸轮机构的压力角？压力角的大小对凸轮机构的工作性能有何影响？
10. 在确定凸轮的基圆半径时要考虑哪些因素的影响？如何确定？
11. 间歇运动机构常见的类型有哪些？

思政园地

中国机长刘传健

2018年5月14日，四川航空公司3U8633航班执行正常航班任务，机长刘传健驾驶3U8633航班，在9800m的高空正常飞行，突然，飞机驾驶舱右风挡玻璃爆裂，玻璃碎片四散，驾驶舱门自动打开，座舱瞬间失压，驾驶舱温度达到零下40℃，自动驾驶设备出现故障，飞机剧烈抖动。生死关头，刘传健临危不乱，果断应对，以顽强的毅力忍受着极端低温、缺氧、强风、巨大噪音等种种恶劣条件和身体的巨大伤痛及麻木，他左手紧握操纵杆，尽力控制飞机状态，右手竭力去拉氧气面罩，操控飞机紧急下降。由于设备损坏，他无法得知飞行数据，无法通过耳机与地面建立正常双向联系，他无惧生死，力挽狂澜，一面向地面管制部门发出备降信息，并让副驾驶发出7700遇险信号，一面凭借精湛技术和丰富经验，在充分考虑地形和安全高度前提下，靠着全手动操控和视觉感知，尽全力控制飞机的航速和航迹。经过三十多分钟的极限考验，刘传健最终操控飞机以近乎完美的曲线安全降落在成都双流机场，确保了119名旅客和9名机组人员的生命安全，创造了航空史上的奇迹。

2018年6月8日，中国民用航空局、四川省人民政府决定授予刘传健同志"中国民航英雄机长"称号，并享受省级劳动模范待遇。2019年2月18日，刘传健获得"感动中国2018年度人物"荣誉称号；2019年9月25日，他被授予"最美奋斗者"称号；2021年6月29日，刘传健被中共中央授予"全国优秀共产党员"称号。2006年，刘传健从空军退役，成为一名民航飞行员。他长年坚持苦练过硬技术，坚守严谨作风，工作中努力做到精益求精。他十年如一日，坚持学习和总结，每次碰到问题和疑惑，总是千方百计学懂弄通；每次飞行结束，他都要总结进步和不足。他飞行川藏线百余次，练就了过硬的飞行技术和严谨的工作作风，积累了高原飞行的宝贵经验。

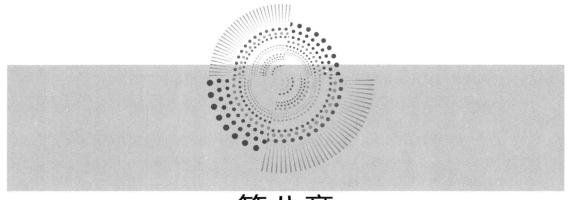

第八章
常用机械传动装置

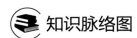 知识脉络图

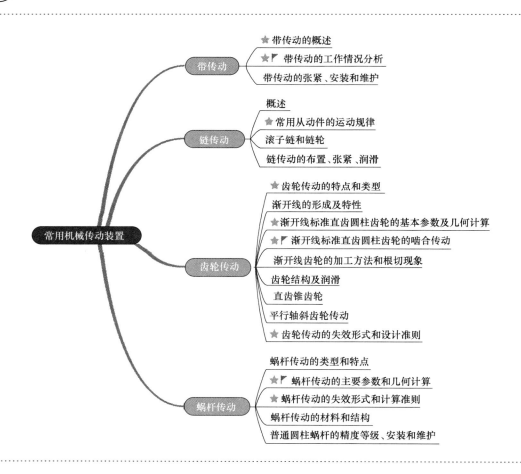

学习目标

□ 熟悉带传动的类型、特点以及 V 带和 V 带轮，了解带传动的原理以及带的张紧、安装与维护；

□ 了解链传动的类型、特点及应用，熟悉滚子链与链轮，了解链传动的失效形式、布置、张紧及润滑；

□ 熟练掌握齿轮传动的类型、渐开线标准直齿圆柱齿轮的基本参数、几何计算、啮合传动、失效形式、设计准则，了解渐开线的形成、齿廓啮合特性、加工方法、根切现象、斜齿轮传动、直齿锥齿轮传动及齿轮结构及润滑；

□ 了解蜗杆传动的类型、特点、主要参数、几何计算、失效形式、设计准则、材料及结构，了解普通圆柱蜗杆的精度等级、安装和维护。

第一节　带传动

机械传动中当主动轴与从动轴相距较远时，常采用带传动。带传动是利用张紧在带轮上的挠性带作为中间传动元件，借助于带和带轮间的摩擦或啮合来传递运动和动力的，一般由主动带轮、从动带轮和传动带组成，如图 8-1 所示。

带传动分摩擦型和啮合型两大类。摩擦型带传动利用带和带轮接触面间的摩擦力进行传动，应用广泛，按带截面形状的不同分为四种，分别是截面为扁平矩形的平带传动，截面为梯形的 V 带传动，截面相当于一矩形与若干梯形组合而成的多楔带传动，截面为圆形的圆带传动，如图 8-2 所示。

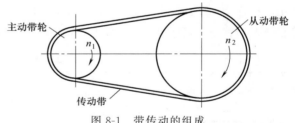

图 8-1　带传动的组成

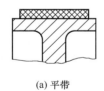　　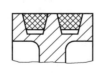　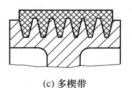　

(a) 平带　　　　　　(b) V 带　　　　　　(c) 多楔带　　　　　　(d) 圆带

图 8-2　摩擦型带传动的四种截面形状

啮合型带传动是利用带与带轮上齿的啮合作用进行传动的。目前应用较多的是同步带传动，如图 8-3 所示，其传动能力大，传动比恒定，常用于要求传动平稳，传动比准确的场合。

带传动一般有以下特点：

① 能吸收震动，缓和冲击，传动平稳噪音小。

② 发生过载时，带在带轮上打滑，防止其他机件损坏，起到保护作用。

③ 结构简单，制造，安装和维护方便。

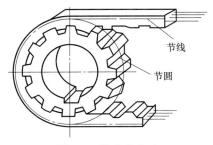

图 8-3 同步带传动

④ 带与带轮间存在弹性滑动，不能保证恒定传动比，传动精度和传动效率较低。

⑤ 由于带工作时需要张紧，带对带轮轴有很大的压轴力。

⑥ 带传动装置外廓尺寸大，结构不够紧凑。

⑦ 带的寿命较短，需经常更换。

一、普通 V 带和 V 带轮

普通 V 带为无接头的环形，由包布层、拉伸层和压缩层组成，如图 8-4 所示。包布层是直接承受磨损部分，有保护带其他部分的作用。为了提高承载能力，在拉伸层与压缩层中加入强力层，是带的主要承载部分。拉伸层和压缩层在带绕入带轮时，分别处于拉伸和压缩状态，带的宽度发生变化，拉伸层受拉宽度变小，压缩层受压宽度变大，而在带的截面上必有既不受拉也不受压、宽度不变的中性层，称为节面，其宽度称为节宽。节面位于带的强力层部分，该部分有两种结构：帘布芯结构和绳芯结构。帘布芯结构的 V 带制造方便，抗拉强度高，应用较广；绳芯结构的 V 带柔韧性好，抗弯强度高，用于带轮直径较小、转速较高的场合。普通 V 带已标准化，标准普通 V 带按截面尺寸由小到大分为 Y、Z、A、B、C、D、E 七种型号，尺寸见表 8-1。

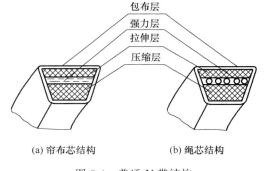

图 8-4 普通 V 带结构

表 8-1 普通 V 带的型号及其截面尺寸

型号	Y	Z	A	B	C	D	E
节宽 b_p/mm	5.3	8.5	11	14	19	27	32
顶宽 b/mm	6	10	13	17	22	32	38
带高 h/mm	4.0	6.0	8.0	11.0	14.0	19.0	23.0
楔角 θ	40°						
每米长带质量 q/kg·m^{-1}	0.023	0.060	0.105	0.170	0.300	0.630	0.970

将带在一定的初拉力作用下，沿带的节面量得的周线长度，称为带的基准长度，是带的公称长度，用 L_d 表示。V 带在受到弯曲时，只有带的基准长度 L_d 不变。

标准普通 V 带的标记由型号、基准长度和标准代号三部分组成。如 C3080 表示的是基准长度为 3080mm 的 C 型普通 V 带。通常生产厂家都将带的标记、制造厂名和制造年月压印在带的顶面。

V 带轮一般由轮缘、轮辐和轮毂三部分组成。根据轮辐结构不同，V 带轮分为实心式、辐板式、孔板式、椭圆轮辐式四种，见图 8-5。V 带轮应具有足够的强度和刚度，对转速较高的 V 带轮，还要求质量分布均匀，达到静、动平衡要求。V 带轮的常用材料为铸铁和铸钢,高速、轻载时可采用铸造铝合金或工程塑料制造。

普通 V 带轮轮缘尺寸见表 8-2。由于 V 带轮直径越小,V 带的弯曲程度越大,楔角变得越小,为保证 V 带的两侧工作面和带轮槽两侧面充分接触,带轮槽角 φ 应小于 40°。另外,考虑带的磨损和带与轮槽接触处应有足够的摩擦系数,轮槽的两侧面应具有合理的粗糙度。

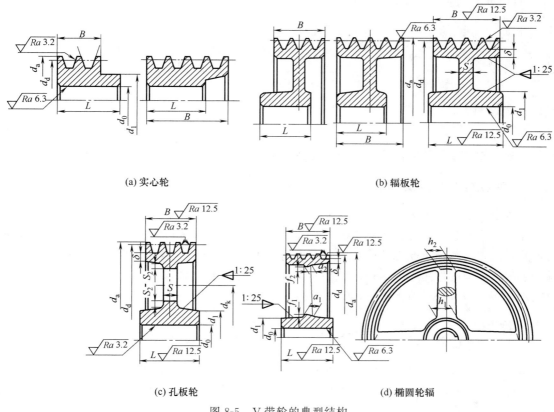

图 8-5　V 带轮的典型结构

表 8-2　普通 V 带轮轮缘尺寸　　　　　　　　　　　　　　　　　　　　mm

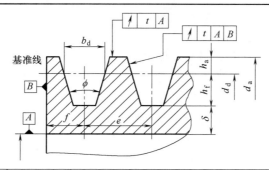

项目	符号	槽　型						
		Y	Z,SPZ	A,SPA	B,SPB	C,SPC	D	E
基准宽度	d_d	5.3	8.5	11.0	14	19.0	27.0	32.0
基准线上槽深	$h_{a\min}$	1.6	2.0	2.75	3.5	4.8	8.1	9.6
基准线下槽深	$h_{f\min}$	4.7	7.0	8.7	10.8	14.3	19.9	23.4

续表

项目	符号	槽型						
		Y	Z、SPZ	A、SPA	B、SPB	C、SPC	D	E
槽间距	e	8±0.3	12±0.3	15±0.3	19±0.4	25.5±0.5	37±0.6	44.5±0.7
第一槽对称面距端面的最小距离	f_{min}	6	7	9	11.5	16	23	28
槽间距累积极限偏差	—		±0.6	±0.6	±0.8	±1.0	±1.2	±1.4
带轮宽	B	$B=(z-1)e+2f$　　z—轮槽数						
外径	d_a	$d_a=d_d+2h_a$						

? 想一想

摩擦带传动按照截面形状可分为哪几种类型?

二、带传动的工作情况分析

1. 带传动的受力分析

如图 8-6 所示,为保证带传动正常工作,传动带必须以一定的张紧力套在带轮上。当传动带静止时,带两边承受相等的拉力,称为初拉力 F_0。当传动带传动时,由于带与带轮接触面之间摩擦力的作用,带两边的拉力不再相等,一边被拉紧,拉力由 F_0 增大到 F_1,称为紧边;一边被放松,拉力由 F_0 减少到 F_2,称为松边。

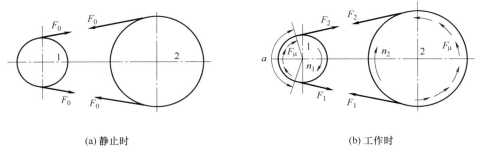

(a) 静止时　　　　　　　　　(b) 工作时

图 8-6 带传动的受力分析

紧边拉力 F_1 和松边拉力 F_2 之差称为有效拉力 F,此力也等于带和带轮整个触面上的摩擦力的总和 $\sum F_\mu$,即

$$F=F_1-F_2=\sum F_\mu$$

若带的总长不变,紧边拉力的增量应等于松边拉力的减量,即

$$F_1-F_0=F_0-F_2$$

所以

$$F_1+F_2=2F_0$$

带传动传递的功率表示为

$$P=Fv$$

式中,P 为带传递的功率;F 为有效拉力;v 为带速。当功率 P 一定时,带速 v 愈小,则圆周力 F 愈大,因此通常把带传动布置在机械设备的高速级传动上,以减小带传递的圆周力;当带速一定时,传递的功率 P 愈大,则圆周力 F 愈大,需要带与带轮之间的摩擦力

也愈大，当传递的圆周力大到一定程度，带与带轮将发生打滑，带的磨损加剧。当摩擦力达到极限值时，带的紧边拉力 F_1 与松边拉力 F_2 之间的关系可用下式来表示：

$$F_{\max} = 2F_0 \frac{e^{f\alpha}-1}{e^{f\alpha}+1}$$

式中，f 为带与带轮接触面间的当量摩擦系数；α 为带在带轮上的包角；e 是自然对数的底，e≈2.718。

带所传递的圆周力 F 与下列因素有关：

① 初拉力 F_0　初拉力 F_0 越大，传动时产生的摩擦力就越大。

② 当量摩擦系数 f　f 越大，摩擦力也越大，F 就越大。

③ 包角 α　F 随 α_2 的增大而增大。

带传动工作时，在传动带的截面上产生的应力由三部分组成：紧边拉应力 σ_1 和松边拉应力 σ_2；带绕过带轮时因弯曲而产生弯曲应力 σ_b；由离心力产生的应力 σ_c。

紧边拉应力：

$$\sigma_1 = \frac{F_1}{A}$$

松边拉应力：

$$\sigma_1 = \frac{F_2}{A}$$

弯曲应力只发生在包角所对的圆弧部分，弯曲应力大小为：

$$\sigma_b \approx \frac{Eh}{d_d}$$

式中，A 为带的横截面积；E 为带的弹性模量；d_d 为带轮的基准直径；h 为带的高度。带的厚度愈大，带轮的直径愈小，带所受的弯曲应力就愈大，寿命也就愈短。当带沿带轮轮缘做圆周运动时，带上每一质点都受离心力作用。带的所有横截面上产生的离心拉应力 σ_c 是相等的：

$$\sigma_c = \frac{F_c}{A} = \frac{qv^2}{A}$$

式中，σ_c 是离心拉应力，MPa；q 为每米带长的质量，kg/m；v 为带速，m/s。图 8-7 所示为带的应力分布情况，从图中可以知道，带上的应力是变化的。最大应力发生在紧边与小轮的接触处，其最大应力为

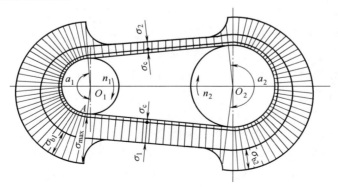

图 8-7　带传动的应力分析

$$\sigma_{max} = \sigma_1 + \sigma_c + \sigma_{b1}$$

2. 带的弹性滑动和传动比

如图 8-8 所示，在带传动工作时，传动带紧边的拉力 F_1 大于松边的拉力 F_2，因此紧边所产生的弹性变形量大于松边的弹性变形量。在主动轮上，当传动带从紧边的 a 点随着带轮的转动转到松边的 b 点时，传动带所受的拉力由 F_1 逐渐变小到 F_2，其弹性变量也随之逐渐减小，所以传动带相对带轮产生回缩，造成传动带的运动滞后于带轮，带与带轮之间产生相对滑动。图 8-8 中的虚线箭头表示带的相对滑动方向。从动轮上也会发生类似的现象。由于带的弹性变形而引起的滑动称为弹性滑动。弹性滑动和打滑不同，打滑是因为过载引起的，因此可以避免。而弹性滑动不可避免。

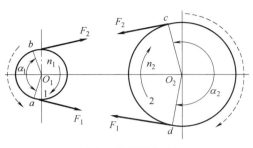

图 8-8 带的弹性滑动

由弹性滑动引起的从动轮圆周速度的相对降低率称为滑动率，用 ε 表示：

$$\varepsilon = \frac{v_1 - v_2}{v_1} = 1 - \frac{n_2 d_{d2}}{n_1 d_{d1}}$$

式中　v_1, v_2——主、从动带轮圆周速度，m/s；
　　　d_{d1}, d_{d2}——小带轮、大带轮基准直径，mm。

带传动的传动比 i 为：

$$i = \frac{n_1}{n_2} = \frac{d_{d2}}{d_{d1}(1-\varepsilon)}$$

滑动率 ε 通常为 0.01～0.02，因此可得传动比为：

$$i = \frac{n_1}{n_2} \approx \frac{d_{d2}}{d_{d1}}$$

 想一想

说明弹性滑动和打滑的区别。

三、带传动的张紧、安装和维护

如图 8-9（a）所示，通过旋转调节螺钉来改变电动机位置，使带传动中心距加大，可达到张紧目的。该方法适用于两轴水平或近似水平布置的带传动。

如图 8-9（b）所示，装有带轮的电动机可随摆动架摆动，通过调节螺杆使摆动架摆动，增大中心距，达到张紧目的。该方法适用于两轴垂直或近似垂直布置的带传动。图 8-9（c）中，装有带轮的电动机安装在能绕固定轴摆动的摆动架上，利用电动机和摆动架的自重使带传动自动保持张紧状态。该方法常用于小功率带传动。

当带传动的中心距不能调整时，可利用张紧轮进行张紧，如图 8-10 所示，张紧轮安装在带传动松边内侧，并尽量靠近大带轮，使带只受单方向的弯曲，并使小带轮包角不至于减少过多。带传动张紧程度越大，带的使用寿命越短，并对轴和轴承造成不良影响。

带传动在安装和使用时应注意以下几点：

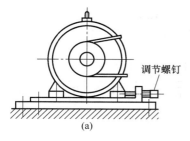 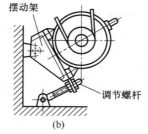 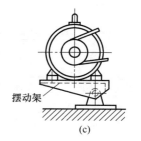

图 8-9 张紧装置

① 安装带轮时,应使两带轮轴线平行,否则带单侧磨损严重。

② 安装带时,应先将中心距缩小,将带套在带轮上,然后再增大中心距并张紧,不要将带硬撬到带轮上,以免造成带的损坏。

③ 多根 V 带组成的带传动,每根 V 带代号、生产厂家、批号均应相同。

④ 定期检查 V 带传动,新旧 V 带不能混用。

⑤ 带传动应加设防护罩,防止酸、碱、油腐蚀,保证操作人员的人身安全。

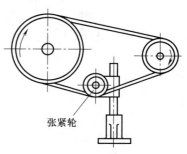

图 8-10 利用张紧轮张紧

 想一想

带传动的张紧方法有哪些?

第二节 链传动

一、链传动概述

链传动是一种具有中间挠性件(链条)的啮合传动,如图 8-11 所示,由主动链轮、从动链轮和链条组成,通过链条的链节与链轮上的轮齿相啮合来传递运动和动力。链传动适用于两轴线平行且距离较远、瞬时传动比无严格要求以及工作环境恶劣的场合。

按用途的不同,链传动可分为三大类:传动链、起重链和牵引链。传动链用于一般机械上动力和运动的传递;起重链用于起重机械中提升重物;牵引链用于链式输送机中移动重物。常用的传动链又分为滚子链、套筒链、弯板链和齿形链,如图 8-12 所示。滚子链结构简单、磨损较轻,应用较广。齿形链又称无声链,具有传动平稳、噪声小,承受冲击性能好、工作可靠等优点,但结构复杂、质量大、价格高,多用于高速或运动精度要求较高的传动装置中。

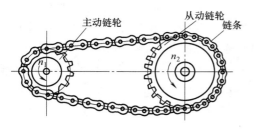

图 8-11 链传动

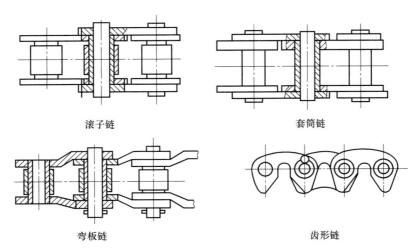

图 8-12 传动链结构类型

链传动主要有以下特点：
① 链传动无弹性滑动和打滑现象，平均传动比不变。
② 链传动无须初拉力，对轴的作用力较小。
③ 链传动可在高温、低温、多尘、油污、潮湿、泥沙等恶劣环境下工作。
④ 链传动的瞬时传动比不恒定，传动平稳性较差，有冲击和噪声。

？ 想一想

链传动与带传动相比有哪些特点？

二、滚子链和链轮

如图 8-13 所示，滚子链是由内链板、外链板、销轴、套筒和滚子组成。内链板与套筒、外链板与销轴均为过盈配合，套筒与销轴、滚子与套筒之间均采用间隙配合，内外链板交错连接而构成铰链，链轮齿面与滚子之间形成滚动摩擦，可减轻链条与链轮轮齿的磨损。内、外链板制成"∞"字形，可使其剖面的抗拉强度大致相等，同时减小链条的自重和惯性力。相邻两滚子轴线间的距离称为链节距，用 p 表示。滚子链可制成单排链、双排链（图 8-14）和多排链。

滚子链的接头形式见图 8-15。当链节数为偶数时，链条的两端正好是外链板与内链板相连接，在此处可用弹簧卡片或开口销来固定。一般前者用于小节距，后者用于大节距。当链节数为奇数时，则需要采用过渡链节，过渡链节的链板受有附加弯矩，应尽量避免使用。

滚子链已标准化，分为 A、B 两个系列，常用的是 A 系列，国际上链节距均采用英制单位，我国标准中规定链节距采用米制单位。表内的链号数乘以 25.4/16mm 即为节距值。

链轮的基本参数和主要尺寸包括齿数 z、节距 p、滚子直径 d、分度圆直径 d_1、齿顶圆直径 d_a 及齿根圆直径 d_f。链轮上能被链条节距 p 等分的圆称为链轮的分度圆。链轮的分度圆直径为：

$$d=\frac{p}{\sin(180°/z)}$$

常用链轮的结构如图 8-16 所示。小直径的链轮可制成整体式，中等尺寸的链轮可制成孔板式；大直径的链轮常采用可更换的齿圈。

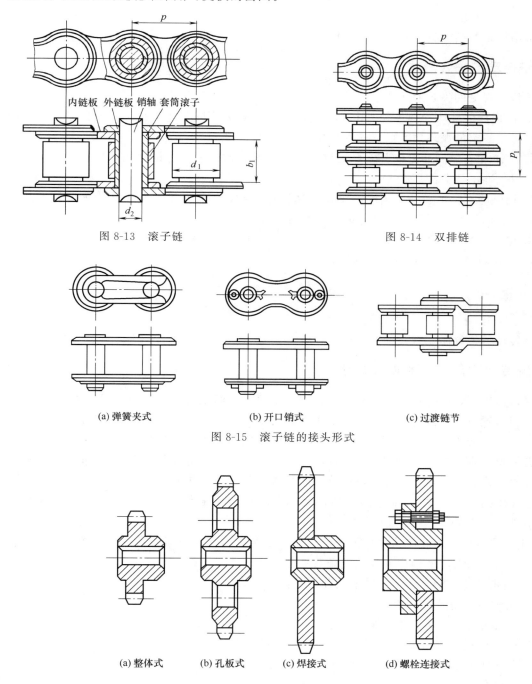

图 8-13 滚子链

图 8-14 双排链

(a) 弹簧夹式　　(b) 开口销式　　(c) 过渡链节

图 8-15 滚子链的接头形式

(a) 整体式　(b) 孔板式　(c) 焊接式　(d) 螺栓连接式

图 8-16 常用链轮的结构

链轮材料应保证轮齿具有足够的耐磨性和强度。链轮常用的材料有碳素钢（20、35、45）、铸铁（HT200）和铸钢（ZG310-570）。重要场合采用合金钢（20Cr、40Cr、35SiMn）。

> **? 想一想**
>
> 常用链轮的结构有哪些？

三、链传动的失效形式

链传动常见的失效形式有以下几种：

① 链板疲劳破坏　链传动时由于松边和紧边的拉力不同，使得链条各元件受变应力的作用，经过一定的循环次数后，链板发生疲劳断裂。

② 滚子和套筒的冲击疲劳破坏　链节与链轮啮合时，滚子与链轮间产生冲击，使套筒与滚子发生冲击疲劳破坏。

③ 销轴与套筒的胶合　当润滑不良或速度过高时，销轴与套筒的工作表面摩擦发热较大，使两表面发生粘附磨损，严重时产生胶合。

④ 链条磨损，链节距增大，链与链轮啮合点外移，引起跳齿和脱链。

⑤ 严重过载时会导致链条被拉断。

> **? 想一想**
>
> 链传动的失效形式有几种？

四、链传动的布置、张紧和润滑

通常情况下，两链轮的转动平面应在同一平面内，两轴线必须平行，最好成水平布置，如需倾斜布置时，两链轮中心连线与水平面的夹角应小于 45°。同时链传动应使紧边（即主动边）在上、松边在下，以便链节和链轮轮齿可以顺利地进入和退出啮合。如果松边在上，可能会因松边垂度过大而出现链条与轮齿的干扰，甚至会引起松边与紧边的碰撞。链传动正常工作时，应保持一定张紧程度，链传动的张紧可采用以下方法：

① 调整中心距，增大中心距可使链张紧，对于滚子链传动，其中心距调整量可取为 $2p$，p 为链条节距。

② 缩短链长，当链传动没有张紧装置而中心距又不可调整时，可采用缩短链长（即拆去链节）的方法对因磨损而伸长的链条重新张紧。

③ 用张紧轮张紧，适用于以下几种情况：

a. 两轴中心距较大；

b. 两轴中心距过小，松边在上面；

c. 两轴接近垂直布置；

d. 需要严格控制张紧力；

e. 多链轮传动或反向传动；

f. 要求减小冲击，避免共振；

g. 需要增大链轮包角。

链传动必须要有良好的润滑，以减少磨损，缓和冲击，提高承载能力，延长使用寿命。链传动常用的润滑方式如下：

① 人工定期润滑。用油壶或油刷给油，如图 8-17（a）所示。
② 滴油润滑。用油杯通过油管向松边的内、外链板间隙处滴油，如图 8-17（b）所示。
③ 油浴润滑。链从密封的油池中通过，如图 8-17（c）所示，链条浸油深度以 6～12mm 为宜。
④ 飞溅润滑。在密封容器中，用甩油盘将油甩起，经壳体上的集油装置将油导流到链上，如图 5-17（d）所示，甩油盘速度应大于 3m/s，浸油深度一般为 12～15mm。
⑤ 压力油循环润滑。用油泵将油喷到链上，喷口应设在链条进入啮合之处，如图 8-17（e）所示。

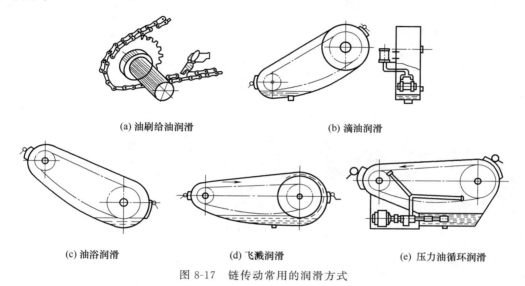

(a) 油刷给油润滑　　(b) 滴油润滑
(c) 油浴润滑　　(d) 飞溅润滑　　(e) 压力油循环润滑

图 8-17　链传动常用的润滑方式

? 想一想

链传动一般是如何布置的？

第三节　齿轮传动

一、齿轮传动的特点和类型

齿轮传动主要依靠主动齿轮与从动齿轮的啮合传递运动和动力。具有以下特点：
① 传动准确可靠。齿轮传动能保持传动比恒定不变，传动平稳，冲击、振动和噪声较小。
② 传动效率高，工作寿命长。
③ 可实现两轴间任意布置的传动。
④ 结构紧凑、功率和速度范围广，所占空间位置较小。
⑤ 齿轮的制造和安装精度要求较高，维护费用较高。

齿轮传动的类型划分如下。

① 按轴的布置方式分,分为平行轴齿轮传动(圆柱齿轮传动)、相交轴齿轮传动(锥齿轮传动)和交错轴齿轮传动,如图8-18所示。

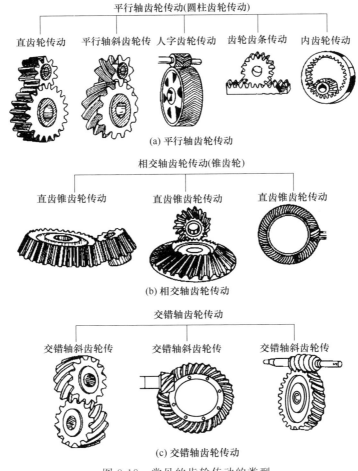

图 8-18　常见的齿轮传动的类型

② 按齿线形状分,分为直齿轮(齿线与齿轮轴线平行)、斜齿轮(齿线与齿轮轴线不平行)、人字齿轮(齿线与齿轮轴线不平行,并呈"人"状)和曲线齿轮(齿线为曲线)。

③ 按齿廓曲线分,分为渐开线齿轮、摆线齿轮和圆弧齿轮。

④ 按工作条件分,分为开式、半开式和闭式齿轮传动。开式齿轮传动的齿轮完全外露,易落入灰砂和杂物,润滑差,轮齿易磨损,适用于低速及不重要的场合,如水泥搅拌机、卷扬机等。半开式齿轮传动装有防护罩,但不密封,常用于农业机械、建筑机械及简单机械设备。闭式齿轮传动的齿轮和轴承完全封闭在箱体内,润滑条件好,啮合精度高,应用广泛。

⑤ 按照齿面硬度分,分为软齿面(硬度≤350HBS)和硬齿面(硬度>350HBS)齿轮传动。

? 想一想

齿轮传动的类型有哪些?

二、渐开线的形成及特性

如图 8-19 所示，当平面上一直线 n-n 沿着半径为 r_b 的圆做纯滚动时，该直线上任意一点 K 的轨迹 AK，称为该圆的渐开线。该圆称为渐开线的基圆，r_b 称为基圆半径，而直线 n-n 称为渐开线的发生线。线段 OK 称为渐开线的向径，以 r_K 表示；角 θ_K 称为渐开线在 K 点的展角；角 α_K 称为渐开线在 K 点的压力角。渐开线具有以下特性：

① 发生线在基圆上滚过的线段 KB 之长等于基圆上被滚过的相应的一段弧长 $\overset{\frown}{AB}$，即 $\overline{KB}=\overset{\frown}{AB}$。

② 渐开线上任一点 K 的法线必与基圆相切；反之，基圆的切线必为渐开线上某点的法线。切点 B 是渐开线上 K 点的曲率中心，线段 KB 是渐开线在 K 点的曲率半径和 K 点的法线，如图 8-19 所示。K 点离基圆越远，其曲率半径越大，渐开线越平直；当 K 点与基圆上的 A 点重合时，其曲率半径为零。

③ 渐开线的形状取决于基圆的大小。基圆越小，渐开线越弯曲；当基圆为无穷大时，其渐开线变成垂直于 KB 的直线，如图 8-20 所示，齿条式的齿廓就是这种直线齿廓。

④ 渐开线上各点的压力角是不相等的。渐开线齿廓在啮合点 K 所受的法向力 F_n（K 点法线方向）与齿轮转动时 K 点（绝对）速度 v_K 所夹的锐角 α_K，称为渐开线上 K 点的压力角。在 $\triangle KOB$ 中，$\angle KOB = \alpha_K$，故

$$\cos\alpha_K = \frac{r_b}{r_K}$$

基圆上的压力角 $\alpha_K = 0°$；渐开线上离基圆越远的点，其压力角 α_K 越大，如图 8-21 所示。

⑤ 基圆内无渐开线。

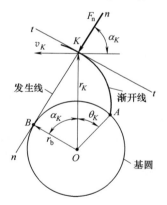

图 8-19 渐开线的形成

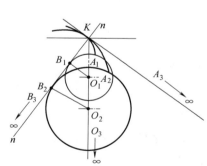

图 8-20 渐开线的形状与基圆半径关系

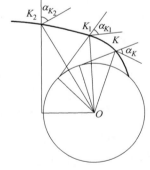

图 8-21 渐开线上不同点的压力角

想一想

渐开线是如何形成的？

三、渐开线标准直齿圆柱齿轮的基本参数及计算

1. 渐开线直齿圆柱齿轮各部分的名称和符号

图 8-22 所示为渐开线标准直齿圆柱外齿轮的一部分。齿轮上均匀分布的参与啮合的凸

起部分称为齿,每一个齿都具有同一基圆上展出的对称分布的渐开线齿廓。过齿轮各齿顶端所作的圆称为齿顶圆,其直径和半径分别以 d_a 和 r_a 表示。过齿轮各齿齿根底部所作的圆称为齿根圆,其直径和半径分别以 d_f 和 r_f 表示。齿轮上相邻轮齿之间的空间,称为齿槽。在半径 r_K 的任意圆周上,齿槽的两侧齿廓之间的圆弧长称该圆周上的齿槽宽,以 e_K 表示;一个齿轮的两侧齿廓之间的弧长称为该圆周上的齿厚,以 s_K 表示;而相邻两齿轮同侧齿廓间的弧长,称为该圆周上的齿距,以 p_K 表示,$p_K = s_K + e_K$。在齿轮上所选择的作为尺寸计算基准的圆称为分度圆,其直径和半径分别记为 d 和 r,该圆上所有尺寸和参数符号都不带下标。分度圆上 $s = e = p/2$。齿顶圆与分度圆之间的径向距离称为齿顶高,以 h_a 表示;齿根圆与分度圆之间的径向距离称为齿根高,以 h_f 表示;齿顶圆与齿根圆之间的径向距离称为齿高,以 h 表示。$h = h_a + h_f$。形成渐开线齿轮齿廓的圆称为该齿轮的基圆,其直径和半径分别用 d_b 和 r_b 表示;基圆上的齿距称为基圆齿距,以 p_b 表示。相邻两轮齿同侧齿廓之间的法向距离称为法向齿距 p_n。渐开线齿轮的基圆齿距和法向齿距相等,所以通常法向齿距不用 p_n,而是用基圆齿距 p_b 表示。齿轮的有齿部位沿分度圆柱面的母线方向度量的宽度称为齿宽,用 b 表示。

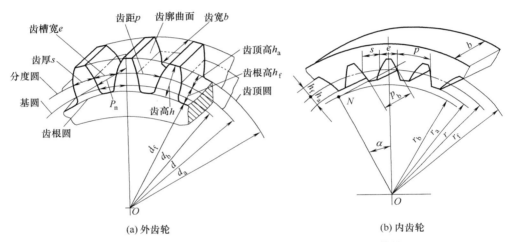

图 8-22 渐开线标准直齿圆柱齿轮各部分的名称和符号

2. 渐开线直齿圆柱齿轮的基本参数

渐开线直齿圆柱齿轮有 5 个基本参数:齿数 z、模数 m、压力角 α、齿顶高系数 h_a^* 和顶隙系数 c^*。上述参数除齿数外均已标准化。

① 齿数 z:在齿轮整个圆周上轮齿的总数称为齿数,以 z 表示。

② 模数 m:将 p/π 的比值规定为一有理数列,称之为模数,用 m 表示,其单位为 mm。模数 m 是决定齿轮几何尺寸的一个基本参数,在齿数一定的条件下,齿轮的直径与模数成正比,模数越大,则齿轮与轮齿的尺寸越大,轮齿的抗弯曲能力也越强。为了便于设计、制造、检验和互换使用,齿轮的模数已标准化。

③ 压力角 α:通常所说的压力角是指分度圆上的压力角,用 α 表示:

$$\cos\alpha = \frac{r_b}{r}, \quad r_b = r\cos\alpha = \frac{mz\cos\alpha}{2}$$

压力角是决定渐开线齿廓形状的一个基本参数,所以压力角 α 又称为齿形角。

为了设计、制造及互换方便,规定分度圆上的压力角只取标准值 20°,称为标准压力角。

④ 齿顶高系数 h_a^* 和顶隙系数 c^*:齿轮的齿顶高是用模数的倍数表示的,标准齿顶高为:

$$h_a = h_a^* m$$

一对齿轮相互啮合时,还应使一齿轮的齿顶圆与另一齿轮的齿根圆之间留有一定的间隙,称为顶隙,用 c 表示,如图 8-23 所示。顶隙可以防止啮合齿轮彼此之间的齿顶与齿槽底相抵触,还有利于润滑剂的驻留。顶隙沿径向测量,也用模数的倍数表示,标准顶隙为:

$$c = c^* m$$

c^* 称之为顶隙系数,均已标准化。我国规定的标准值为 $h_a^* = 1$,$c^* = 0.25$。显然,标准齿轮齿根高和齿高为:

$$h_f = (h_a^* + c^*) m$$

$$h = h_a + h_f = (2h_a^* + c^*) m$$

3. 渐开线标准直齿圆柱齿轮的参数计算

渐开线标准直齿圆柱齿轮的 m、α、h_a^*、c^* 均取标准值,具有标准的齿顶高和齿根高,且分度圆齿厚等于齿槽宽 ($s = e = p/2$)。渐开线标准直齿圆柱外齿轮的参数计算公式列于表 8-3 中。内齿轮和齿条的几何尺寸计算可查阅《机械设计手册》。

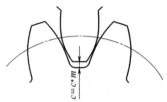

图 8-23 渐开线圆柱齿轮的顶隙

表 8-3 渐开线标准直齿圆柱外齿轮的参数计算公式

序号	名称	符号	计算公式
1	齿顶高	h_a	$h_a = h_a^* m$
2	齿根高	h_f	$h_f = (h_a^* + c^*) m$
3	齿全高	h	$h = h_a + h_f = (2h_a^* + c^*) m$
4	顶隙	c	$c = c^* m$
5	分度圆直径	d	$d = mz$
6	基圆直径	d_b	$d_b = d \cos\alpha$
7	齿顶圆直径	d_a	$d_a = d \pm 2h_a = m(z \pm 2h_a^*)$
8	齿根圆直径	d_f	$d_f = d \mp 2h_f = m(z \mp 2h_a^* \mp c^*)$
9	齿距	p	$p = \pi m$
10	齿厚	s	$s = \dfrac{p}{2} = \dfrac{\pi m}{2}$
11	齿槽宽	e	$e = \dfrac{p}{2} = \dfrac{\pi m}{2}$
12	标准中心距	a	$a = \dfrac{1}{2}(d_2 \pm d_1) = \dfrac{1}{2} m(z_2 \pm z_1)$

注:表中正负号处,上面符号用于外齿轮,下面符号用于内齿轮。

 想一想

渐开线标准直齿圆柱齿轮的基本参数有哪几个?

四、渐开线标准直齿圆柱齿轮的啮合传动

1. 正确啮合条件

渐开线齿轮传动是靠圆周上的轮齿依次啮合来实现的。两齿轮正确啮合的条件为

$$m_1 = m_2 = m$$
$$\alpha_1 = \alpha_2 = \alpha$$

即两轮的模数和压力角分别相等。

2. 连续传动条件

在齿轮传动过程中,若要使齿轮的传动是连续的,则必须在前一对轮齿退出啮合之前,后一对轮齿进入啮合,如图 8-24(a)所示,前后两个啮合点 B_1、B_2 都在啮合线 N_1N_2 上,两啮合点间的直线距离就是齿轮的法向齿距(基圆齿距),欲保证连续传动,则必须使实际啮合线段 B_1B_2 的长度大于或者等于齿轮的基圆齿距 p_b。B_1B_2 与 p_b 的比值 ε 称为重合度,重合度 ε 必须大于 1,即:

$$\varepsilon = \frac{B_1B_2}{p_b} \geqslant 1$$

若 ε=1,则表示前一对轮齿刚要退出但还未退出啮合时,后一对轮齿正好刚要进入啮合,但还未进入啮合,表明在传动过程中始终有一对轮齿在啮合,从而齿轮传动刚好连续。若 ε>1,则表明在整个啮合周期内,一部分时间是一对齿轮在啮合,另一部分时间是多于一对轮齿啮合,如图 8-24(b)。若 ε<1,则表示当前一对轮齿在 B_1 点退出啮合时,后一对轮齿还没有进入啮合,如图 8-24(c),此时传动中断,轮齿间会产生冲击和噪声,严重影响传动的平稳性。综上所述,重合度愈大,表示同时啮合齿轮的对数越多,每对轮齿所受载荷就小,因而相对提高了齿轮的承载能力。

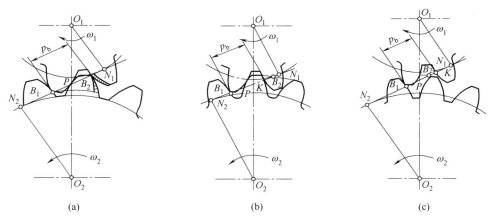

图 8-24 渐开线齿轮啮合过程

3. 渐开线齿轮的无侧隙啮合

(1) 外啮合传动

图 8-25 所示为一对标准安装的外啮合的渐开线齿轮啮合断面图。标准齿轮在分度圆上的齿厚与槽宽相等,所以两轮的分度圆相切,两轮的节圆与分度圆重合,$\alpha = \alpha'$,这样的齿轮安装称为齿轮标准安装,此时顶隙为标准值,侧隙为零。

在标准安装下,两齿轮之间的中心距为:

$$a = r_1' + r_2' = r_1 + r_2 = \frac{m(z_1 + z_2)}{2}$$

而顶隙 $C = h_f - h_a = (h_a^* + c^*)m - h_a^* m = c^* m$，为标准值。当安装中心距不等于标准中心距（即非标准安装）时，节圆半径要发生变化，但分度圆半径是不变的，这时分度圆和节圆不重合。啮合线位置变化，啮合角也不再等于压力角，此时的中心距为：

$$a' = r_1' + r_2' = \frac{r_{b1}}{\cos\alpha_1'} + \frac{r_{b2}}{\cos\alpha_2'} = (r_1 + r_2)\frac{\cos\alpha}{\cos\alpha'} = a\frac{\cos\alpha}{\cos\alpha'}$$

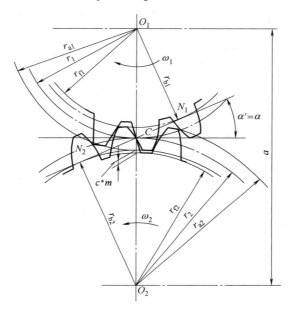

图 8-25　标准安装的渐开线齿轮啮合断面图

（2）齿轮齿条传动

当采用标准安装时，齿条的节线与齿轮的分度圆相切，此时啮合角等于压力角。当齿条远离或靠近齿轮时，由于齿条的齿廓是直线，所以啮合线位置不变，啮合角不变，节点位置不变。所以不管是否标准安装，齿轮与齿条啮合时齿轮的分度圆永远与节圆重合，啮合角恒等于压力角，但只有在标准安装时，齿条的分度线才与节线重合。

 想一想

渐开线标准直齿圆柱齿轮的正确啮合的条件是什么？

五、渐开线齿轮的加工方法和根切现象

1. 渐开线齿轮的加工方法

渐开线齿轮的加工方法分为仿形法和范成法两种。仿形法是在普通铣床上用轴向剖面形状与被切齿轮齿槽形状完全相同的铣刀切制齿轮的方法，铣完一个齿槽后，分度头将齿坯转过 $360°/z$，再铣下一个齿槽，直到铣出所有的齿槽。范成法是利用一对齿轮无侧隙啮合时两轮的齿廓互为包络线的原理加工齿轮。加工时刀具与齿坯的运动就像一对互相啮合的齿轮，最后刀具将齿坯切出渐开线齿廓，如图 8-26 所示。范成法切制齿轮常用的刀具有三种：

① 齿轮插刀　是一个齿廓为刀刃的外齿轮；
② 齿条插刀　是一个齿廓为刀刃的齿条；
③ 齿轮滚刀　像梯形螺纹的螺杆，轴向剖面齿廓为精确的直线齿廓，滚刀转动时相当于齿条在移动。可以实现连续加工，生产率高。

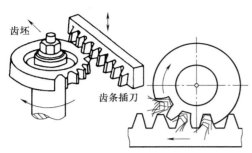

图 8-26　范成法切制齿轮

用范成法加工齿轮时，只要刀具与被切齿轮的模数和压力角相同，不论被加工齿轮的齿数是多少，都可以用同一把刀具来加工，这给生产带来了很大的方便，因此展成法得到了广泛的应用。

2. 根切现象及标准外啮合直齿轮最小齿数

用范成法加工齿轮时，若刀具的齿顶线（或齿顶圆）超过理论极限啮合点 N 时（图 8-27），被加工齿轮齿根附近的渐开线齿廓将被切去一部分，这种现象称为根切，如图 8-28 所示。轮齿的根切一方面破坏了渐开线齿廓的形状，使齿轮的传动精度有所下降，传动比发生变化，噪声增大；另一方面大大削弱了轮齿的弯曲强度，降低了齿轮传动的平稳性和重合度，因此应力求避免。

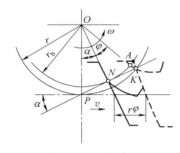

图 8-27　根切产生

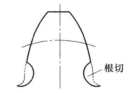

图 8-28　轮齿的根切现象

要使被切齿轮不产生根切，刀具的齿顶线就不能超过 N 点，见图 8-29，即

$$h_a^* m \leqslant NM$$

而

$$NM = PN\sin\alpha = r\sin^2\alpha = \frac{mz}{2}\sin^2\alpha$$

因此得出

$$z \geqslant \frac{2h_a^*}{\sin^2\alpha}$$

即

$$z_{\min} = \frac{2h_a^*}{\sin^2\alpha}$$

当 $\alpha = 20°$，$h_a^* = 1$ 时，$z_{\min} = 17$。

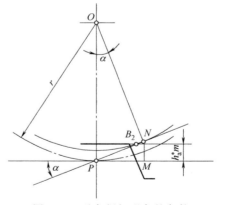

图 8-29　避免根切现象的条件

? 想一想

渐开线标准直齿圆柱齿轮的不发生根切现象的最少齿数是多少呢？

六、齿轮的失效形式与设计准则

1. 轮齿常见的失效形式

（1）轮齿的折断

轮齿折断是指齿轮的一个或多个轮齿整体或局部的折断，如图 8-30 所示。轮齿折断一般发生在齿根部分，分为疲劳折断和过载折断。齿轮工作时轮齿齿根部分受到的弯曲应力最大，当弯曲应力超过材料的极限应力时，将导致轮齿弯曲疲劳折断。过载折断通常是由于瞬时意外过载或冲击而引起的。轮齿折断是闭式硬齿面钢齿轮和铸铁齿轮传动的主要失效形式。

提高轮齿抗折断能力的措施：增大齿根圆角半径，消除加工刀痕以降低齿根应力集中；增大轴及支承物的刚度以减轻局部过载的程度；对轮齿进行表面处理以提高齿面硬度。

(a) 轮齿全齿折断　　(b) 轮齿局部折断　　(c) 齿根疲劳裂纹

图 8-30　轮齿折断

（2）齿面疲劳点蚀

一对轮齿啮合时，在接触线附近产生很大的接触应力，当接触应力超过材料的接触疲劳极限值时，齿面会产生细微的疲劳裂纹，封闭在微裂纹中的润滑油在压力的作用下使微裂纹逐渐扩展，最终导致齿面的金属微粒脱落下来，形成麻点状的小凹坑，这就是齿面疲劳点蚀。齿面疲劳点蚀使齿面的渐开线齿形遭到破坏，致使齿轮工作时产生强烈的振动和噪声。为了防止齿面过早发生齿面疲劳点蚀，可采取提高齿面硬度，降低齿面粗糙度值，增大润滑油黏度的措施。

（3）齿面磨损

齿面磨损如图 8-31 所示，分为研磨磨损和磨粒磨损。研磨磨损是指轮齿在啮合过程中，齿面之间存在相对滑动，使齿面之间摩擦而磨损，这是渐开线齿轮传动不可避免的。磨粒磨损是由于金属微粒、沙粒、灰尘等进入轮齿齿面之间而产生的，磨粒磨损将破坏齿面的渐开线齿形，使侧隙增大而引起传动不平稳，产生冲击和振动。齿面磨损是开式传动的主要失效形式。

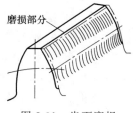

图 8-31　齿面磨损

防止或减轻齿面磨损的措施：采用闭式传动，提高齿面硬度并降低表面粗糙度值，选择合适的乳化剂和润滑方式，并保持润滑剂的清洁等。

（4）齿面胶合

齿轮传动在低速、重载时，由于速度较低而无法形成润滑油膜，导致润滑失效；而在高速、重载时，由于啮合区的局部温度升高，使润滑油的粘度降低从而使润滑油膜破裂，导致润滑失效。这两种情况都将使轮齿齿面的金属之间的压力加大，同时在局部瞬时高温的作用下，两接触齿面金属被熔焊粘着，产生齿面胶合失效。产生胶合以后，在较软的齿面上的金属将被撕开，形成胶沟，齿面的渐开线齿形被破坏，振动和噪声增大。采用粘度较大或抗胶合性能好的润滑油（如硫化油），提高齿面硬度，选择胶合能力强的材料组合等，都可以提高齿面的抗胶合能力。

(5) 齿面塑性变形

当齿轮轮齿材料硬度不足,而载荷和摩擦力又较大(特别是冲击载荷)时,轮齿啮合过程中,在摩擦力的作用下,使齿面表层金属产生塑性流动,材料容易沿着摩擦力的方向产生塑性变形。由于主动齿轮的轮齿齿面上所受到的摩擦力背离节线,分别向齿顶及齿根作用,故产生塑性变形后,齿面上节线附近将出现凹沟;而从动齿轮的轮齿齿面上所受到的摩擦力则分别由齿顶及齿根向节线作用,故产生塑性变形后,齿面上节线附近就产生凸棱。齿面塑性变形使齿面失去了原来的齿形,如图 8-32 所示。为了防止或减少齿面塑性变形,应当选用粘度较高的润滑油、适当提高齿面硬度、避免频繁起动和过载等。

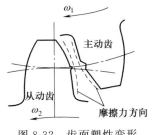

图 8-32 齿面塑性变形

2. 设计准则

理论上,对于齿轮的每一种失效形式,都应建立相应的设计准则,以防止齿轮传动失效。对于闭式齿轮软齿面(齿面硬度≤350HBS)传动,轮齿的主要失效形式为齿面接触疲劳破坏,为减少反复计算的次数,应首先按齿面的接触疲劳强度计算齿轮的分度圆直径和其他几何参数,然后再校核轮齿的弯曲疲劳强度。

对于闭式硬齿面(齿面硬度＞350HBS)传动,齿轮的主要失效形式为轮齿的弯曲疲劳折断,故应先按轮齿的弯曲疲劳强度确定模数和其他几何参数,然后再校核齿面的接触疲劳强度。

对于开式和半开式的齿轮传动,其主要的失效形式为齿面的磨损和轮齿的折断,鉴于目前没有可行的抗磨损计算方法,所以一般只进行轮齿的弯曲疲劳强度计算。在工程实际中,为补偿轮齿因磨损而对强度的影响,设计时可以对进行强度计算后所获得的模数适当放大。

3. 齿轮常用材料

工程上对齿轮材料提出的基本要求是:

① 齿面有足够的硬度以抵抗齿面磨损、疲劳点蚀、齿面胶合及塑性变形等;

② 轮齿芯部有足够的强度和韧性以防止轮齿齿根弯曲疲劳折断;

③ 有良好的加工工艺性能及热处理性能。

在选择齿轮材料时,应当考虑相啮合的一对齿轮齿面的硬度组合。小齿轮比大齿轮的齿数少,受载次数多,齿根又薄,故齿面磨损较大,疲劳强度较低。为了使大、小齿轮的工作寿命大致相等,小齿轮应选用比大齿轮好一些的材料小齿轮的齿面硬度应当比大齿轮高30~50HBS(或 3~5HRC)。为满足上述要求,制造齿轮的材料主要是锻钢,也可用球墨铸铁、灰铸铁、非金属材料等。

锻钢的强度高、韧性好、耐冲击,是齿轮制造常用的材料。当齿轮结构形状复杂时,齿轮毛坯不便锻造,可选用铸钢制造。铸钢的耐磨性及强度较好,但铸造齿轮的内应力较大,故应当经过退火或正火处理。灰铸铁的抗弯性能和抗冲击性能较差,但其抗胶合性能及抗疲劳点蚀性能尚好,铸铁中的石墨又有自润滑作用,主要用来制造低速、工作载荷平稳、传递功率不大以及对结构尺寸和重量无严格要求的齿轮传动。球墨铸铁力学性能比灰铸铁好,与铸钢接近,因而得到越来越广泛的应用。非金属材料的弹性模量小,传动时轮齿的变形可减轻动载荷和噪音,适用于高速轻载、精度要求不高的场合,常用的有夹布胶木,工程塑料等。

> **想一想**
>
> 轮齿常见的失效形式有几种？

七、平行轴斜齿轮传动

如图 8-33（a）所示，直齿轮的齿廓曲线是由发生线在基圆上纯滚动而形成的。而齿廓曲面是发生面在基圆上纯滚动时，发生面上的与基圆柱上的母线 AA' 相平行的直线 KK' 形成的渐开面所组成的。斜齿轮齿廓曲面的形成原理与直齿轮基本相同，只是发生面上的直线 KK' 不与基圆柱上的母线 AA' 相平行，而是有一个角度 β_b，如图 8-33（b）所示，因此直线 KK' 展出一个螺旋形的渐开面，称为渐开螺旋面。角度 β_b 称为基圆柱面上的螺旋角。

平行轴斜齿圆柱齿轮啮合时，齿廓是逐渐进入、逐渐脱离啮合的，开始为点接触，随后变为线接触，且接触线逐渐加长，到达一定的数值后再逐渐减小，到啮合终了时又变为点接触。因此斜齿轮的轮齿啮合过程较长，重合度较大，传动平稳，承载能力大。

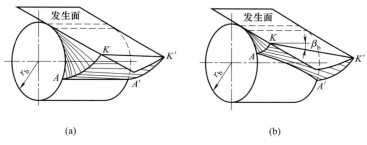

图 8-33 圆柱齿轮渐开线齿面的形成

一对外啮合的斜齿轮传动正确啮合的条件为：

① 两齿轮的端面模数相等；

② 两齿轮的端面压力角相等；

③ 两齿轮的螺旋角大小相等，其旋向视啮合方式稳定，外啮合时旋向相反，内啮合时旋向相同。

斜齿轮传动的重合度要比直齿轮大。图 8-34 所示为斜齿轮与斜齿条在前端面的啮合情况，齿廓在 A 点进入啮合，在 E 点终止啮合；当前端面脱离啮合时，后端面仍处在啮合区，只有当后端面脱离啮合时，这对齿才终止啮合，此时前端面已到达 H 点，故斜齿轮传动的重合度为

$$\varepsilon = \frac{FH}{p_t} = \frac{FG + GH}{p_t} = \varepsilon_t + \frac{b\tan\beta}{p_t}$$

式中，ε_t 为端面重合度，其值等于与斜齿轮端面齿廓相同的直齿轮传动的重合度；$b\tan\beta/p_t$ 为轮齿倾斜而产生的附加重合度。ε 随齿宽 b 和螺旋角 β 的增大而增大，所以斜齿轮传动平稳。

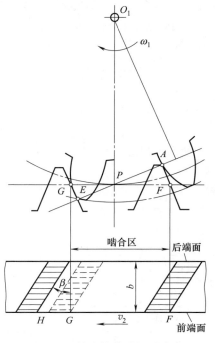

图 8-34 斜齿轮传动的重合度

> **? 想一想**
>
> 斜齿轮齿廓曲面的形成与直齿轮有何不同?

八、直齿锥齿轮传动

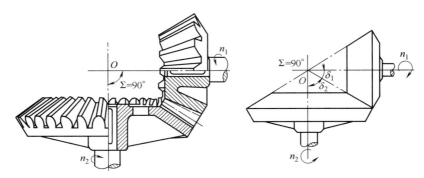

图 8-35 直齿圆锥齿轮传动

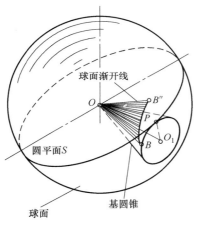

图 8-36 圆锥齿轮齿廓曲面的形成

圆锥齿轮传动用于传递两相交轴之间的运动和动力,两轴之间的夹角可以是任意的。机械传动中应用最多的是两轴夹角 90°的直齿圆锥齿轮传动,如图 8-35 所示。

与圆柱齿轮相比,直齿锥齿轮的制造精度较低,工作时振动和噪声都较大,适用于低速轻载传动;曲齿锥齿轮传动平稳,承载能力强,常用于高速重载传动,但其设计和制造比较复杂。直齿圆锥齿轮的齿廓曲面形成原理如图 8-36 所示。圆平面 S 为发生面,圆心 O 与基圆锥顶相重合,当它绕基圆锥纯滚动时,该平面上任一点 B 在空间展出一条球面渐开线。而直线 OB 上各点展出的无数条球面渐开线形成的球面渐开曲面,即直齿圆锥齿轮的齿廓曲面。直齿锥齿轮的齿廓曲线为空间的球面渐开线。

标准直齿锥齿轮的主要几何尺寸计算公式见表 8-4。

表 8-4 标准直齿锥齿轮的主要几何尺寸计算公式

名称	符号	计算公式
分度圆锥角	δ	$\delta_1 = \mathrm{arccot}\dfrac{z_2}{z_1}, \delta_2 = 90° - \delta_1$
分度圆直径	d	$d_1 = mz_1, d_2 = mz_2$
齿顶高	h_a	$h_{a1} = h_{a2} = h_a^* m$
齿根高	h_f	$h_{f1} = h_{f2} = (h_a^* + c^*)m$
齿顶圆直径	d_a	$d_{a1} = d_1 + 2h_a\cos\delta_1, d_{a2} = d_2 + 2h_a\cos\delta_2$

续表

名称	符号	计算公式
齿根圆直径	d_f	$d_{f1}=d_1+2h_f\cos\delta_1$，$d_{f2}=d_1+2h_f\cos\delta_2$
锥距	R	$R=\dfrac{1}{2}\sqrt{d_1^2+d_2^2}$
齿宽	b	$b\leqslant\dfrac{1}{3}R$
齿顶角	θ_a	不等顶隙收缩：$\theta_{a1}=\theta_{a2}=\arctan\dfrac{h_a}{R}$； 等顶隙收缩齿：$\theta_{a1}=\theta_{f2}$，$\theta_{a2}=\theta_{f1}$
齿根角	θ_f	$\theta_{f1}=\theta_{f2}=\arctan\dfrac{h_f}{R}$
齿顶圆锥角	δ_a	$\delta_{a1}=\delta_1+\theta_{a1}$，$\delta_{a2}=\delta_2+\theta_{a2}$
齿根圆锥角	δ_f	$\delta_{f1}=\delta_1-\theta_{f1}$，$\delta_{f2}=\delta_2-\theta_{f2}$
当量齿数	z_v	$z_{v1}=\dfrac{z_1}{\cos\delta_1}$，$z_{v2}=\dfrac{z_2}{\cos\delta_2}$

直齿锥齿轮的正确啮合的条件：两齿轮的大端模数必须相等，压力角也必须相等，即：

$$\begin{cases} m_1=m_2=m \\ \alpha_1=\alpha_2=\alpha \end{cases}$$

 想一想

直齿圆锥齿轮的特点是什么？

九、齿轮结构设计及润滑

齿轮的结构设计主要包括选择合理的结构，依据经验公式确定齿轮的轮毂、轮辐、轮缘等各部分的尺寸及绘制齿轮的零件工作图。常用的齿轮结构型式大致分为如下几种。

① 齿轮轴。当圆柱齿轮的齿根圆到键槽底部的距离较小时，可将齿轮与轴制成一体，称为齿轮轴，如图 8-37 所示。

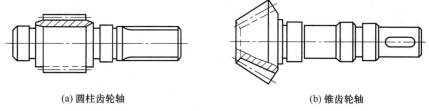

(a) 圆柱齿轮轴　　　　　　　　(b) 锥齿轮轴

图 8-37　齿轮轴

② 实体式齿轮。当齿轮的齿顶圆直径 $d_a\leqslant 200$mm，可采用实体式结构，如图 8-38 所示。这种结构型式的齿轮常用锻造方法制造毛坯。

③ 腹板式齿轮。当齿轮的齿顶圆直径 $d_a=200\sim 500$mm 时，可采用腹板式结构，如图

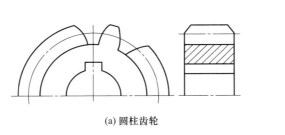
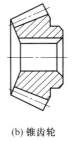

(a) 圆柱齿轮　　　　　　(b) 锥齿轮

图 8-38　实体式齿轮

8-39 所示。这种尺寸的齿轮大都采用锻造方法制造毛坯，对于不重要的齿轮也可采用铸造方法制造毛坯。

④ 轮辐式齿轮。当齿轮的齿顶圆直径 $d_a >$ 500mm 时，可采用轮辐式结构，如图 8-40 所示。可采用铸造的方法制造毛坯。

良好的润滑可以减少齿面间的摩擦磨损，延长齿轮的使用寿命，还可以冷却和防锈蚀。对于闭式齿轮传动，齿轮的润滑方式主要有浸油润滑和喷油润滑两种，一般根据圆周速度确定采用哪一种方式。对于开式齿轮传动，由于结构和使用环境的限制，无法采用浸油润滑，通常采用定期加油润滑方式。

图 8-39　腹板式圆柱齿轮

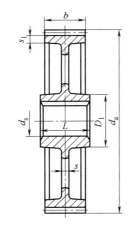
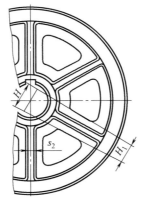

图 8-40　轮辐式圆柱齿轮

当齿轮的圆周速度 $v<12m/s$ 时，通常将大齿轮浸入油池中进行润滑，如图 8-41 所示，齿轮浸入油中的深度至少 10mm，但浸入过深则会增大运动阻力并使油温升高。在多级齿轮传动中，对于未浸入油池内的齿轮，可采用带油轮将油带到未浸入油池内的齿轮齿面上，如图 8-42 所示。浸油齿轮可将油甩到齿轮箱壁内，有利于散热。

当齿轮的圆周速度 $v>12m/s$ 时，由于圆周速度大，齿轮搅油剧烈，且粘附在齿廓面上的油易被甩掉，因此不宜采用浸油润滑，而采用喷油润滑。如图 8-43 所示。

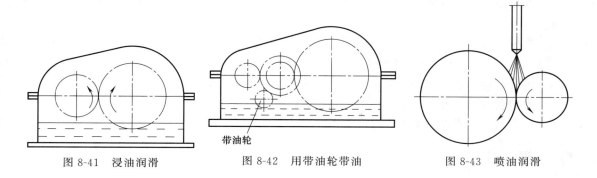

图 8-41　浸油润滑　　　　图 8-42　用带油轮带油　　　　图 8-43　喷油润滑

 想一想

齿轮常用的结构有哪些？

第四节　蜗杆传动

一、蜗杆传动的类型和特点

蜗杆传动如图 8-44 所示，是由蜗杆和蜗轮组成的，用于传递交错轴之间的回转运动和动力，通常两轴交错角为 90°。传动时蜗杆是主动件，蜗轮是从动件。

蜗杆按形状分为圆柱蜗杆和环面蜗杆。按制造蜗杆时切削刀具安装位置不同，可分为阿基米德蜗杆、渐开线蜗杆和法向直廓蜗杆，其中应用最广的是阿基米德蜗杆（图 8-45），在垂直于其轴线的平面内的齿形是一条阿基米德螺旋线。

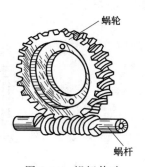

图 8-44　蜗杆传动

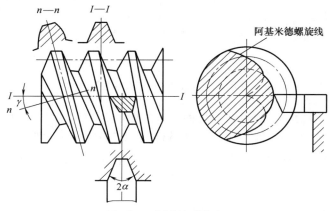

图 8-45　阿基米德蜗杆

蜗杆传动有以下特点：

① 传动比大，结构紧凑。一般在动力传动中，传动比 $i=10\sim80$；在分度机构中，传动比 i 可达 1000。

② 传动平稳，无噪音。蜗杆与蜗轮啮合时没有进入和退出啮合的过程，工作平稳，震动小。

③ 具有自锁性。蜗杆的螺旋升角很小，蜗杆能带动蜗轮传动，反之不行。

④ 传动效率低，一般效率只有 $0.7\sim0.9$。

⑤ 发热量大，齿面容易磨损，成本高。

> **想一想**
>
> 蜗杆传动的类型有哪些？

二、蜗杆传动的主要参数和几何计算

普通圆柱蜗杆传动的主要参数有模数 m、压力角 α、蜗杆头数 z_1、蜗轮齿数 z_2 及分度圆直径 d 等。图 8-46 中，通过蜗杆轴线并垂直蜗轮轴线的平面，称为中间平面。蜗杆传动的主要参数均在中间平面上确定。在中间平面上，蜗杆与蜗轮的啮合可看作齿条与齿轮的啮合，蜗杆的轴向齿距 P_{a1} 应等于蜗轮的端面齿距 P_{t2}，蜗杆的轴向模数应等于蜗轮的端面模数，都等于 m，蜗杆的轴向压力角应等于蜗轮的端面压力角。

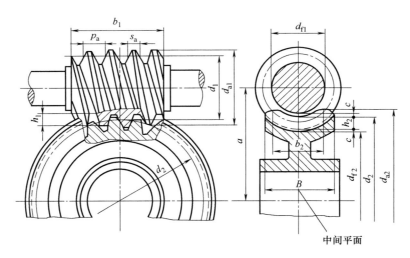

图 8-46　普通圆柱蜗杆传动的主要参数

蜗杆头数即蜗杆螺旋线的数目，蜗杆的头数一般取为 1、2、4。蜗杆螺旋齿廓面与分度圆柱面的交线为螺旋线。如图 8-47 所示，将蜗杆分度圆柱展开，螺旋线与垂直于蜗杆轴线的平面所夹的锐角为蜗杆分度圆柱上的升角，或称为蜗杆分度圆柱上的螺旋线导程角，用 γ 表示：

$$\tan\gamma = \frac{z_1 p_{x1}}{\pi d_1} = \frac{z_1 \pi m}{\pi d_1 m} = \frac{z_1 m}{d_1}$$

通常取 $\gamma = 3.5°\sim27°$。

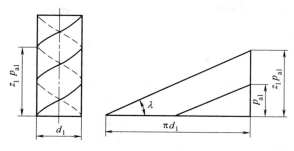

图 8-47 蜗杆分度圆柱展开图

标准圆柱蜗杆传动的几何尺寸计算公式见表 8-5。

表 8-5 标准圆柱蜗杆传动的几何尺寸计算

名称	符号	蜗杆	蜗轮
齿顶高	h_a	$h_a^* m$	
齿根高	h_f	$h_f = (h_a^* + c^*) m$	
全齿高	h	$h = h_a + h_f = (2h_a^* + c^*) m$	
分度圆直径	d	查机械设计手册选取	$d_2 = m z_2$
齿顶圆直径	d_a	$d_{a1} = d_1 + 2h_a$	$d_{a2} = d_2 + 2h_a$
齿根圆直径	d_f	$d_{f1} = d_1 - 2h_f$	$d_{f2} = d_2 - 2h_f$
蜗杆导程角	γ	$\gamma = \arctan(m z_1 / d_1)$	
蜗轮螺旋角	β		$\beta = \gamma$
中心距	a	$a = (d_1 + d_2)/2$	

? 想一想

蜗杆头数和蜗轮齿数如何选择?

三、蜗杆传动的失效形式和计算准则

在蜗杆传动中,由于材料及结构的原因,蜗杆轮齿的强度高于蜗轮轮齿的强度,所以失效常常发生在蜗轮的轮齿上。蜗杆传动的主要失效形式为胶合、磨损和齿面点蚀等。目前,对于胶合和磨损的计算还缺乏成熟的方法,因此通常只是参照圆柱齿轮传动的计算方法进行齿面接触疲劳强度和齿根弯曲疲劳强度的条件性计算,在选取材料的许用应力时适当考虑胶合和磨损的影响。对于闭式蜗杆传动,通常按齿面接触疲劳强度来设计,并校核齿根弯曲疲劳强度;对于开式蜗杆传动,通常只需按齿根弯曲疲劳强度进行设计。

? 想一想

蜗杆传动的失效形式有哪些?

四、蜗杆传动的材料和结构

蜗杆、蜗轮的材料不仅要求具有足够的强度，更重要的是要有良好的跑合性、耐磨性和抗胶合能力。蜗杆一般用碳钢和合金钢制成，常用材料为 40、45 钢或 40Cr。高速重载蜗杆常用 15Cr 或 20Cr。速度不高、载荷不大的蜗杆可采用 40、45 钢调制处理，硬度为 220～250HBS。蜗轮常用材料为青铜和铸铁。

蜗杆的直径较小，常和轴制成一个整体。蜗轮的结构有多种形式，包括齿圈式蜗轮、螺栓连接式蜗轮、整体式蜗轮和镶铸式蜗轮等等，具体可查看相关资料。

 想一想

蜗轮传动常用的结构有哪几种？

五、普通圆柱蜗杆传动的精度等级选择及安装和维护

国家标准对普通圆柱蜗杆传动规定了 12 个精度等级，1 级精度最高，12 级为最低。蜗杆传动的安装精度要求很高，应使蜗轮的中间平面通过蜗杆的轴线，装配时必须调整蜗轮的轴向位置，可以采用垫片组调整蜗轮的轴向位置及轴承的间隙，也可以改变套筒的长度来调整。为保证正确啮合，工作时蜗轮的中间平面不允许有轴向移动。蜗杆轴的热伸长量较大，其支承多采用一端固定、另一端游动的支承方式。支承的固定端一般采用套杯结构，以便于固定轴承。蜗杆传动装配后要进行跑合，以使齿面接触良好。跑合完成后应清洗全部零件，更换润滑油。蜗杆传动发热量大，应随时注意周围的通风散热条件是否良好。润滑对于保证蜗杆传动的正常工作及延长其使用期限很重要。蜗杆浸油润滑时油面不宜太高，为防止过多的油进入轴承，轴承内侧应设挡油环。

思考与练习

1. 摩擦带传动按胶带的截面形状可分为哪些类型？各有何特点？
2. 带在工作时受到哪些应力？应力沿带全长是如何分布的？
3. 带传动中弹性滑动与打滑有何区别？
4. 带传动有效圆周力 F 与紧边拉力 F_1、松边拉力 F_2 之间分别有什么关系？
5. 链节距 p 的大小对链传动的动载荷有何影响？
6. 链传动为何要适当张紧？常用的张紧方法有哪些？
7. 如何确定链传动的润滑方式？
8. 齿轮机构类型有哪些？
9. 渐开线的性质有哪些？
10. 一对标准外啮合标准直齿圆柱齿轮传动，已知 $z_1=25$，$z_2=80$，$m=2\text{mm}$，$\alpha=20°$，计算小齿轮的分度圆直径、齿顶圆直径、齿根圆直径、基圆直径、齿距以及齿厚和齿槽宽。
11. 渐开线标准直齿圆柱齿轮的正确啮合的条件是什么？
12. 什么叫直齿轮的重合度？齿轮连续传动的条件是什么？
13. 设一对外啮合的传动标注直齿圆柱齿轮齿数 $z_1=30$，$z_2=40$，模数 $m=4\text{mm}$，压力角 $\alpha=20°$，齿顶高系数 $h_a^*=1$。当安装的中心距 $a'=142\text{mm}$ 时，求啮合角 α'。

14. 什么叫根切现象？如何避免？
15. 齿轮的失效形式有哪些？
16. 齿轮传动有哪些润滑方式？
17. 简述斜齿轮正确啮合的条件。
18. 蜗杆传动有哪些类型和特点？什么情况下宜采用蜗杆传动？
19. 普通圆柱蜗杆传动的正确啮合条件是什么？
20. 蜗杆传动的主要失效形式有哪些？蜗杆传动的设计准则是什么？

思政园地

35年的无悔坚守——大国工匠胡双钱

胡双钱，中国商飞上海飞机制造有限公司高级技师，现任中国商飞上海飞机制造有限公司数控机加车间钳工组组长，主要负责ARJ21-700飞机项目零件生产、C919大型客机项目技术攻关及青年员工的培养。先后获得"上海市质量金奖""全国五一劳动奖章""全国劳动模范"等荣誉。

1960年7月，胡双钱出生在一个普通的工人家庭。1977年，进入了5703厂技工学校（上海飞机制造厂技校）。在技校学习期间，胡双钱跟着老师参与了运10飞机零部件的加工生产，有了一次难得的实践机会。他十分珍惜这次机会，虚心向师傅请教，苦练操作技能，从不轻易放过每一个问题。飞机的零件加工都是一些精度要求高、技术难度大的精细活，他从中学到了许多技巧和方法。功夫不负有心人！经过理论学习和技术钻研，胡双钱很快就能独立操作了。20岁那年，上海航空工业（集团）有限公司组织技术大赛，年轻的胡双钱积极报名参赛，在赛场上一鸣惊人，取得了第四名的好成绩。后来，凡是遇上技术比赛，胡双钱就踊跃报名参加，因为他想通过这一平台不断学习、不断钻研、不断提高。就如胡双钱所说，精湛的技术是靠长期的积累磨炼出来的。从技校毕业后，胡双钱被分配到5703厂飞机维修车间，每天可以近距离地接触飞机。刚到飞机维修小组，他每天的活多半是跑工具间，来回取送不同的工具。虽然这工作简单而枯燥，但胡双钱没有不乐意，而是认真地做好每件事。他认为，要掌握好技术，就得从学会准确分辨和了解工具开始。一段时间后，他对工具的用处了如指掌。35年来，他加工过上万个飞机零件，从没出现过一个次品，对于这个令人震惊的纪录，胡双钱很淡定，没有什么豪言壮语，有的只是平淡的两个字：用心。在他眼里，自己一人好不算好，一个团队好才是真的好。多年来，胡双钱带出的徒弟很多，他说："企业文化需要传承，技术也同样需要传承。技术是自己的，更是企业的，企业造就了我们，为我们成长营造了良好的氛围，为我们展示技能创造了机会。我会毫无保留地把我的经验传授给更多的年轻人，希望他们早日成为车间的顶梁柱。"胡双钱带徒弟，不是简单地手把手教怎么干活，而是点出关键点，让他们自己琢磨、领悟。他说，这样能让他们记住操作的关键点，快速掌握关键技术。在他的指导下，在上飞公司举行的两届技能大赛中，胡双钱所在班组的参赛选手每次都名列前茅。

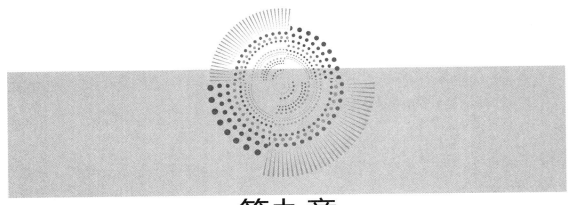

第九章 机 械 连 接

知识脉络图

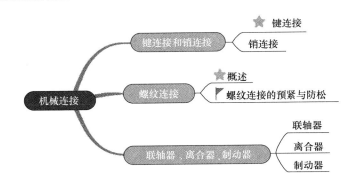

学习目标

□ 掌握键连接的作用、特点、类型和应用,熟悉销连接的作用、分类、特点和应用;

□ 了解螺纹的类型,掌握螺纹的主要参数、螺纹连接的主要类型、特点及应用场合,理解螺纹连接的预紧与防松的目的及措施;

□ 掌握联轴器和离合器的类型、特点及应用,了解制动器的构造、特点和应用。

第一节 键连接和销连接

将两个或两个以上物体结合在一起的方式称为连接。根据是否可拆,连接可分为可拆连接和不可拆连接两大类。其中，可拆连接主要包括键连接、销连接、螺纹连接等；不可拆连接主要包括焊接、铆接、胶接等。

一、键连接

键连接如图 9-1 所示，是一种应用很广泛的可拆连接，用于轴与轴上零件的固定，具有结构简单、装拆方便、工作可靠的特点。键连接的主要类型有：平键连接、半圆键连接、楔键连接和切向键连接。平键连接和半圆键连接为松键连接，楔键连接和切向键连接为紧键连接。

1. 平键连接

平键连接如图 9-2（a）所示，平键的两侧面为工作面，零件工作时靠键与键槽侧面的挤压来传递运动和动力。平键连接结构简单、对中性好、拆装方便。

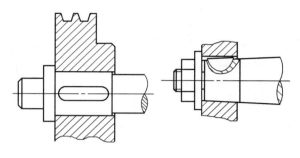

图 9-1 键连接

平键按用途不同可分为普通平键、导向平键和滑键三种。普通平键分 A 型、B 型、C 型三种，如图 9-2（b）所示。导向平键和滑键用于动连接。

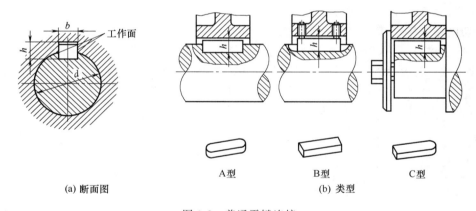

图 9-2 普通平键连接

导向平键是用螺钉将导向平键固定在轴上的键槽中，轮毂可沿着键表面轴向滑动，如图 9-3 所示。滑键连接是将滑键固定在轮毂上，与轮毂同时在轴上的键槽中轴向移动，常用于轮毂移动距离较大的场合，如图 9-4 所示。

平键是标准件，设计时根据键连接的结构特点、使用要求、工作条件选择键的类型，根据轴的直径选择国标标准尺寸，具体可查键连接的国家标准。

2. 半圆键连接

半圆键用于静连接，如图 9-5 所示。半圆键连接也是靠键与键槽侧面的挤压传递转矩，工作面仍为两侧面，与平键一样有较好的对中性，而

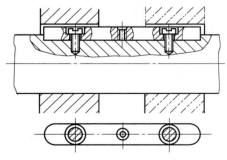

图 9-3 导向平键连接

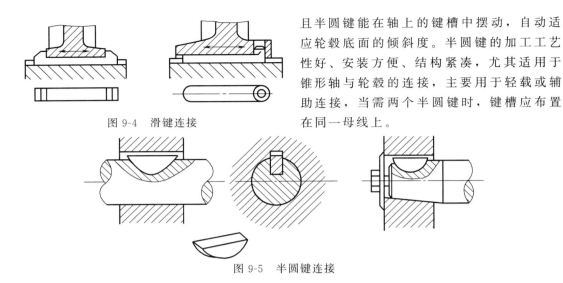

图 9-4 滑键连接

且半圆键能在轴上的键槽中摆动，自动适应轮毂底面的倾斜度。半圆键的加工工艺性好、安装方便、结构紧凑，尤其适用于锥形轴与轮毂的连接，主要用于轻载或辅助连接，当需两个半圆键时，键槽应布置在同一母线上。

图 9-5 半圆键连接

3. 楔键连接

楔键连接如图 9-6 所示，楔键的上下表面为工作面，上表面和轮毂键槽的底面均有 1∶100 的斜度，靠键与轴及轮毂槽底之间的摩擦力传递转矩，并能轴向固定零件和承受单向轴向载荷。其特点是轴与毂的中心易产生偏心和偏斜，在冲击、振动、变载时容易松动，所以仅用于对中精度求不高、载荷平稳和低速的场合。楔键按形状不同可分为普通楔键和钩头楔键。

4. 切向键连接

切向键连接如图 9-7 所示，由两个斜度为 1∶100 的普通楔键组成，其上下面为工作面，装配时两个楔键从轮毂两侧打入，是靠键与轴及轮毂槽底的挤压传递转矩。单个切向键只能传递单向转矩，若要传递双向转矩，则须使用两个切向键，并要相互成 120°～135°布置。切向键主要用于轴径大于 100mm、对中精度要求不高而载荷很大的重型机械中。

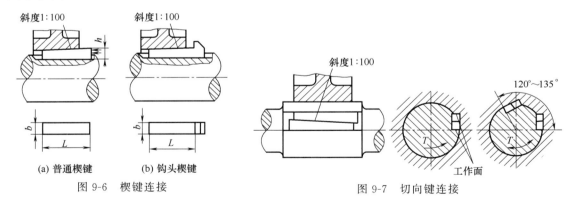

(a) 普通楔键　　(b) 钩头楔键

图 9-6 楔键连接

图 9-7 切向键连接

? 想一想

平键连接有几种类型？

二、销连接

销连接是用销钉固定零件之间的相对位置，可以传递不大的载荷。销钉分为圆柱销、圆

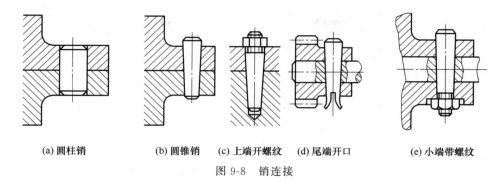

(a) 圆柱销　　(b) 圆锥销　　(c) 上端开螺纹　(d) 尾端开口　　(e) 小端带螺纹

图 9-8　销连接

锥销、开口销等，如图 9-8 所示。圆柱销靠微量过盈固定在孔中。圆锥销具有 1∶50 的锥度，安装方便且多次拆装对定位精度影响也不大，应用广泛。为了拆卸方便，圆锥销上端可开螺纹，如图 9-8（c）所示。为了确保安装后不致松脱，圆锥销的尾端可制成开口的，如图 9-8（d）所示。小端带有外螺纹的圆锥销［图 9-8（e）］适用于有冲击的场合。

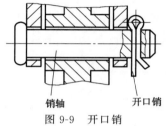

图 9-9　开口销

图 9-9 所示是开口销，也称为弹簧销。开口销与其他连接件配合使用，将开口销插入相应零件的孔中，并将开口销尾部扳开，即可防止两个零件的相对移动。

❓ 想一想

销连接有哪些类型？

第二节　螺纹连接

一、螺纹概述

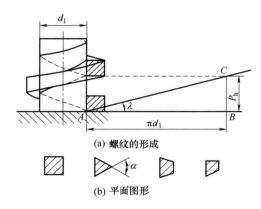

(a) 螺纹的形成

(b) 平面图形

图 9-10　螺纹的形成

在直径为 d_1 的圆柱面上，绕一底边长为 πd_1 的直角三角形 ABC，底边 AB 与圆柱体的底面重合，则斜边 AC 在圆柱表面上形成一条螺旋线，如图 9-10 所示。取一平面图形，使其一边与圆柱体的母线贴合，并沿螺旋线移动，移动时保持此平面图形始终通过圆柱体的轴线，此平面图形在空间形成的轨迹构成螺纹。

按照螺旋线的数目不同，螺纹有单线、双线或多线之分，在圆柱体表面上只有一条螺旋线形成的螺纹称为单线螺纹，在圆柱体表面上若有两条或两条以上等螺距螺旋线形成的螺纹，则为双线或多线螺纹。按螺纹的绕行方向，螺纹又可分为左旋螺纹和右旋螺纹，最常用的是右旋螺纹。螺纹按在内、外圆柱面的分布，又可分为内螺纹和外螺纹。在圆柱体外表面上形成的螺纹称为外螺纹，如螺栓的螺纹；在圆柱体内表面上形成的螺纹称为内螺纹，如螺母的螺纹。表 9-1 中列出了常用螺纹的类型。

表 9-1 常用螺纹的类型

类型	牙型图	特点和应用
普通螺纹		牙型为三角形，牙型角 $\alpha=60°$，牙顶和牙底处削平，当量摩擦系数大，自锁性好。适用于细小零件、薄壁零件，也用于受变载、冲击、振动的连接中和液压系统中一些连接及微调机构中
55°非密封螺纹		牙型为三角形，牙型角 $\alpha=55°$，牙顶和牙底有一定的圆角，内外螺纹旋合后，牙型间无间隙，密封性好，用于工作压力在 1.6MPa 以下的水、煤气管路、润滑和电线管路系统
矩形螺纹		牙型为正方形，牙型角 $\alpha=0°$，牙厚为螺距的一半，传动效率比其他螺纹高，但相同条件下，强度较低，精确加工困难，磨损后的间隙不易补偿，是非标准螺纹。常用于传动
梯形螺纹		牙型为等腰梯形，牙型角 $\alpha=30°$，与相同的矩形螺纹相比，效率略低，强度高、易加工、磨损后间隙可补偿，广泛应用于传动，如丝杠
锯齿形螺纹		牙型为矩形，工作面牙型侧角 $\beta=3°$，非工作面牙侧角 $\beta=30°$，锯齿形螺纹综合了矩形螺纹效率高和梯形螺纹强度高的优点，一般用于承受单向压力的传动螺纹，如锻压机械、轧钢机械的压力螺旋

以图 9-11 所示的普通外螺纹为例来说明螺纹基本参数。

① 大径 d（D） 螺纹的最大直径，即与外螺纹牙顶（或内螺纹牙底）相切的假想圆柱的直径，是螺纹的公称直径。

② 小径 d_1（D_1） 螺纹的最小直径，即与外螺纹牙底（或内螺纹牙顶）相切的假想圆柱的直径。在强度计算中常作危险截面的计算直径。

③ 中径 d_2（D_2） 一个假想圆柱的直径，该圆柱母线通过圆柱螺纹上牙厚与牙槽宽相

等的地方。$d_2 \approx (d_1 + d)/2$。它是确定螺纹几何参数关系和配合性质的直径。

④ 螺距 P　相邻两牙体上的对应牙侧与中径线相交两点间的轴向距离。

⑤ 导程 P_h　最邻近的两同名牙侧与中径线相交两点间的轴向距离。设螺旋线数为 n，则 $P_h = nP$。

⑥ 螺纹升角 λ　在中径圆柱上螺旋线的切线与垂直于螺纹轴线平面间的夹角。

⑦ 牙型角 α　在螺纹牙型上，两相邻牙侧间的夹角。

⑧ 牙侧角 β　在螺纹牙型上，一个牙侧与垂直于螺纹轴线平面间的夹角。

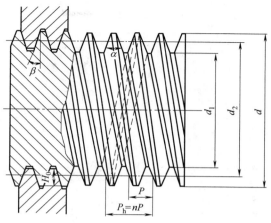

图 9-11　螺纹的主要参数

 想一想

常用螺纹类型有哪些？

二、螺纹连接的预紧与防松

螺纹连接在装配时必须拧紧，预紧的主要目的是增加连接的刚性，提高连接的紧密性、可靠性，防止连接松动。拧紧螺母时，被连接件受到预紧力′的作用。拧紧螺母所需的拧紧力矩，一要克服螺纹副间的摩擦力矩，二要克服螺母环形面与被连接件间的摩擦力矩。对于一般连接，可以不控制预紧力，预紧的程度靠经验而定，对于重要的螺纹连接（如气缸盖上的螺栓连接）应严格控制预紧力，以保证装配的质量，满足连接的强度和紧密性。控制预紧力矩方便的方法是采用图 9-12（a）所示的定力矩扳手或图 9-12（b）所示的测力矩扳手。

定力矩扳手［图 9-12（a）］的工作原理是当拧紧力矩超过规定值时，弹簧被压缩，扳手卡盘与圆柱销之间打滑，如果继续转动手柄，卡盘即不再转动。拧紧力矩的大小可利用尾部螺钉调整弹簧压紧力来加以控制。测力矩扳手［图 9-12（b）］的工作原理是根据扳手上的弹性元件，在拧紧力的作用下所产生的弹性变形来指示拧紧力矩的大小。

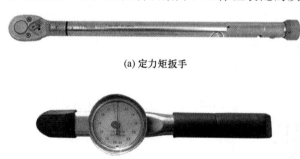

图 9-12　定力矩扳手和测力矩扳手

松动是螺纹连接最常见的失效形式之一。在静载荷和工作温度变化不大时，螺纹连接不会自动松脱。但是在冲击、振动或者变载荷作用下，螺纹连接会松脱。在交通、化工和高压密闭容器等设备装置中，螺纹连接的松动会造成重大事故，所以必须采取防松措施。螺纹防松分摩擦防松、机械防松和破坏螺纹副的防松。常用的防松方法见表 9-2。

表 9-2　螺纹连接常用的防松方法

防松方法		结构形式	特点及应用
摩擦防松	对顶螺母		利用两螺母的对顶作用,使螺栓始终受到附加的拉力和附加摩擦力的作用。结构简单,效果好,适用于平稳、低速和重载的连接
	弹簧垫圈		弹簧垫圈材料为弹簧钢,装配后垫圈被压平,其反弹力能使螺纹间保持压紧力和摩擦力。结构简单,使用方便,放松效果差,一般用于不重要的连接
	锁紧螺母		螺母上部为非圆形收口或开槽收口,螺栓拧入时张开,利用弹性使螺纹副横向压紧,防松可靠,可多次装拆
机械防松	开槽螺母与开口销		开槽螺母拧紧后,开口销穿过螺母槽和螺栓尾部的小孔。防松可靠,但装配不便,用于变载、振动部位的重要连接
	止动垫圈		用低碳钢制造单个或双联止动垫圈,用垫圈褶边固定螺母和被连接件的相对位置,防松效果好
	串联钢丝		用低碳钢丝穿入各螺钉的头部,将各螺钉串联起来,使其相互制动。使用时必须注意钢丝的穿入方向。适用于螺钉组连接,防松可靠,但装拆不便

防松方法		结构形式	特点及应用
破坏螺纹副的防松	粘结法	![涂黏合剂]	在旋合表面涂黏合剂,拧紧螺母后,黏合剂固化后防松
	冲点法		强迫螺母、螺栓螺纹副局部产生变形,防止其松动,但拆卸后螺母、螺栓不能重新使用

想一想

螺纹防松的方法有哪些?

第三节　联轴器、离合器、制动器

一、联轴器

联轴器主要是用于轴向连接两轴并传递运动和动力,有时也可作为一种安全装置,用来防止被连接机件承受过大的载荷,起到过载保护作用。在机器运转时,联轴器不能使两轴随时分离,只有在机器停止转动并将其拆开后,两轴才能分离。

联轴器所连接的两轴,由于存在着制造及安装误差、受载后的变形以及温度变化等影响因素,往往存在着轴向、径向或偏角等相对位置的偏移,如图9-13所示。故联轴器除了传递运动和动力外,还要求具有一定的补偿相对位移的能力。

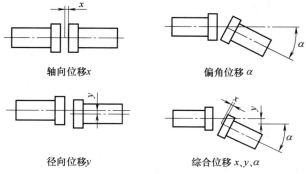

图9-13　两轴之间的相对位移

联轴器可分为刚性联轴器和弹性联轴器两大类。刚性联轴器又分为固定式和可移动式两类。固定式刚性联轴器不能补偿两轴间的相对位移;可移动式刚性联轴器能补偿两轴间的相对位移。弹性联轴器是利用联轴器中弹性元件的变形来补偿相对位移，还具有吸振和缓冲的能力。此外还有一些具有特殊用途的联轴器，如安全联轴器等。

1. 固定式刚性联轴器

固定式刚性联轴器包括套筒联轴器和凸缘联轴器两种。套筒联轴器是由连接两轴轴端的套筒和连接件（销或键）组成，如图 9-14 所示。这种联轴器的优点是结构简单、径向尺寸小、被连接的两轴能严格对中，缺点是装拆时因被连接轴需作轴向移动而使用不太方便，通常用于传递转矩较小、工作平稳、两轴严格对中并要求联轴器径向尺寸小的场合。图 9-14 (a) 所示为销连接套筒联轴器，当机械过载时，联轴器中的销被剪断，可起安全保护作用；图 9-14 (b) 所示为键连接套筒联轴器，联轴器中的螺钉起轴向定位作用。

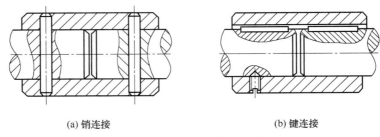

(a) 销连接   (b) 键连接

图 9-14 固定式刚性联轴器

分别用键与轴连接，两半联轴器用一组螺栓连接在一起。这种联轴器结构简单，能传递较大的转矩，对中精确可靠，因而应用广泛。缺点是不能缓冲和吸振，不能消除两轴的安装误差所引起的不良后果。凸缘联轴器的结构分 YLD 型和 YL 型两种。图 9-15 (a) 所示的 YLD 型是利用两半联轴器的凸肩和凹槽来对中，靠两个半联轴器接合面的摩擦来传递扭矩，多用于不常拆卸的场合。图 9-15 (b) 所示的 YL 型靠螺栓杆承受剪切来传递转矩，装拆方便，可用于经常装拆的场合。

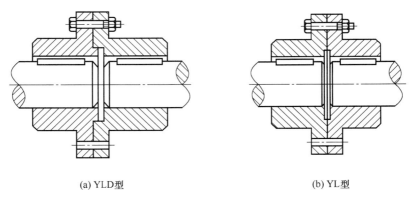

(a) YLD 型   (b) YL 型

图 9-15 凸缘联轴器

2. 可移动式刚性联轴器

（1）十字滑块联轴器

图 9-16 所示为十字滑块联轴器，包括两个在端面上具有径向通槽的半联轴器，和一个两端面上均具有相互垂直凸缘的滑块组成，滑块能在半联轴器的凹槽中滑动，故可补偿安装和运转时两轴间的相对位移和倾斜。一旦两轴间有偏移，中间滑块就会产生很大的离心力，故其工作转速不宜过大，一般用于低速、轴的刚性较大、无剧烈冲击的场合。

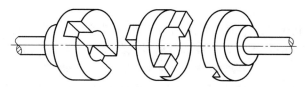

图 9-16　十字滑块联轴器

（2）齿轮联轴器

如图 9-17 所示，齿轮联轴器是由两个带有内齿的外套筒 3 和两个带有外齿的内套筒 1 组成。两个内套筒分别用键与主、从动轴相连，两个外套筒用螺栓 4 连成一体，依靠内外齿相啮合传递动力。为了减少磨损，由油孔注入润滑油，并在内套筒 1 和外套筒 3 之间装有密封圈 2 以密封。由于内、外齿啮合时具有较大的顶隙和侧隙，因此这种联轴器具有径向、轴向和角度等综合补偿功能，且补偿位移功能强、传递动力大，但由于结构复杂、笨重、制造成本高，故常用于重载高速的水平轴连接。

（3）万向联轴器

如图 9-18 所示，万向联轴器是由两个分别装在两轴端的叉形接头和一个十字销组成的。十字销分别与固定在两根轴上的叉形接头用铰链连接，从而形成一个可动的连接，这种联轴器允许两轴间有较大的夹角，而且在运转过程中夹角发生变化仍可正常工作。

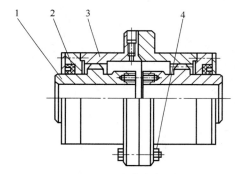
图 9-17　齿轮联轴器

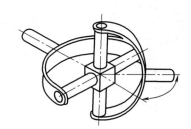
图 9-18　万向联轴器

这种联轴器的缺点是当两轴夹角 α 不等于零时，虽然主动轴以匀角速度 ω_1 转动，但从动轴的瞬时角速度 ω_2 并不是常数，而是在一定范围内变化，从而引起附加动载荷。为了改善这种情况，常将万向联轴器成对使用，组成双万向联轴器，如图 9-19 所示。但安装时应保证主、从动轴与中间轴的夹角相等，而且中间轴的两端形接头应在同一平面内，这样才可以保证 $\omega_1 = \omega_2$。

图 9-19　双万向联轴器

万向联轴器的结构紧凑、维修方便、能补偿较大的角位移，广泛用于汽车、轧钢机、矿山及其他重型机械的传动系统中。

3. 弹性联轴器

弹性联轴器是利用其内部装有弹性元件的变形来补偿两轴间的线位移和角位移，有缓冲和吸振的能力，适合于承受变载荷、频繁启动以及经常正反转的场合，尤其在高速轴上应用十分广泛。常用的弹性联轴器有弹性套柱销联轴器、弹性柱销联轴器、轮胎式联轴器等。

图 9-20 所示为弹性套柱销联轴器，利用弹性套的弹性变形来补偿两轴的相对位移。这种联轴器重量轻结构简单、装拆方便、易于制造，但存在着弹性套容易磨损和老化、寿命较短等缺点，故适用于启动频繁、载荷较平稳的中、小功率传动中，使用温度限制在 $-20°\sim 50℃$ 的范围内。

弹性柱销联轴器如图 9-21 所示，与弹性套柱销联轴器很相似，仅是用尼龙柱销代替弹性套柱销。与弹性套柱销联轴器相比较，其传递转矩的能力更大、结构更为简单、安装制造更为方便、寿命更长，也有一定的缓冲和吸振能力，允许被连接两轴间有一定的轴向位移以及少量的径向位移和角位移，适用于轴向窜动较大、正反转或启动频繁的场合。由于尼龙对温度较敏感，故使用温度限制在 $-20°\sim 70℃$ 的范围内。

轮胎式联轴器如图 9-22 所示，是用橡胶或橡胶织物制成轮胎状的弹性元件，两端用压板及螺钉分别压在两个半联轴器上。这种联轴器弹性变形大，具有良好的吸振能力，能有效地降低载荷和补偿较大的相对位移，适用于启动频繁、正反转、冲击振动严重的场合。

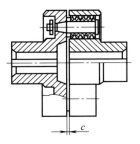

图 9-20 弹性套柱销联轴器

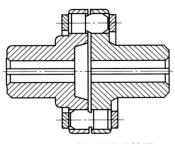

图 9-21 弹性柱销联轴器

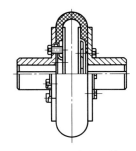

图 9-22 轮胎式联轴器

? 想一想

联轴器的类型有哪些？

二、离合器

离合器亦用于两轴之间的轴向连接，在机器运转过程中可随时完成两轴的平稳接合或分离。

1. 牙嵌式离合器

如图 9-23 所示，牙嵌式离合器由两个端面带牙的半离合器 1、2 组成，主动半离合器 1 用键紧配在主动轴上，另一半离合器 2 用导向平键与从动轴连接，通过拨动滑环 3 使其沿轴向移动，使离合器分离或接合。主动轴上的半离合器内装有对中环 4，从动轴可在对中环中自

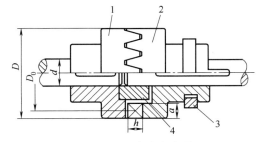

图 9-23 牙嵌式离合器

由转动。牙嵌式离合器的常用牙型有三角形、矩形、梯形和锯齿形,如图 9-24 所示。三角形牙离合器接合与分离方便,但磨损快、牙强度较弱、传递动力小,适用于低速;矩形牙不便于接合与分离,牙侧面磨损后无法补偿其间隙,故使用较少;梯形牙强度高、传递动力大、可以双向工作,能自动补偿由于磨损造成的牙侧间隙,能避免牙侧间隙产生的冲击,故应用广泛;锯齿形容易磨合,且牙根强度高,能传递很大的动力,但只能单向工作。

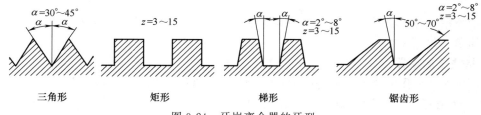

图 9-24 牙嵌离合器的牙型

2. 摩擦离合器

摩擦离合器利用离合器摩擦片接触面间的摩擦力来传递动力。摩擦离合器的类型很多,常用的是圆盘摩擦离合器,其又可分为单片式和多片式两种。图 9-25 所示为单片圆盘摩擦离合器。圆盘 1 用平键与主动轴连接,圆盘 2 用导向平键与从动轴连接,通过拨动滑环 3 使其轴向移动,实现离合器的分离或接合。轴向压力 F_a 使两圆盘压紧以产生摩擦力。摩擦离合器在正常的接合过程中,从动轴转速从零逐渐加速到主动轴的转速,因而两摩擦面不可避免地会发生相对滑动,这种相对滑动要消耗一部分能量,并引起摩擦片的磨损和发热。因此,单片圆盘摩擦离合器多用于转矩较小的轻型机械。

图 9-26 所示为多片圆盘摩擦离合器。主动轴 1 用键与外壳 2 相连接;一组外摩擦片的外圆与外壳之间通过花键连接,组成主动部分。从动轴 3 也用键与套筒 4 相连接,另一组内摩擦片的内圈与套筒之间也通过花键连接,组成从动部分。两组摩擦片交错排列,当滑环 7 沿轴向移动时,将拨动曲臂压杆 8,使压板 9 压紧或松开两组摩擦片,实现离合器的接合与分离。通常内摩擦片做成中部凸起的蝶形,如图 9-26(d)所示。在离合器分离时能借助其弹性自动恢复原状,有利于离合的平稳分离和接合。

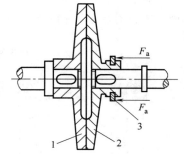

图 9-25 单片圆盘摩擦离合器

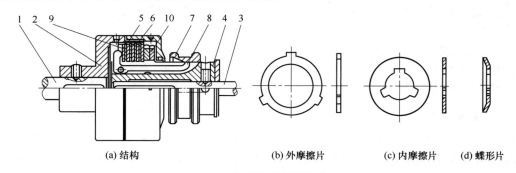

(a) 结构　　(b) 外摩擦片　　(c) 内摩擦片　　(d) 蝶形片

图 9-26 多片圆盘摩擦离合器

1—主动轴;2—外壳;3—从动轴;4—套筒;5、6—摩擦片;7—滑块;
8—曲臂压杆;9—压板;10—调节螺母

> **想一想**
>
> 离合器有哪些类型？

三、制动器

制动器用于保护机械安全、控制机械速度。对制动器的要求是制动可靠、操纵灵活、散热好、体积小等。

1. 抱块式制动器

如图 9-27 所示为常闭（通电时松闸，断电时制动）抱块式制动器。主弹簧 3 通过制动臂 4 使闸瓦块 2 压紧在制动轮 1 上，制动器处于闭合状态，当松闸器 6 通电时，电磁力顶起立柱 7，通过推杆 5 和制动臂 4 操纵闸瓦块 2 松开制动轮 1，停止制动。闸瓦块 2 的磨损可以通过调节推杆 5 的长度来进行补偿。抱块式制动器结构简单、性能可靠、制动力矩调整方便且散热较好，但制动力矩较小，且外形尺寸较大，一般用于制动频繁且空间较大的场合。

2. 内涨蹄式制动器

图 9-28 所示是内涨蹄式制动器。制动蹄 2 和 7（外表面安装了摩擦片 3）的一端分别通过销轴 1 和 8 与机架铰接，另一端与双向作用泵 4 的左右两个活塞接触，当双向作用泵工作时，两个制动蹄 2 和 7 被活塞推开压紧在制动轮 6 上，起到制动作用，当系 4 活塞收起后，压力油卸载后，两个制动蹄 2 和 7 在弹簧 5 的作用下与制动轮 6 备，停止制动。这种制动器结构紧凑，在各种车辆及结构尺寸受限制的机械中应用广泛。

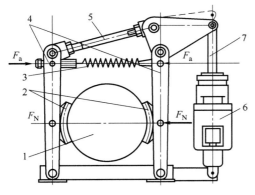

图 9-27 常闭抱块式制动器
1—制动轮；2—闸瓦块；3—主弹簧；4—制动臂；
5—推杆；6—松闸器；7—立柱

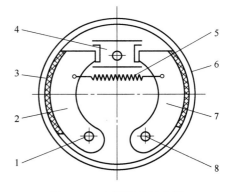

图 9-28 内涨蹄式制动器
1、8—销轴；2、7—制动蹄；3—摩擦片；
4—双向作用泵；5—弹簧；6—制动轮

3. 带式制动器

如图 9-29 所示是由杠杆控制的带式制动器。其制动力 F_Q 通过杠杆放大后使环绕于制动的轮缘上的钢带张紧，从而实现制动。这种制动器的结构简单、制动力矩较大，但被制动的轮轴要受到弯矩作用，制动带通常会磨损不均，工作过程中的发热也较大，故常在一些小型起重机械和汽车的制动中应用。

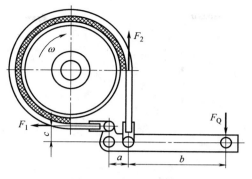

图 9-29 带式制动器

想一想

制动器有哪几种类型？

思考与练习

1. 键连接的类型有哪些？各具什么特点？
2. 普通平键有哪几种结构形式？
4. 常用的螺纹牙型有哪几种？各有何特点？
5. 螺纹的主要参数有哪些？
6. 螺纹预紧的目的是什么？
7. 联轴器和离合器的主要功用是什么？各有哪些类型？
8. 制动器的主要功能是什么？有哪些类型？各个类型适用于哪种场合？

思政园地

大国工匠——"深海钳工"管延安

管延安，1977年出生，山东诸城人，中共党员，中交一航局二公司总技师。管延安2013年4月参建港珠澳大桥，时任中交港珠澳大桥岛隧工程Ⅴ工区航修队钳工，负责沉管二次舾装、管内电气管线、压载水系统等设备的拆装维护以及船机设备的维修保养等工作。他用一把扳手，拧了60多万颗螺丝，每一颗都做到了零失误，实现了港珠澳大桥沉管隧道"滴水不漏"，作为中交一航局港珠澳大桥一名深海钳工，见证了这项超级工程的伟大崛起。港珠澳大桥沉管隧道是世界上规模最大的公路沉管隧道和唯一的深埋沉管隧道。作为"大国工匠"，他追求完美和极致，既专业又敬业，倡导一丝不苟，精益求精，发扬工匠精神，经他手安装的沉管设备，无一次出现问题。导向杆和导向托架的安装是高精度作业，要求接缝处间隙误差不得超过正负1毫米，管延安能做到零缝隙。管延安与沉管安装团队一道克服艰难险阻，圆满完成33节沉管出运安装。习总书记接见了包括管延安在内的大桥建设者，他说："港珠澳大桥的建设创造了多项世界之最，促进了粤港澳大湾区的建设，克服了很多世界性难题，建设者功不可没，我为你们感到自豪。"

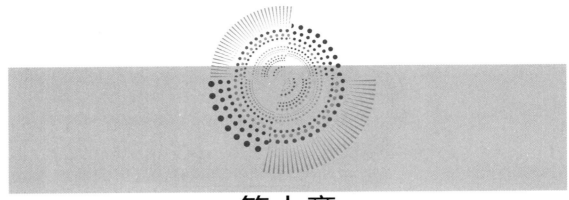

第十章 轴系零件

知识脉络图

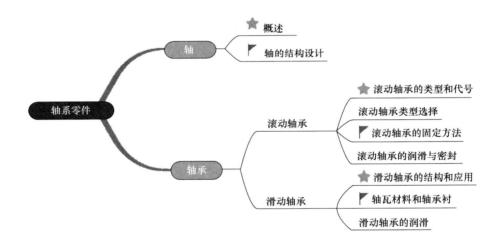

学习目标

□ 了解轴的分类、应用、材料，理解轴的结构要求、结构工艺和拆装要求；
□ 掌握滚动轴承和滑动轴承的类型和结构，了解轴承的润滑和密封；
□ 培养自身精雕细琢、精益求精的职业精神。

第一节　轴

一、轴的概述

轴是组成机器的重要零件之一。轴的主要功用是支承旋转零件（如齿轮、蜗轮等），并传递运动和动力。轴的类型很多，根据轴所承受的载荷不同，轴可分为转轴、传动轴和心轴三种。心轴用来支撑转动零件，只承受弯矩而不传递转矩。它又可分为转动心轴和固定心轴两种。如图 10-1 所示。转轴兼有支撑和传递转矩的作用，如图 10-2 所示，是机器中最常见的轴，工作时既承受弯矩又承受转矩。机械中大多数轴都是转轴，如安装带轮、链轮和齿轮的轴。传动轴如图 10-3 所示，主要用于传递转矩不承受弯矩。

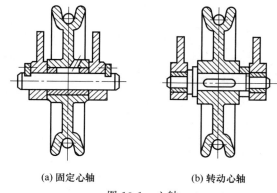

(a) 固定心轴　　(b) 转动心轴

图 10-1　心轴

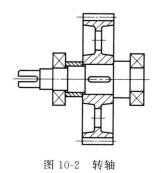

图 10-2　转轴

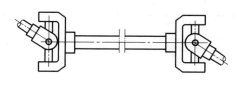

图 10-3　传动轴

按照形状分类，轴分为直轴、挠性轴、曲轴，如图 10-4 所示。直轴的各旋转面具有同一旋

(a) 直轴 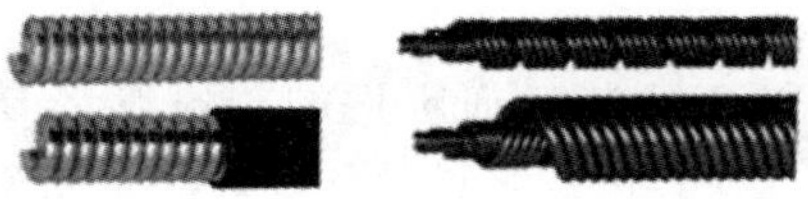　　　　　　　　　(b) 挠性轴　　　　　　　　　(c) 曲轴

图 10-4　轴的形状分类

转中心。挠性轴由几层紧贴在一起的钢丝层构成,能把旋转运动和扭矩灵活地传递到空间任何位置,但不能承受弯矩,多用于传递扭矩不大的传动装置。曲轴有几根不重合的轴线,多用于往复式机械中。

轴的材料主要采用碳素钢和合金钢,也可以采用合金铸铁或球墨铸铁。轴的常用材料及主要力学性能见表 10-1。

表 10-1 轴的常用材料及主要力学性能

材料牌号	热处理方法	毛坯直径/mm	硬度 HBS	抗拉强度 R_m/MPa	屈服强度 R_{eH}/MPa	弯曲疲劳极限 σ_{-1}/MPa	应用范围
Q235A	—	—	—	440	240	200	用于不重要或载荷不大的轴
35	正火	≤100	143~187	520	270	250	有较好的塑性及强度,用于一般曲轴、转轴等
45	正火 调质	≤100 ≤200	170~217 217~255	600 650	300 360	275 300	用于较重要的轴,应用最为广泛
40Cr	调质	≤100	241~286	750	550	350	用于载荷较大,尺寸较大的重要轴或齿轮轴
40MnB	调质	≤200	241~286	750	500	330	性能类似 40Cr,用于重要的轴
35CrMo	调质	≤100	207~269	750	550	330	用于重载荷轴或齿轮轴
20Cr	渗碳淬火回火	≤60	HRC 56~62	650	400	280	用于强度、韧性及耐磨性均高的轴
QT400-15	—	—	156~197	400	300	145	用于结构形状复杂的轴
Q6400-3	—	—	197~269	600	215	215	

想一想

轴的功用是什么?有哪几种类型?

二、轴的结构设计

1. 轴的组成部分

轴通常由轴头、轴颈、轴肩、轴环及装任何零件的轴段等部分组成,如图 10-5 所示。轴上安装滚动轴承的部位称为轴颈,安装传动零件(如齿轮、皮带轮)的部位称为轴头,连接轴颈与轴头的部分称为轴身,用于轴上零件轴向定位的台阶部分称为轴肩,轴上轴向尺寸较小而直径最大的环形部分称为轴环,仅为了方便零件的安装而设置的阶梯称为非定位轴肩。

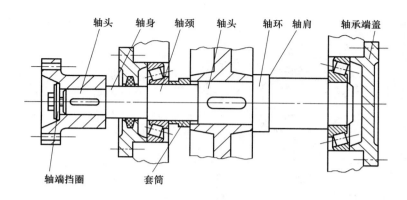

图 10-5 轴的组成

轴的结构和形状取决于下面几个因素：①轴的毛坯种类；②轴上作用力的大小及其分布情况；③轴上零件的位置、配合性质及连接固定的方法；④轴承的类型、尺寸和位置；⑤轴的加工方法、装配方法及其他特殊要求。因此，设计轴时要全面考虑各种因素。轴的结构设计主要是确定轴的结构形状和尺寸。一般在进行结构设计时的已知条件有：机器的装配简图、轴的转速、传递的功率、轴上零件的主要参数和尺寸等。

2. 轴上零件的固定

（1）轴上零件的轴向定位及固定

为防止轴上零件沿轴向移动，应对它们进行轴向固定和定位。常用的轴上零件的轴向定位及固定方法见表 10-2。

表 10-2 轴上零件的轴向定位及固定方法

固定方法	简图	特点与应用
轴肩与轴环固定		利用定位轴肩和轴环对轴上零件进行定位，是轴上零件基本的轴向定位方式，它能承受大的轴向载荷，且定位可靠
套筒固定		结构简单，定位可靠，不需在轴上加设阶梯，减少了对轴的强度削弱，一般用于零件间距较小的场合

续表

固定方法	简图	特点与应用
圆螺母加止退垫圈或双螺母固定	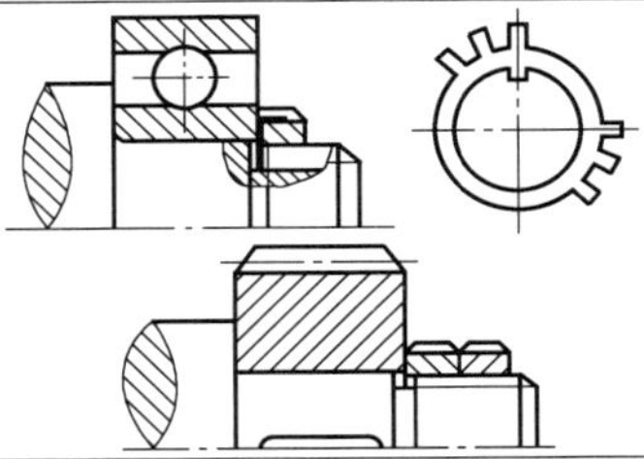	多用于轴端零件的固定,也可用于轴的中部,可承受较大的轴向力,并可在振动和冲击载荷下工作
轴用弹性挡圈固定	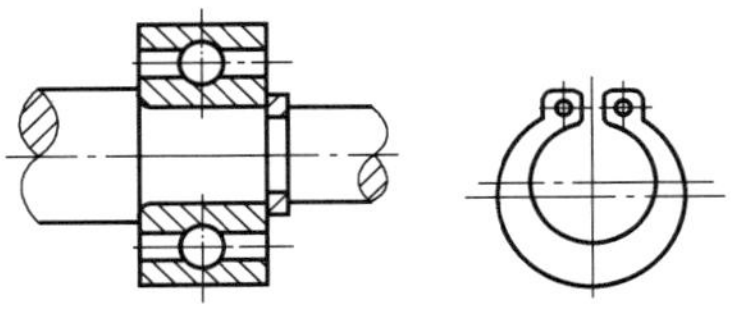	轴用弹性挡圈与轴肩形成双向固定,只能承受很小的轴向载荷,常用于固定滚动轴承弹性
圆锥面与轴端挡圈固定	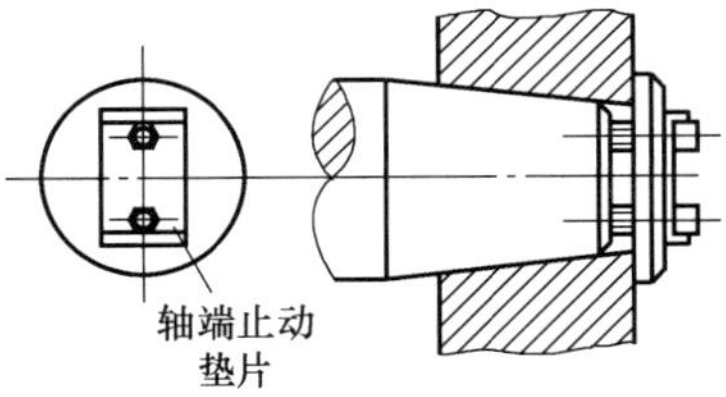	拆装方便,固定可靠,可承受较大的轴向力并能兼顾周向固定。多用于高速、冲击、振动,且对中精度要求高的场合
轴端挡圈固定	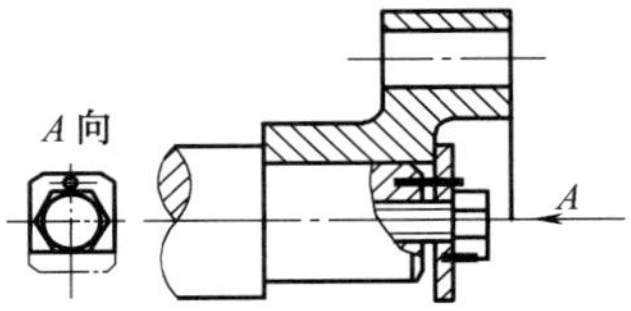	用于轴端零件的固定,使用可靠,能承受较大的轴向力和冲击载荷
锁紧挡圈固定	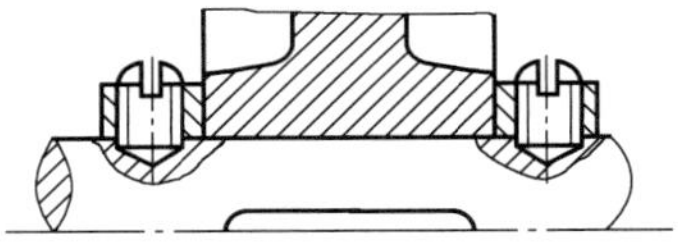	常用于光轴上零件的固定,结构简单,只能承受较小的周向力和轴向力
紧定螺钉固定	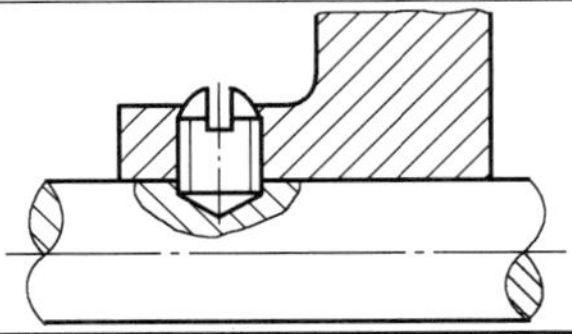	同时具有周向固定的作用,只能承受很小的载荷且转速较小的场合

(2) 轴上零件的周向固定

为了传递运动和转矩,防止轴上零件相对轴的转动,轴和轴上零件必须可靠沿周向固定。周向固定方式的选择要根据传递转矩的大小和性质、轮毂与轴的对中要求、加工的难易等因素来决定。常用的周向固定方法有键连接、花键连接、销钉连接、过盈配合连接及型面配合等,这些连接统称为轴毂连接。

3. 轴的结构工艺性

轴的形状应力求简单,阶梯轴的级数应尽可能少。轴颈、轴头的直径应取标准值,直径的大小由与之相配合的零部件的内孔决定。轴身尺寸应取以 mm 为单位的整数,最好取偶数或 5 的倍数。为减小应力集中,轴肩处应有过渡圆角,过渡圆角半径应小于零件孔的圆角半径。为便于轴上零件的安装,轴端应有倒角,轴上需磨削处应设越程槽,如图 10-6 (a)

所示。需车螺纹处应设退刀槽,如图 10-6 (b) 所示。轴上多处有键槽时,键槽应在同一母线上,如图 10-6 (c) 所示。轴两端应设中心孔,以便于加工和检验。轴上各段的键槽、圆角半径、倒角、中心孔等尺寸应尽可能统一。轴与零件过盈配合时,装入端需加工出导向圆锥面,如图 10-6 (d) 所示。轴肩高度不能妨碍零件拆卸,轴的结构应能保证各零件装配时不损伤其他零件的配合表面。

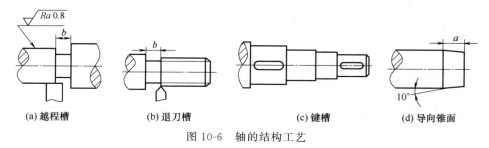

图 10-6　轴的结构工艺

❓ 想一想

举例说明轴上零件轴向和周向的固定和定位方法。

第二节　轴承

轴承在机器中用于支承轴,保持轴的正常工作位置和旋转精度,减小轴与轴承座间的摩擦。根据轴承工作时摩擦性质的不同,轴承可分为滚动轴承和滑动轴承两大类,如图 10-7 和 10-8 所示。其中滚动轴承在工程实际中应用非常广泛,其参数已经标准化,大多由专门的厂家生产。

图 10-7　滑动轴承

图 10-8　滚动轴承

一、滚动轴承

1. 滚动轴承的类型和代号

滚动轴承结构如图 10-9 所示,一般由内圈 1、外圈 2、滚动体 3 和保持架 4 四部分组成。一般情况下,内圈与轴一起运转;外圈装在轴承座中起支承作用;用保持架将滚动体均匀隔开，避免各滚动体之间直接接触而相互摩擦；有些滚动轴承没有内圈、外圈或保持架，但滚动体为其必备的主要元件。常见滚动体形状如图 10-10 所示。滚动体具有良好的接触疲劳强度和冲击韧性，一般采用 GCr15、GCr15SiMn、GCr6、GCr9 等合金钢材料，经热处理后表面硬度可达 61~65HRC。保持架多用低碳钢通过冲压成形方法制造，根据要求也可采用非铁金属或塑料等材料。

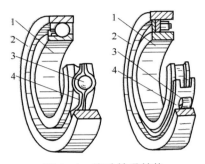

图 10-9 滚动轴承结构
1—内圈；2—外圈；3—滚动体；4—保持架

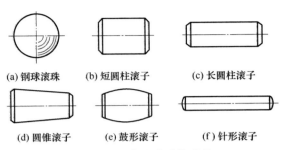

(a) 钢球滚珠　(b) 短圆柱滚子　(c) 长圆柱滚子
(d) 圆锥滚子　(e) 鼓形滚子　(f) 针形滚子

图 10-10 常见滚动体形状

滚动轴承的类型很多，国标 GB/T271-2008《滚动轴承分类》对滚动轴承的分类方法进行了详细的规定。

按轴承承受载荷的方向或接触角的不同　可分为向心轴承和推力轴承。当轴承接触角 $\alpha=0$ 时，轴承只承受径向载荷，称为径向接触轴承；当 $0°<\alpha\leqslant 45°$ 时，轴承主要承受径向载荷，称为角接触向心轴承。当 $45°<\alpha<90°$ 时，轴承主要承受轴向载荷，也可承受较小的径向载荷，这类轴承称为角接触推力轴承。当 $\alpha=90°$ 时，轴承只承受轴向载荷，称为轴向接触轴承。

按滚动体的类型，轴承可分为球轴承和滚子轴承。当轴承的滚动体为球时，称为球轴承，这类轴承与滚道表面接触为点接触，摩擦系数小，高速性能好，但承载能力小，承受冲击能力也小。当轴承的滚动体不是球时，称为滚子轴承，主要包括圆柱滚子轴承、滚针滚子轴承、圆锥滚子轴承和调心滚子轴承等，这类轴承与滚道表面接触为线接触，摩擦系数大，高速性能较球轴承稍差，但承载能力较大，承受冲击能力也大。

按滚动体的列数，轴承可分为单列、双列及多列。

按工作时轴承能否起调心作用，可分为调心轴承和非调心轴承。

按安装轴承时其内、外圈可否分别安装，分为可分离轴承和不可分离轴承。

常用滚动轴承的类型、代号及特性见表 10-3。

表 10-3 常用滚动轴承的类型、代号及特性

轴承名称及类型代号	结构简图及承载方向	极限转速	允许偏位角	主要特性及应用
深沟球轴承 60000		高	8°~16°	主要承受径向载荷，也可承受一定的双向轴向载荷，价格低，应用较广

续表

轴承名称及类型代号	结构简图及承载方向	极限转速	允许偏位角	主要特性及应用
调心球轴承 10000		中	2°～3°	主要承受径向载荷,也能承受较小的轴向载荷,可自动调心,主要用于刚性较小的长轴、多支点轴或各轴孔不能保证同心的场合
圆柱滚子轴承 N0000(外圈无挡边), NU0000 (内圈无挡边)		较高	2°～4°	承受较大的径向载荷,但不能受轴向载荷,内外圈可分离,装拆方便,主要用于刚度大和对中性好的轴
调心滚子轴承 20000C(CA)		低	0.5°～2°	与调心轴承相似,但能承受很大的径向载荷和较小的轴向载荷,主要用于重型机械
滚针轴承 NA0000(有内圈),RNA0000 (无内圈)	NA0000 RNA0000	低	0	只能承受很大的径向载荷,径向尺寸很小;一般无保持架,因而滚针间有摩擦,极限转速很低,且不允许有偏位角。多用于转速低、径向尺寸受限制的场合
角接触轴承 70000C, 70000AC, 70000B		较高	2°～10°	能同时承受径向、轴向载荷共同作用;接触角越大,承受轴向载荷的能力越大。适用于较高转速且径向与轴向载荷同时存在的场合,成对使用
圆锥滚子轴承 30000		中	2°	有 $\alpha=10°～18°$ 和 $27°～30°$ 两种,能同时承受径向、轴向载荷共同作用,承载能力高于角接触球轴承。极限转速低,内外圈可分离,便于调节轴承间隙,成对使用

轴承名称及类型代号	结构简图及承载方向	极限转速	允许偏位角	主要特性及应用
推力球轴承 52000		低	0	只能承受轴向载荷，不允许有偏位角，极限转速低，套圈可分离。用于轴向载荷大、转速低的场合。可与深沟球轴承共同使用
推力调心滚子轴承 29000		中	1°～2.5°	能承受很大的轴向载荷和很大的径向载荷。多用于重型机械

滚动轴承的代号由基本代号、前置代号和后置代号构成，见表10-4。

表10-4 滚动轴承代号的构成

前置代号	基本代号			后置代号							
字母	数字或字母	尺寸系列代号		数字	1	2	3	4	5	6	7	8
		数字	数字									
成套轴承分部件代号	类型代号	宽度系列代号	直径系列代号	内径代号	内部结构	密封与防尘套圈变型	保持架及其材料	轴承材料	公差等级	游隙	配置	其他

其中，类型代号用数字或大写拉丁字母表示，见表10-5。

表10-5 常用滚动轴承类型代号

轴承类型	代号	轴承类型	代号
双列角接触轴承	0	角接触球轴承	7
调心球轴承	1	推力圆柱滚子轴承	8
调心滚子轴承和推力调心滚子轴承	2	圆柱滚子轴承	N
圆锥滚子轴承	3	外球面球轴承	U
推力球轴承	5	四点接触球轴承	QJ
深沟球轴承	6		

轴承宽度系列代号有8、0、1、2、3、4、5、6，宽度尺寸依次递增。直径系列代号有7、8、9、0、1、2、3、4、5，外径尺寸依次递增。内径代号表示轴承的内径尺寸，见表10-6。

表10-6 轴承内径代号

轴承公称直径 d/mm		内径代号
10～17	10	00
	12	01
	15	02
	17	03

续表

轴承公称直径 d/mm	内径代号
20～495 （22、28、32 除外）	用内径除以 5 得的商数表示。当商数只有个位数时，需在十位数处用 0 占位
≥500 以及 22、28、32	用内径毫米数直接表示，并在尺寸系列代号与内径代号之间用"/"号隔开

当轴承的结构、形状、公差和技术要求等有改变时，在轴承基本代号左边加前置代号，在轴承基本代号右边加后置代号来表示。前置代号很少用到，可查有关标准。后置代号与基本代号之间空半个汉字距离或用符号"－""/"分隔，具体含义可查轴承国家标准。

例如，滚动轴承代号 30210/p6x 和 61202 的意义分别如下：

滚动轴承 30210/p6x：

3—圆锥滚子轴承；0—宽度系列代号为 0；2—直径系列代号为 2；10—轴承内径为 $d=50$mm；P6x—公差等级为 6x 级。

滚动轴承 61202：

6—深沟球轴承；1—宽度系列代号为 1；2—直径系列代号为 2；02—轴承内径 $d=15$mm；公差等级为 0 级（代号/p0 省略）。

2. 滚动轴承类型的选择

在选用轴承时，首先要确定轴承的类型。轴承类型选择要考虑以下几个方面。

① 载荷。轴承在工作时所承受载荷的大小、方向和性质是轴承类型选择的主要依据。滚子轴承能承受的载荷一般比球轴承大。当只有轴向载荷时，应选用推力轴承；当只有径向载荷时，应选用深沟球轴承、圆柱滚子轴承或滚针轴承。当同时受径向载荷和轴向载荷作用时，若轴向载荷较小，可选用深沟球轴承或接触角较小的角接触轴承、圆锥滚子轴承；若轴向载荷较大，可选用接触角较大的角接触球轴承、圆锥滚子轴承；若轴向载荷很大而径向载荷较小，宜选用角接触推力轴承或者向心轴承和推力轴承组合。

② 转速。相对来说，深沟球轴承、角接触球轴承和圆柱滚子轴承的极限转速较高，适用于高速；推力轴承受离心力影响，只适用于低速。

③ 调心。当由于各种原因不能保证两个轴承座空间的同轴度或轴的挠度较大时，应选用调心球轴承或调心滚子轴承。

④ 装调。在选择轴承类型时，要考虑到轴承的安装与调整是否方便。

⑤ 经济。在满足使用要求的前提下，尽量选用低价格的轴承。一般来讲，球轴承比滚子轴承价格低，轴承的公差等级越高其价格也越高，深沟球轴承价格最低。

3. 滚动轴承的固定方法

（1）单个轴承的轴向固定

图 10-11 所示为单个轴承内圈轴向固定的常用方法。图 10-11（a）是利用轴肩做单向固定，能承受较大的单向轴向力；图 10-11（b）是利用轴肩和弹性挡圈做双向固定，挡圈能承受较小的轴向力；图 10-11（c）是利用轴肩和轴端挡板做双向固定，挡板能承受一般大小的轴向力；图 10-11（d）是利用轴肩和圆螺母（加止动垫圈机械锁紧）做双向固定，能承受很大的轴向力。

图 10-12 所示为单个轴承外圈轴向固定的常用方法。图 10-12（a）利用轴承盖做单向固

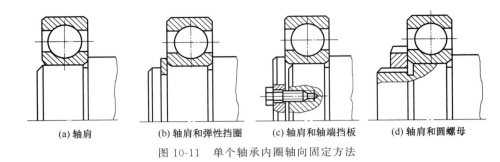

图 10-11　单个轴承内圈轴向固定方法

定，可承受较大的轴向力；图 10-12（b）利用孔内凸肩和孔用弹性挡圈做双向固定，可承受较小的轴向力，图 10-12（c）利用孔内凸肩和轴承盖做双向固定，能承受大的轴向力。

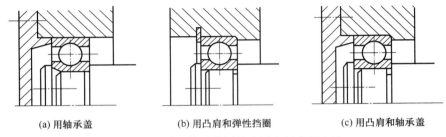

图 10-12　单个轴承外圈轴向固定的常用方法

（2）轴承组合的轴向固定

轴承组合的轴向固定主要有两种方式。

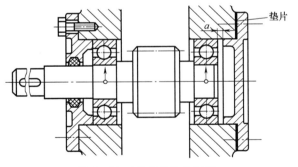

图 10-13　双支点单向固定

① 双支点单向固定　如图 10-13 所示，轴的两端轴承作为两个支点，每个支点都能限制轴的一个单向运动，两个支点合起来就可限制轴的双向运动。主要用于温度变化不大的短轴，可承受轴向载荷。考虑到轴受热后的膨胀伸长，在轴承端盖与轴承外圈端面之间留有补偿间隙。

② 单支点双向固定　如图 10-14（a）所示，轴的两个支点中只有左端的支点限制轴的双向移动，承受轴向力，右端的支点可做轴向移动（称为游动支承），不能承受轴向载荷。该固定方式适用于温度变化较大的长轴。

在选择滚动轴承作为游动支承时，如选用深沟球轴承，应在轴承外圈与端盖之间留有适当间隙[图 10-14（a）]；如选用圆柱滚子轴承[图 10-14（b）]，可以靠轴承本身具有内、外圈可分离的特性达到游动目的，但这时内外圈均需固定。

4. 滚动轴承的润滑和密封

滚动轴承润滑的目的是减少摩擦与磨损。常用的润滑剂有润滑油和润滑脂两种，某些特殊情况下用固体润滑剂。润滑方式可根据轴承的 dn 值来确定，d 为轴承内径，n 是轴承的转速。适用于脂润滑和油润滑的 dn 值界限列于表 10-7 中，可作为选择润滑方式时的参考。

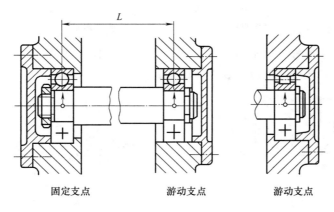

(a) 游动端用深沟球轴承　　(b) 游动端用圆柱滚子轴承

图 10-14　单支点双向固定

表 10-7　适用于脂润滑和油润滑的 dn 值界限　　　　10^4 mm·r/min

轴承类型	脂润滑	油润滑			
		油浴	滴油	循环油（喷油）	油雾
深沟球轴承	16	25	40	60	>60
调心球轴承	16	25	40	—	—
角接触球轴承	16	25	40	60	>60
圆柱滚子轴承	12	25	40	60	>60
圆锥滚子轴承	10	16	23	30	
调心滚子轴承	8	12		25	
推力球轴承	4	6	12	15	

脂润滑能承受较大的载荷，且润滑脂不易流失，结构简单，便于密封和维护。润滑脂常常采用人工方式定期更换，润滑脂的加入量一般应是轴承内空隙体积的 1/2～1/3。速度较高或工作温度较高的轴承都采用油润滑，润滑和散热效果均较好，但润滑油易于流失。

滚动轴承密封的作用是防止外界灰尘、水分等进入轴承，并阻止轴承内润滑剂流失。密封方法可分为接触式密封和非接触式密封两大类。接触式密封常用的有毛毡圈密封、唇形密封圈密封等。图 10-15（a）为采用毛毡圈密封的结构，其结构简单、价格低廉，但毡圈易于磨损，常用于工作温度不高的脂润滑场合。图 10-15（b）为采用唇形密封圈密封的结构，密封效果好，但在高速时易于发热。

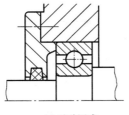
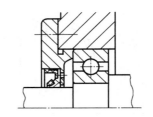

(a) 毛毡圈式　　　　　　(b) 唇形密封圈式

图 10-15　接触式密封

处于高速工作状态的轴承多采用与转轴无直接接触的非接触式密封，以减少摩擦功耗和发热。非接触式密封常用的有油沟式密封、迷宫式密封等结构。图 10-16（a）为采用油沟密封的结构，在油沟内填充润滑脂密封，其结构简单，适于轴颈速度 $v \leqslant 5 \sim 6 \mathrm{m/s}$。图 10-16（b）为采用曲路迷宫式密封的结构，适于高速场合。

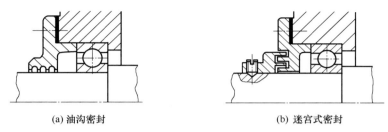

(a) 油沟密封　　　　　　　　　(b) 迷宫式密封

图 10-16　非接触式密封

 想一想

滚动轴承的主要类型有哪些？

二、滑动轴承

滑动轴承是工作时轴承和轴颈间形成直接或间接滑动摩擦的轴承，它具有结构简单、安装方便、噪音小、抗震性能好、承载能力强和工作寿命长等优点，广泛地应用于汽轮机、精密机床和重型机械等设备中。

1. 滑动轴承的结构和分类

按承载方向不同，滑动轴承可分为向心滑动轴承（径向滑动轴承）和推力滑动轴承两大类。前者主要承受径向力，按结构形式主要有整体式、部分式和自动调心式三种；后者主要承受轴向力。滑动轴承一般由轴承座、轴瓦（或轴套）、润滑装置和密封装置等部分组成。

（1）向心滑动轴承

① 整体式。整体式向心滑动轴承既可将轴承与机座做成一体，也可由轴承座和轴套组成，见图 10-17。轴承座顶部设有装润滑油杯的螺纹孔。轴承套用减摩材料制成，压入轴承座孔内，其上开有油孔，内表面上开有油沟，以输送润滑油。这种轴承结构简单，制造方便，造价低。但轴承只能从轴端部装入或取出，拆装不便；而且轴承磨损后，无法调整轴承间隙，只有更换轴套，多用于轻载、低速或间歇工作的简单机械上。

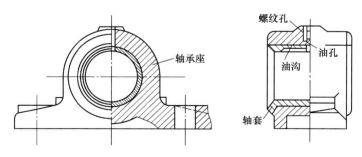

图 10-17　整体式向心滑动轴承

② 剖分式。剖分式滑动轴承主要由轴承座 1、上下轴瓦 2 和轴承盖 3 组成（见图 10-18）。上下两部分由螺栓 4 连接。轴承盖上装有润滑油杯 5。轴承的剖分面常制成阶梯形，以便安装时定位，并防止上、下轴瓦错动。这种轴承装拆方便，易于调整间隙，应用较广；缺点是结构复杂。设计时注意使径向负荷的方向与轴承剖分面垂线的夹角不大于 35°，否则应采用倾斜剖分式，如图 10-19 所示。

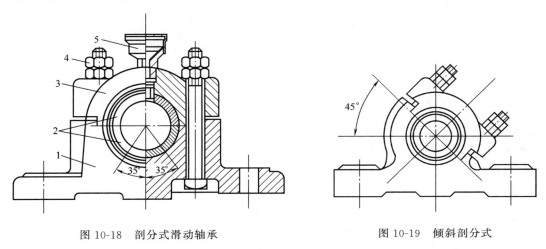

图 10-18　剖分式滑动轴承　　　　　　图 10-19　倾斜剖分式

③ 间隙可调式。间隙可调式滑动轴承轴套上两端的圆螺母可使轴套沿轴向移动，从而调节轴承的间隙，如图 10-20 所示。

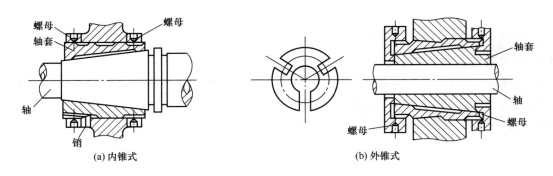

(a) 内锥式　　　　　　　　　　(b) 外锥式

图 10-20　间隙可调式滑动轴承

④ 自动调心式。对于轴承宽度 B 与轴颈直径 d 之比 $B/d > 1.5$ 的滑动轴承，为避免因轴的挠曲或轴承孔的同轴度较低而造成轴与轴瓦端部边缘产生局部接触，可采用自动调心式滑动轴承，如图 10-21 所示，其轴瓦外表面做成球状，与轴承盖及轴承座的球形内表面相配合。当轴颈倾斜时，轴瓦自动调心。

(2) 推力滑动轴承

① 立式轴端推力滑动轴承。如图 10-22 所示，立式轴端推力滑动轴承由轴承座 1、衬套 2、轴瓦 3 和止推瓦 4 组成，止推瓦底部制成球面，可以自动复位，避免偏载。销钉 5 用来防止轴瓦转动。轴瓦 3 用于固定轴的径向位置，同时也可承受一定的径向负荷。润滑油靠压力从底部注入，并从上部油管流出。

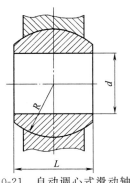

图 10-21 自动调心式滑动轴承

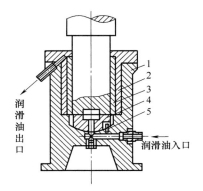

图 10-22 立式轴端推力滑动轴承

② 立式轴环推力滑动轴承。由带有轴环的轴和轴瓦组成,如图 10-23 所示。一般用于低速轻载场合。其中多环结构不仅能承受较大的轴向负荷,而且还可承受双向的轴向负荷。

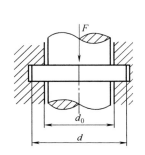
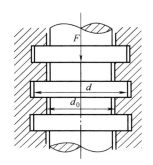

图 10-23 立式轴环推力滑动轴承

2. 轴瓦的结构和轴承的材料

轴瓦是轴承上直接与轴颈接触的零件,轴瓦的结构有整体式和剖分式两种。整体式轴瓦(又称轴套,图 10-24)分光滑轴套和带油沟轴套两种。剖分式轴瓦(图 10-25)由上、下两半轴瓦组成,它的两端凸缘可以防止轴瓦的轴向窜动,并承受一定的轴向力。

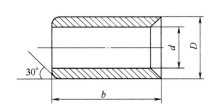
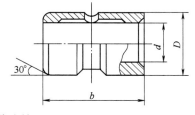

图 10-24 整体式轴瓦

为了润滑轴承的工作表面,一般都在轴瓦上开设油孔、油沟和油室。油孔用来供应润滑油,油沟用来输送和分布润滑油,而油室则可使润滑油沿轴向均匀分布,并起贮油和稳定供油的作用。油孔一般开在轴瓦的上方,并和油沟一样应开在非承载区,以免破坏油膜的连续性而影响承载能力。常见的油沟形式如图 10-26 所示。油室可开在整个非承载区,当负荷方向变化或轴颈经常正反转时,也可开在轴瓦两侧。油沟和油室的轴向长度应比轴瓦宽度短,以免油从两端大量流失。

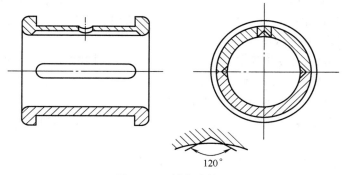

图 10-25 剖分式轴瓦

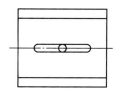 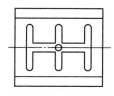 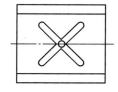

图 10-26 油沟形式

为了改善表面的摩擦性质,常在轴瓦内表面浇注一层或两层很薄的减摩擦材料,称为轴承衬,为使轴承衬能牢固地贴合在轴瓦表面上,常在轴瓦上制作一些沟槽。

轴瓦和轴承衬的材料称为轴承材料。对轴承材料性能的主要要求是:①良好的减摩性和高的耐磨性;②良好的抗胶合性;③良好的抗压、抗冲击和抗疲劳强度性能;④良好的顺应性和嵌藏性。顺应性是指材料产生弹性变形和塑性变形以补偿对中误差及适应轴颈产生的几何误差的能力,嵌藏性是指材料嵌藏污物和外来微粒,防止刮伤轴颈以致增大磨损的能力;⑤良好的磨合性,磨合性是指新制造、装配的轴承经短期跑合后,消除摩擦表面的不平度,而使轴瓦和轴颈表面相互吻合的性能;⑥良好的导热性、耐腐蚀性;⑦良好的润滑性和工艺性等。

常用的轴瓦材料分为三大类。

① 金属材料。主要有铜合金、轴承合金、铝基合金、减摩铸铁等。铜合金是传统的轴瓦材料,其中铸锡锌青铜和铸锡磷青铜的应用较为普遍。轴承合金分为锡基轴承合金和铅基合金两大类,通常将其浇注在钢、铸铁或铜合金的轴瓦基体上作轴承衬来使用。

② 粉末冶金材料。粉末冶金材料具有多孔结构,其孔隙占总容积的 15%～30%,孔隙中可填充润滑油,使轴承在相当长的时期内具有自润滑作用。

③ 非金属材料。主要有塑料、尼龙、橡胶、石墨、硬木等,摩擦系数小,抗压强度和疲劳强度较高,耐磨性、跑合性和嵌藏性好,但导热性差,容易变形。

3. 滑动轴承的润滑

滑动轴承的润滑剂主要有以下几种:

① 润滑油。润滑油的主要指标有黏度、油性、极压性、化学稳定性等,选用润滑油时,要考虑速度、载荷和工作情况等。对于载荷大、温度高的轴承宜选用黏度大的润滑油;载荷小、速度高的轴承宜选用黏度较小的润滑油。

② 润滑脂。由润滑油与各种稠化剂混合稠化而成。润滑脂不易流失,不需要经常添加,但易变质,摩擦损耗大,常用于要求不高、难以经常供油,或低速重载的场合。

③ 固体润滑剂。常用的固体润滑剂有石墨、一硫化钼、聚四氟乙烯等。固体润滑剂可以在摩擦表面形成低摩擦系数的固体膜,减小摩擦阻力。通常用于真空、高温场合等特殊场合。

滑动轴承的润滑方法有以下几种:

① 间歇式供油润滑。直接由人工用油壶向油杯中注油。适用于低速、轻载和不重要的轴承。

② 喷油润滑。利用油泵将润滑油增压,喷嘴对准轴承内圈与滚动体间的位置喷射润滑油。适用于转速高、载荷大、要求润滑可靠的轴承。

③ 飞溅润滑。利用转动件的转动使油飞溅到箱体内壁上,再通过油沟将油导入轴承中进行润滑。

④ 油浴润滑。轴承局部浸入润滑油中,油面不得高于最低滚动体中心。适用于中、低速轴承润滑。

⑤ 采用脂润滑,通常将油杯装于轴承的非承压区,用油脂枪向杯内油孔压注油脂。

想一想

滑动轴承的类型有哪些?

思考与练习

1. 轴有哪些类型?各有何特点?
2. 轴的常用材料有哪些?应如何选用?
3. 轴的结构工艺要求有哪些?
4. 滚动轴承的主要类型有哪些?
5. 试述下列轴承代号的含义:6202,6410,5130,77308C。
6. 轴瓦上为什么要开油沟、油孔?开油沟时应注意些什么?
7. 滑动轴承的润滑剂有哪些?润滑方法主要有几种?

思政园地

铸剑大国工匠——李峰

"27 年,我只干了铣工这一个行业。"李峰,航天人中最平凡的一个角色,却创造了我国航天事业的一个又一个奇迹。李峰的工作是加工惯性器件中的加速度计。惯性器件犹如火箭的"眼睛",在茫茫太空中测量火箭的飞行数据,提高火箭的入轨精度,控制飞行姿态。加速度计作为惯性器件的核心零件,每减少 1 微米的变形,就能缩小火箭在太空几公里的轨道误差。加速度计从毛坯到成型,需要经历车、钳、铣、研磨等 17 道工序,期间既要经受 100℃高温烘烤,也要在零下 70℃的液氮中完成低温考验。李峰的精铣工作,是零件加工的第 11 道工序,是由粗加工向精加工迈进的一道重要关口,加工中一旦出现细小误差,前面的工作都将功亏一篑。他买回《机械加工原理》《金属材料力学》等专业书籍,一有空就学习设备工作原理,学习晦涩难懂的技术理论。李峰在上万次的加工中,精益求精,27 年来,经他加工的产品没有任何质量问题,加工出的零件全部符合标准,精确无误。

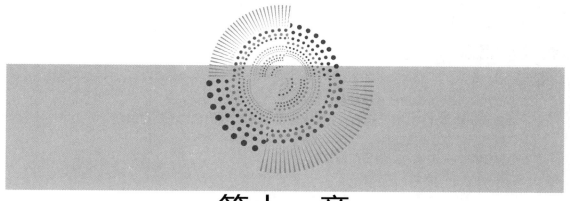

第十一章
液压与气压传动

知识脉络图

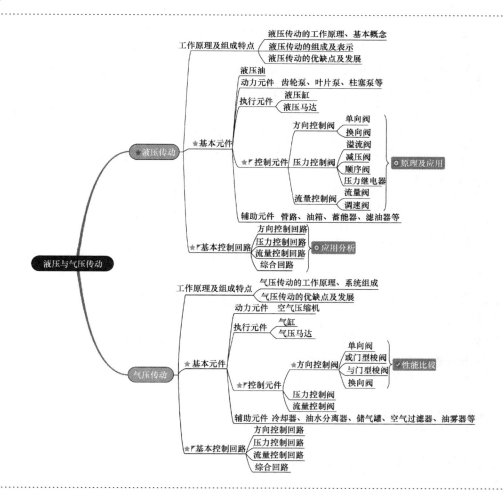

学习目标

- □ 了解液压与气压传动技术的现状、前沿及发展趋势；
- □ 掌握液压动力元件、执行元件、控制元件、辅助元件的结构、工作原理；
- □ 掌握气压基本回路的组成、气压传动系统的工作原理及工程应用；
- □ 了解榜样的先进事迹，提升职业素养。

第一节 液压传动

一、液压传动的工作原理及特点

液压传动是以油液作为工作介质，通过油液内部的压力来传递动力。图 11-1 是一液压千斤顶的工作原理图。当向上抬起杠杆时，手动液压泵的小活塞向上运动，小液压缸 1 下腔容积增大形成局部真空，压油单向阀 2 关闭，油箱 4 的油液在大气压作用下经吸油管顶开吸油单向阀 3 进入小液压缸下腔。当向下压杠杆时，小液压缸下腔容积减小，油液受挤压，压力升高，关闭吸油单向阀 3，顶开压油单向阀 2，油液经排油管进入大液压缸 6 的下腔，推动大活塞上移顶起重物。如果杠杆停止动作，大液压缸下腔油液压力将使压油单向阀 2 关闭，大活塞连同重物一起被自锁不动，停止在举升位置。若打开截止阀 5，大液压缸下腔通油箱，大活塞将在自重作用下向下移动，迅速回复到原始位置。

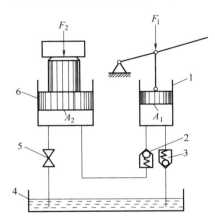

图 11-1 液压千斤顶的工作原理图
1—小液压缸；2—压油单向阀；3—吸油单向阀；
4—油箱；5—截止阀；6—大液压缸

工程实际中的液压传动系统由以下五个主要部分组成：

① 动力元件 供给液压系统压力油，把机械能转换成液压能，俗称液压泵。
② 执行元件 把液压能转换成机械能，主要为液压缸，液压马达。
③ 控制元件 对系统中的液体压力、流量等进行控制，如溢流阀、节流阀等。
④ 辅助元件 包括油箱、滤油器、油管等。
⑤ 工作介质 传递能量的流体，即液压油。

? 想一想

简述图 11-1 中标识的各装置属于哪类元件及其作用。

液压传动具有以下优点：

① 可以灵活地布置传动机构，操作方便。
② 液压传动装置的重量轻、结构紧凑、惯性小。
③ 可在大范围内实现无级调速。
④ 传递运动平稳，易于实现过载保护，能自行润滑，工作寿命长。
⑤ 液压传动容易实现自动化，液压元件已实现了标准化、系列化和通用化。
液压传动的缺点是：
① 液压系统中的漏油影响运动的平稳性和准确性。
② 液压传动对油温的变化比较敏感，不宜在温度变化很大的环境工作。
③ 液压元件制造精度要求高，加工工艺较复杂。
④ 液压传动要求有单独的能源，不像电源那样使用方便。
⑤ 发生故障时不易检查和排除。
目前液压技术与传感技术、微电子技术密切结合，正在向高压、高速、大功率、节能高效、低噪声、使用寿命长、高度集成化等方向快速发展。

想一想

工程机械、航空工业、机床中普遍采用液压传动，为什么？

二、液压传动的元件组成

1. 液压油

液压油是液压传动系统中的传动介质，而且还对液压装置的零件起润滑、冷却和防锈作用。液压油的质量直接影响液压系统的工作性能。选择液压油一般需考虑以下几点：
① 除了根据液压泵来确定液压油的黏度，还要考虑压力范围、防腐蚀能力、抗氧化稳定性等要求。
② 抗燃性、废液再生处理及对环境污染的要求、毒性和气味方面的要求。
③ 使用寿命以及维护、更换的难易程度。

想一想

运动速度快的液压系统应该选用黏度大还是黏度小的液压油，运动速度慢的系统呢？

2. 液压泵

液压泵将原动机输出的机械能转换为液体压力能。按照结构的不同，可分为齿轮泵、叶片泵、柱塞泵和螺杆泵等，如图 11-2 所示。图 11-3 为液压泵的图形符号。

(a) 齿轮泵

(b) 叶片泵

(c) 柱塞泵

图 11-2　液压泵

(a) 单向定量泵　　(b) 单向变量泵　　(c) 双向定量泵　　(d) 双向变量泵

图 11-3　液压泵的图形符号

(1) 齿轮泵

齿轮泵是一种常用的液压泵，从结构上分为外啮合齿轮泵和内啮合齿轮泵。外啮合齿轮泵如图 11-4 所示，它结构简单、体积小、质量轻，转速高且范围大，自吸性能好，工作可靠，对油液污染不敏感，维护方便和价格低廉等。但流量脉动和压力脉动较大，泄漏损失大，容积效率较低，输出油液压力较低；且噪声较严重，容易发热，排量不可调节，它一般做成定量泵。

内啮合齿轮泵结构简单、体积小、质量轻，无困油现象、流量脉动小、噪声低、运转平稳，但齿形复杂、加工精度要求高、造价高，一般应用于机床低压系统中。

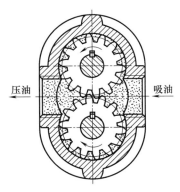

图 11-4　外啮合齿轮泵

(2) 叶片泵

叶片泵按其工作方式可分为单作用式叶片泵和双作用式叶片泵两种，见图 11-5。单作用叶片泵在转子每转一周的过程中，每个密封容积参与吸油和压油各一次。单作用式叶片泵压力较低，输出流量可以改变，又称为变量叶片泵，常用于低压和需改变流量的液压系统中。双作用叶片泵在转子每转一周的过程中，每个密封容积参与吸油和压油两次。双作用叶片泵两对吸、压油腔是对称于转子分布，所以径向液压力平衡，故又称卸荷（平衡）式叶片泵。双作用式叶片泵转子压力较高，输出流量不能改变，又称定量叶片泵。

叶片泵结构紧凑、流量均匀、运转平稳、噪声低、体积小；但结构较为复杂、自吸能力差、对油液的污染较敏感、转速不能太高。叶片泵在机床、船舶、冶金设备中有着广泛的应用。

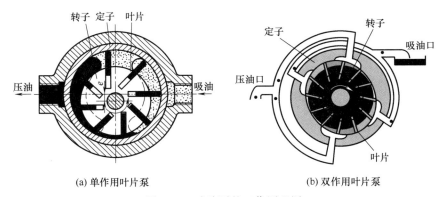

(a) 单作用叶片泵　　　　　　　　(b) 双作用叶片泵

图 11-5　叶片泵的工作原理图

(3) 柱塞泵

柱塞泵是通过圆柱形的柱塞在缸体内作往复运动，改变缸体柱塞腔容积而实现吸入和排出液体的。柱塞泵从柱塞的排列方式上，可以分为轴向柱塞泵和径向柱塞泵两种。柱塞泵密封性能好，结构紧凑，在高压下工作具有较高的容积效率。

（4）螺杆泵

螺杆泵（图11-6）按螺杆根数可分为单螺杆泵、双螺杆泵、三螺杆泵和多螺杆泵等。

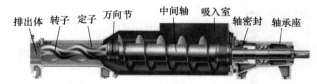

图11-6 螺杆泵

螺杆泵的结构简单、紧凑，体积小，质量轻，运转平稳，输油均匀，噪声小，容积效率较高，对油液污染不敏感；但螺杆形状复杂，不易保证精度。螺杆泵主要应用于精密机床、舰船等液压系统，可以用来输送黏性较大或具有悬浮颗粒的各种液体。

想一想

为什么小型工程机械普遍采用齿轮泵做动力元件？

3. 液压执行元件

液压系统的执行元件将液体的压力能转换成机械能，主要包括液压缸和液压马达。液压缸通常用于实现直线往复运动或摆动运动，液压马达通常用于实现旋转运动。

液压缸按结构特点不同，可分为活塞缸、柱塞缸、摆动缸和组合缸4类。其中活塞缸和柱塞缸用以实现直线运动，输出推力和速度；摆动缸用以实现小于360°的转动。工程中以活塞缸应用最为广泛。对于长行程的场合，常采用柱塞缸。柱塞缸工艺性好、结构简单、成本低，常用于行程很长的龙门刨床、导轨磨床和大型拉床等设备的液压系统中。

想一想

如何布置柱塞式液压缸，使其完成双向运动？

液压马达是用来驱动外负载的，液压马达在结构上与液压泵基本相同，图11-7所示为液压马达的图形符号。

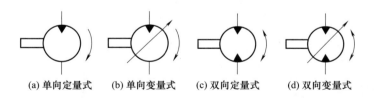

图11-7 液压马达的图形符号

液压马达按排量是否变化，可以分为定量马达和变量马达；按额定转速高低，分为高速和低速两大类。高速液压马达的基本形式有齿轮式、螺杆式、叶片式和轴向柱塞式等，主要特点是转速高、转动惯量小，便于启动和制动，输出转矩不大，又称为高速小转矩马达。低速液压马达的基本形式是径向柱塞式，主要特点是排量大、体积大、转速低、输出转矩大，又称为低速大转矩液压马达。

4. 液压控制阀

液压控制阀是液压系统中的控制元件，用来控制液压系统中液体的压力、流量及流动方向。液压控制阀分为方向控制阀、压力控制阀和流量控制阀。

（1）方向控制阀

方向控制阀是利用阀芯和阀体间的相对运动来控制液压系统中油液的流动方向或油路的通与断，分为单向阀和换向阀两类。

① 单向阀。单向阀的作用是控制油液的单向流动；单向阀按油口通断的方式可分为普通单向阀和液控单向阀两种，普通单向阀一般简称单向阀，见图 11-8，它的作用是仅允许油液在油路中按一个方向流动，不允许油液倒流，故又称为止回阀或逆止阀。如果将单向阀中的软弹簧更换成合适的硬弹簧，就成为背压阀，这种阀通常安装在液压系统的回油路上，用以产生 0.3～0.5MPa 的背压。

液控单向阀是可以实现逆向流动的单向阀，如图 11-9 所示。与普通单向阀相比，在结构上增加了控制油腔、控制活塞 1 及控制油口 K。当控制油口 K 未通控制压力油时，其工作和普通单向阀一样；当控制油口 K 接通一定压力的控制压力油时，控制压力推动控制活塞 1 右移，通过顶杆使锥阀芯 3 右移，使 P_1 口和 P_2 口接通，油液即可反向流动。

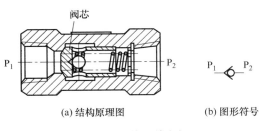

图 11-8 普通单向阀

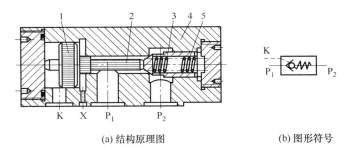

图 11-9 液控单向阀
1—控制活塞；2—顶杆；3—锥阀芯；4—阀体；5—弹簧

? 想一想

思考一下，单向阀常被安装在泵的出口的作用是什么？

② 换向阀。换向阀的作用是利用阀芯在阀体内做轴向移动来变换油液流动的方向及接通或关闭油路，从而控制执行元件的换向、启动和停止。换向阀的结构和工作原理如图 11-10 所示。在电磁铁断电状态，换向阀处于常态位，换向阀的右位接入系统，通口 P、B 和通口 A、T 分别相通，推动活塞以速度 v_1 向右移动；在电磁铁通电状态，衔铁被吸合并将阀芯推至右端，换向阀的左位接入系统，通口 P、A 和通口 B、T 分别相通，推动活塞以速度 v_2 向左移动。

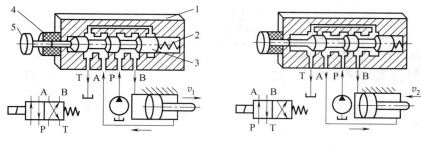

(a) 电磁铁断电状态　　　　(b) 电磁铁通电状态

图 11-10　换向阀的结构和工作原理图
1—阀体；2—复位弹簧；3—阀芯；4—电磁铁；5—衔铁

换向阀按阀芯工作位置数的不同，可分为二位、三位、多位换向阀；按阀体上主油路进、出油口数目的不同，又可分为二通、三通、四通、五通等。按阀芯的操纵方式不同，可分为手动、机动、电磁、液动和电液式等。

a. 手动换向阀。手动换向阀是利用操纵手柄来改变阀芯位置实现换向的。按结构类型不同，手动换向阀可分为弹簧复位式和钢球定位式两种。图 11-11 所示为三位四通手动换向阀。弹簧复位式手动换向阀适用于动作频繁、工作持续时间短、必须由人操作的场合，如工程机械的液压系统。钢球定位式手动换向阀可使阀芯分别停止在左、中、右三个不同的位置上，使执行机构工作或停止工作，可用于工作持续时间较长的场合。

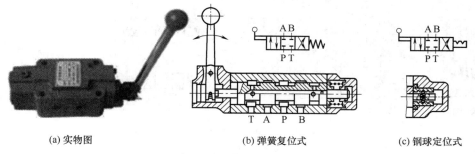

(a) 实物图　　　　(b) 弹簧复位式　　　　(c) 钢球定位式

图 11-11　三位四通手动换向阀

b. 机动换向阀。机动换向阀又称行程阀。通过机械挡块按压阀芯端部的滚轮使阀芯移动，可使油路换向。这种阀通常为二位阀，分常闭和常开两种，并且用弹簧复位。图 11-12 所示为二位二通机动换向阀。

机动换向阀结构简单，换向时阀口逐渐关闭或打开，故换向平稳，动作可靠，换向位置精度高，常用于控制运动部件的行程，或快、慢速度的转换；其缺点是它必须安装在运动部件附近，而与其他液压元件安装距离较远，不易集成化。

c. 电磁换向阀。电磁换向阀利用电磁铁的推力控制阀芯改变工作位置，实现换向。图 11-13 所示为三位四通电磁换向阀。电磁换向阀控制方便，布局灵活，有利于提高设备的自动化程度，因而应用十分广泛。但它受

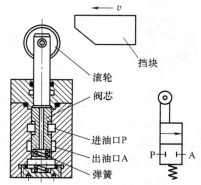

图 11-12　二位二通机动换向阀

174 机械基础

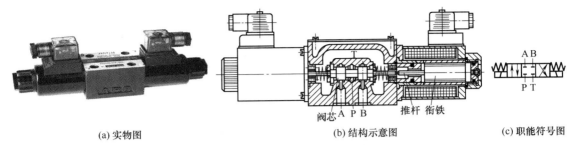

(a) 实物图　　　　　　　　(b) 结构示意图　　　　　　(c) 职能符号图

图 11-13　三位四通电磁换向阀

电磁铁尺寸限制，难以切换大流量油路。

d. 液动换向阀。是通过液压作用改变阀芯工作位置来实现换向的。它适用于大流量回路。

e. 电液换向阀。由电磁换向阀和液动换向阀组合而成。其中电磁换向阀为先导阀，用以改变控制油路的方向；液动换向阀为主阀，用以改变主油路的方向。电液换向阀可用反应灵敏的小规格电磁阀控制大流量的液动阀换向。图 11-14 所示为三位四通电液换向阀的结构原理图。

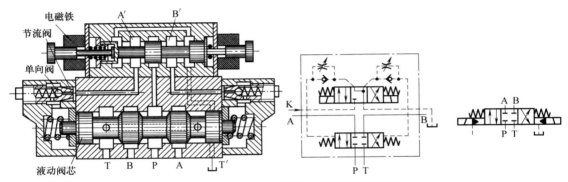

图 11-14　三位四通电液换向阀的结构原理图

想一想

电磁换向阀和电液换向阀有什么差别？

压力控制阀

(2) 压力控制阀

压力控制阀用来控制液压系统的压力，溢流阀工作时，阀芯随着系统压力的变化而上下移动，以此维持系统压力基本恒定，对系统起安全保护作用。分为溢流阀、减压阀、顺序阀、压力继电器等。

① 溢流阀。当系统压力超过溢流阀的调定压力时，系统的油液通过阀口溢出一部分回油箱，防止系统压力过载，起安全保护作用。溢流阀通常接在液压泵出口处的油路上，起溢流稳压和限压保护的作用。图 11-15 所示为溢流阀的图形符号。根据结构和工作原理的不同，溢流阀可分为直动型溢流阀和先导型溢流阀两种。

直动式溢流阀一般只用于低压小流量系统，或作为先导阀使用。先导式溢流阀工作时振动小，噪声低，压力稳定，但其灵敏度不如直动式溢流阀。先导式溢流阀适用于中、高压系统。

先导型溢流阀上有一遥控口（外控口）K，在一般情况下是不用的，若将 K 口接远程调压阀，就可以对主阀进行远程控制。图 11-16 所示为先导式溢流阀卸荷回路。用二位二通电磁换向阀与先导式溢流阀的远控口 K 相连，当电磁铁通电时，换向阀左位工作，溢流阀远控口 K 与油箱连通，此时主阀芯上腔压力接近于 0，由于主阀弹簧很软，因此，主阀芯在进口压力很低时即可迅速抬起，使溢流阀阀口全开，泵输出的油液便在此低压下经溢流阀全部流回油箱。此时，泵接近于空载运转，功耗很小，即处于卸荷状态。

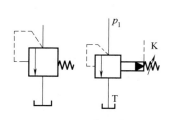

图 11-15 溢流阀的图形符号

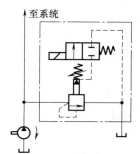

图 11-16 先导式溢流阀卸荷回路

② 减压阀。减压阀利用压力油通过缝隙（液阻）降压的原理，使出口压力低于进口压力，并保持出口压力为确定值。缝隙愈小，压力损失愈大，减压作用就愈强。图 11-17 所示为减压阀的图形符号。减压阀的阀口为常开型，其泄油口必须由单独设置的油管通往油箱，且泄油管不能插入油箱液面以下，以免造成背压，使泄油不畅，影响阀的正常工作。减压阀一般设置于某一支路上，为低压支路提供较低压力的油液。

图 11-18 中，液压泵的供油压力根据主系统的负载要求由溢流阀调定，回路中串联一个减压阀，使夹紧缸能获得较低的夹紧力。减压阀的出口压力可以调节，当系统压力有波动时，减压阀出口压力可稳定不变。

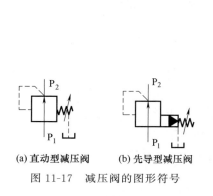

图 11-17 减压阀的图形符号

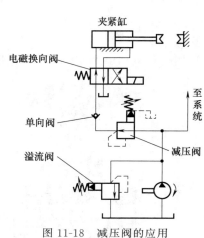

图 11-18 减压阀的应用

③ 顺序阀。顺序阀是利用油路中压力的变化控制阀口启闭，以实现执行元件顺序动作的液压控制元件。图 11-19 所示为顺序阀的图形符号。

顺序阀可用于机床液压系统中，实现工件先定位后夹紧的顺序动作，如图 11-20 所示，

A 缸用于定位，B 缸用于夹紧。首先设置顺序阀的调定压力 p_s，使 $p_A < p_S < p_B$。当压力油进入定位缸 A 的左腔，完成定位动作以后，系统压力升高；当达到顺序阀的调定压力 p_s 时，顺序阀打开，压力油经顺序阀进入夹紧缸 B 的左腔，从而实现液压夹紧。

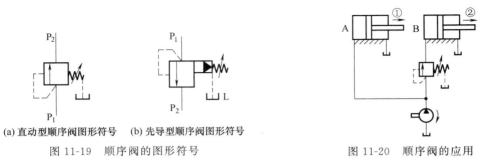

(a) 直动型顺序阀图形符号　(b) 先导型顺序阀图形符号

图 11-19　顺序阀的图形符号

图 11-20　顺序阀的应用

? 想一想

顺序阀和溢流阀有什么差别？

④ 压力继电器。压力继电器（图 11-21）是一种将压力信号转变为电信号的转换元件。当流体压力达到调定值时，它能自动接通或断开有关电路，使相应的电气元件（如电磁铁、中间继电器等）动作，以实现系统的预定程序及安全保护。

(3) 流量控制阀

流量控制阀通过改变节流口的通流面积来改变通过阀口的流量，从而控制执行元件的运动速度。常用的流量控制阀有节流阀和调速阀。

① 节流阀。节流阀（图 11-22）结构简单，制造容易，体积小，使用方便，造价低，常与定量泵、溢流阀一起组成节流调速回路。但由于负载和温度的变化对流量稳定性的影响较大，

(a) 实物图　　　　　(b) 图形符号

图 11-21　压力继电器

因此只适用于负载和温度变化不大或速度稳定性要求不高的液压系统。

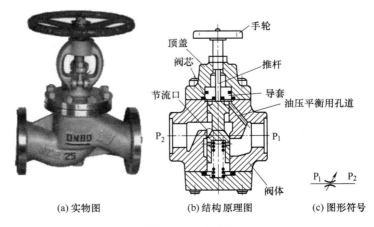

(a) 实物图　　　(b) 结构原理图　　　(c) 图形符号

图 11-22　节流阀

对于执行元件负载变化大、对速度稳定性要求高的节流调速系统，必须对节流阀进行压力补偿以保持节流阀前后压差不变，从而保证流量稳定。

② 调速阀。调速阀（图 11-23）是进行了压力补偿的节流阀，它由定差减压阀和节流阀串联而成，利用定差减压阀保证节流阀的前后压差稳定，以保持流量稳定。

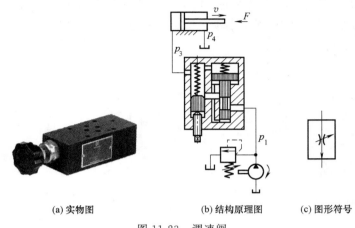

(a) 实物图　　(b) 结构原理图　　(c) 图形符号

图 11-23　调速阀

调速阀适用于负载变化较大，速度平稳性要求较高的液压系统，如各类组合机床、车床、铣床等设备的液压系统。

5. 液压辅助元件

液压辅助元件包括过滤器、蓄能器、管件、压力表、油箱和热交换器等。

① 油箱。油箱的基本功能是储存工作介质，分离油液中混入的空气，沉淀污染物及杂质。按油面是否与大气相通，油箱可分为开式油箱与闭式油箱。开式油箱广泛应用于一般的液压系统，闭式油箱则应用于水下和高空无稳定气压的场合。油箱的典型结构如图 11-24 所示。油箱内部用隔板 7、9 将吸油管 1 与回油管 4 隔开。顶部、侧部和底部分别装有过滤网 2、液位计 6 和排放污油的放油阀 8。安装液压泵及其驱动电机的安装板 5 则固定在油箱顶面上。

② 管道和管接头。液压系统中将管道、管接头和法兰等统称为管件。管接头用于管道和管道、管道和其他液压元件之间的连接。用于硬管连接的管接头主要有扩口式管接头、卡套式管接头和焊接式管接头；用于软管连接的管接头主要有扣压式管接头和可拆式管接头。

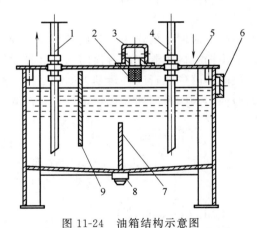

图 11-24　油箱结构示意图
1—吸油管；2—过滤网；3—空气过滤器；4—回油管；
5—安装板；6—液位计；7、9—隔板；8—放油阀

③ 过滤器。过滤器的作用是过滤油液中的灰尘、磨屑等杂质，为液压系统提供清洁的压力油，防止液压元件磨损、滑阀卡滞、节流孔口堵塞，保证液压系统可靠工作。过滤器按滤芯的材料和结构形式不同，可分为网式过滤器、线隙式过滤器、纸质滤芯式

过滤器、烧结式过滤器及磁性过滤器等；按过滤器安放的位置不同，还可以分为吸油过滤器、压油过滤器和回油过滤器；按精度不同，可分为粗过滤器、普通过滤器、精密过滤器和特精过滤器。考虑到泵的自吸性能，吸油过滤器多为粗过滤器。图 11-25 所示为过滤器的符号。

④ 蓄能器。蓄能器是液压系统中的储能元件，它能储存多余的压力油，并在系统需要时释放。蓄能器可在液压系统中作辅助动力源，进行系统保压，吸收系统脉动，缓和液压冲击。蓄能器的图形符号见图 11-26（a）。

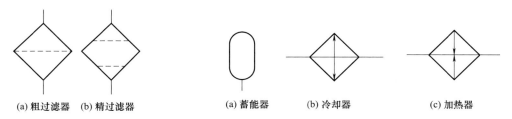

(a) 粗过滤器　(b) 精过滤器　　　　(a) 蓄能器　　(b) 冷却器　　(c) 加热器

图 11-25　过滤器的符号　　　　图 11-26　辅助元件的图形符号

⑤ 热交换器。热交换器包括冷却器和加热器，分别见图 11-26（b）、图 11-26（c）。液压系统的工作温度一般应保持在 30～50℃ 的范围内，如果液压系统靠自然冷却仍不能使油温控制在上述范围内时，就需要安装冷却器；反之，如环境温度太低，无法使液压泵启动或正常运转时，就须安装加热器。

三、液压传动的基本控制回路

液压传动的基本控制回路是指由若干液压元件组成，用来完成某一特定功能的典型油路。基本回路可分为方向控制回路、压力控制回路、速度控制回路等。

1. 方向控制回路

方向控制回路的作用是利用各种方向控制阀来控制液压系统中各油路油液的通、断及换向，常用的方向控制回路有换向回路和锁紧回路。

换向回路中执行元件运动方向的变换一般由换向阀实现。采用二位四通、三位四通、三位五通换向阀的换向回路比较常见，换向阀的控制方式可选择手动、机动、液动、电磁动和电液动等。图 11-27 所示为二位四通电磁换向阀的换向回路。

锁紧回路的功能是通过切断执行元件的进油、出油通道来使它停在任意位置，防止停止运动后因外界因素而发生窜动。最常用的锁紧方法是采用液控单向阀做锁紧元件。图 11-28 所示为采用液控单向阀锁紧的回路。锁紧回路广泛应用于工程机械等有较高锁紧要求的设备上。

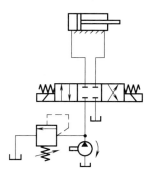

图 11-27　二位四通电磁换向阀的换向回路

2. 压力控制回路

压力控制回路是利用压力控制阀来控制系统的压力，常见的压力控制回路有调压回路和减压回路。

调压回路的功能是使液压系统整体或某一部分的压力保持在一定范围，分为 N 级调压回路。图 11-29 所示为三级调压回路，其中先导型溢流阀 1 的遥控口通过三位四通电磁换向阀 2 分别接具有不同调定压力的远程调压阀 3 和 4。当换向阀处于左位时，压力由阀 3 调定；换向阀处于右位时，压力由阀 4 调定；换向阀处于中位时，由主溢流阀 1 来调定系统最高的压力。调压阀 3 和 4 的调定压力值必须小于主溢流阀 1 的调定压力值。

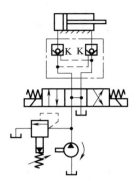

图 11-28　采用液控单向阀的锁紧回路

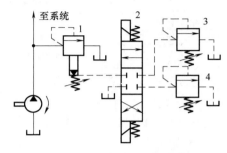

图 11-29　三级调压回路
1—先导型溢流阀；2—三位四通电磁换向阀；3,4—远程调压阀

? 想一想

思考一下，设计一个二级调压回路。

减压回路（图 11-30）的功能是使系统中的某一部分油路获得比较低的压力，其减压功能主要由减压阀完成。最常见的减压回路是在所需低压的支路上串接定值减压阀。

3. 速度控制回路

速度控制回路用来控制执行元件的工作速度，包括调速回路、速度换接回路和快速回路。

调速回路（图 11-31）的作用是改变系统中执行元件的速度，主要利用节流阀来实现。将节流阀装在进油路上可调节进油速度，装在回油路上可调节回油速度。

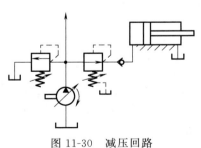

图 11-30　减压回路

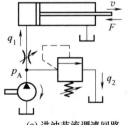

(a) 进油节流调速回路

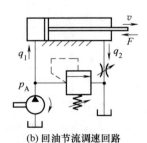

(b) 回油节流调速回路

图 11-31　调速回路

换速回路的作用是对执行元件运动速度进行切换。图 11-32 所示为用行程阀实现的速度换接回路，可使执行元件完成"快进—工进—快退—停止"这一自动工作循环。当电磁换向阀 3 处在右位时，液压缸 4 快进。此时，溢流阀 2 处于关闭状态。当活塞所连接的液压挡块压下行程阀 5 时，行程阀上位工作，液压缸右腔的只能经过节流阀 6 回油，构成回油节流调

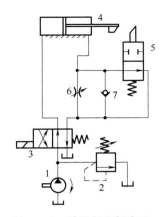

图 11-32 采用行程阀实现的速度换接回路

1—液压泵；2—溢流阀；3—电磁换向阀；4—液压缸；5—行程阀；6—节流阀；7—单向阀

速回路，活塞运动速度转变为慢速工进，此时，溢流阀 2 处于溢流恒压状态。当电磁换向阀 3 通电处于左位时，压力油经单向阀 7 进入液压缸右腔，液压缸左腔的油液直接流回油箱，活塞快速退回。

下面结合图 11-33 来说明液压传动基本控制回路的应用。二位四通电磁阀 3 控制轴卡盘的夹紧与松开。二位四通电磁阀 4 控制卡盘的高压夹紧与低压夹紧的转换。卡盘在高压夹紧状态下，3YA 断电，夹紧力的大小由减压阀 6 来调整，由压力表 12 显示卡盘压力。当 1YA 通电、2YA 断电时，活塞杆左移，卡盘夹紧；反之，当 1YA 断电、2YA 通电时，卡盘松开。卡盘在低压夹紧状态下，3YA 通电，夹紧力的大小由减压阀 7 来调整。

刀盘的夹紧与松开由二位四通电磁阀 4 控制，当 4YA 通电时刀盘松开，断电时刀盘夹紧，刀盘的正转和反转由三位四通电磁阀 3 控制，其旋转速度由单向调速阀 9 和 10 控制。当 4YA 通电时，阀 4 右位工作，刀盘松开；当 7YA 断电、8YA 通电时，刀架正转；当 7YA 通电、8YA 断电时，刀架反转；当 4YA 断电时，阀 4 左位工作，刀盘夹紧。

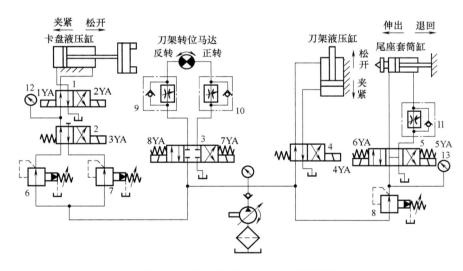

图 11-33 液压传动基本控制回路示例

尾座套筒的伸出与退回由三位四通电磁阀 5 控制。当 5YA 断电、6YA 通电时，系统压力油经减压阀 8 和阀 5（左位）到达液压无杆腔，套筒伸出。套筒伸出时的工作预紧力大小通过减压阀 8 来调整，并由压力表 13 显示，伸出速度由调速阀 11 控制。反之，当 5YA 通电、6YA 断电时，套筒退回。

 想一想

思考一下，图 11-33 中减压阀在系统中的作用是什么？

第二节　气压传动

一、气压传动的特点

气压传动是以压缩空气为工作介质来传递动力和控制信号的系统。气压传动与液压传动的工作原理基本相同，它首先将机械能转换成气体的压力能，然后再将气体的压力能转换为机械能做功。图 11-34 为气压传动系统示例。来自气源的压缩空气经过节流阀 1 和手动换向阀 2，进入气缸 4 的下腔，推动活塞上升，通过活塞杆将机罩 3 托起；换向阀换位后气缸下腔的气体经换向阀排入大气，机罩在自重作用下降回原位。

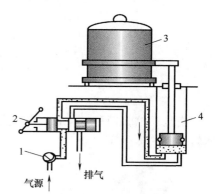

图 11-34　气压传动系统示例
1—节流阀；2—手动换向阀；
3—机罩（工作件）；4—气缸

气压传动的优点如下。

① 空气随处可取，用后的空气直接排入大气，对环境无污染。获取和排放非常简便。

② 空气黏度小，在管内流动阻力小，压力损失小，便于集中供气和远距离输送。

③ 与液压传动相比，气压传动反应快、动作迅速、维护简单，管路不易堵塞。

④ 气动元件结构简单，制造容易，适于标准化、系列化、通用化。

⑤ 在易燃易爆、多尘埃、强磁、辐射动等环境中安全可靠性优于液压和电气系统。

⑥ 空气具有可压缩性，便于储气罐贮存能量，以备急需。

⑦ 排气时气体因膨胀而温度降低，因而气动设备可以自动降温，不会发生过热现象。

气压传动的缺点：

① 气动系统的动作稳定性差，需要采用气液联动装置解决此问题。

② 工作压力较低，结构尺寸不宜过大，因而输出功率较小。

③ 空气本身没有润滑性，需另加润滑装置。

④ 排气噪声大，需加消声器。

？ 想一想

为什么在电子工业、包装机械、印染机械、食品机械等方面普遍采用气压传动？

二、气压传动的元件组成

气压传动系统也由动力元件（气源装置）、执行元件、控制元件、辅助元件和工作介质组成。气压传动系统所使用的压缩空气必须经过干燥和净化处理后才能使用，因为压缩空气中的水分、油污和灰尘等杂质进入管路系统，会堵塞管路，腐蚀金属器件。因此必须设置过滤器、冷却器、油水分离器和储气罐等气源装置，如图 11-35 所示。

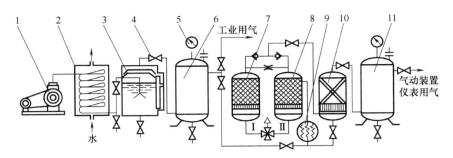

图 11-35 气源装置及图形符号

1—空气压缩机；2—冷却器；3—油水分离器；4—阀门；5—压力计；
6,11—储气罐；7,8—干燥器；9—加热器；10—空气过滤器

1. 空气压缩机

空气压缩机简称空压机，是气源装置的核心，如图 11-36 所示。它将原动机输出的机械能转化为气体的压力能。使用较广泛的是活塞式空气压缩机

图 11-37 所示为活塞式容积型空气压缩机的工作原理图。活塞向右移动时，气缸内容积增大形成局部真空，活塞左腔的压力低于大气压力，外界空气在大气压力下推开吸气阀 8 而进入气缸中；当活塞向左运动时，吸气阀 8 关闭，随着活塞的左移，缸内空气受到挤压；气缸中压力升高，当缸内压力高于输出空气管道内压力后，排气阀打开，压缩空气送至输气管内；压缩机在排气过程结束时，排气阀 1 关闭，

(a) 实物图　　(b) 图形符号

图 11-36 空气压缩机

活塞与气缸之间余留的空隙中留有一些压缩空气，在下一次吸气时，余留空隙内的压缩空气会膨胀。

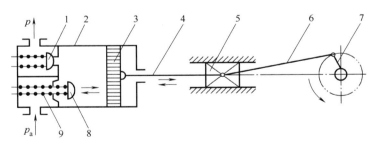

图 11-37 活塞式容积型空气压缩机的工作原理图

1—排气阀；2—气缸；3—活塞；4—活塞杆；5—滑块；6—连杆；
7—曲柄；8—吸气阀；9—弹簧

2. 气动执行元件

① 气缸。是将压缩空气的压力能转换为机械能并驱动工作机构做往复直线运动或摆动的装置，具有结构简单、制造容易、工作压力低和动作迅速等优点，应用十分广泛。

图 11-38 所示为普通单活塞杆双作用气缸。缸筒 4 与前、后缸盖固定连接。缸盖 7 为前缸盖，缸底侧的缸盖 13 为后缸盖。在缸盖上开有进、排气通口，有的还设有气缓冲机构。前缸盖上设有密封圈、防尘圈 6，同时还设有导向套 5，以提高气缸的导向精度。活塞杆 10 与活塞 2 紧固相连。活塞 2 上除有密封圈 12 防止活塞左、右两腔相互漏气外，还有耐磨环 11 以提高气缸的导向性。另外，带磁性开关的气缸的活塞上装有磁环。活塞 2 两侧常装有橡胶垫作为缓冲垫。如果是气缓冲，则活塞两侧沿轴线方向设有缓冲柱塞 1 和 3，同时缸盖上有缓冲节流阀 14 和缓冲套。当气缸运动到端头时，缓冲柱塞进入缓冲套，气缸排气需经缓冲节流阀，排气阻力增加，产生排气背压，形成缓冲气垫，起到缓冲作用。

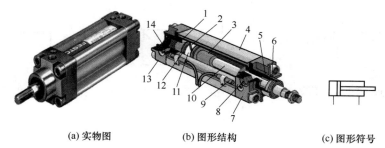

图 11-38 普通单活塞杆双作用气缸
1，3—缓冲柱塞；2—活塞；4—缸筒；5—导向套；6—防尘圈；7—前缸盖；8—气口；
9—传感器；10—活塞杆；11—耐磨环；12—密封圈；13—后缸盖；14—缓冲节流阀

② 气动马达。气动马达按结构形式可分为叶片式气动马达、活塞式气动马达和齿轮式气动马达等。其中叶片式气动马达制造简单、结构紧凑，在矿山及风动工具中应用普遍；活塞式气动马达在低速情况下有较大的输出功率，适宜于载荷较大和要求低速转矩的机械，如起重机、绞车、绞盘、拉管机等。图 11-39 为双向旋转叶片式气动马达的结构示意图及图形符号。压缩空气从进气口 A 进入气室后喷向叶片 1，从出气口 B、C 排出，带动转子 2 逆时针转动，输出机械能。若进、出气口互换，则转子反转。转子转动的离心力和叶片底部的气压力、弹簧力使得叶片紧贴在定子 3 的内壁上，以保证密封，提高容积效率。

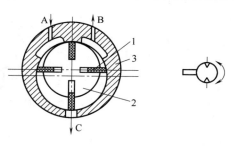

图 11-39 双向旋转叶片式气动马达
1—叶片；2—转子；3—定子

3. 气动控制元件

气动控制元件是用来控制和调节压缩空气的压力、流量和流动方向的控制元件，按其功能和作用不同，可分为方向控制阀、压力控制阀和流量控制阀三大类。

（1）方向控制阀

方向控制阀用来控制压缩空气的流动方向和气流通断，分为单向阀和换向阀两种。

① 单向阀。是指气流只能向一个方向流动而不能反向流动的阀，阀芯和阀座之间有一层密封垫，其他结构与液压单向阀基本相同，如图 11-40 所示。

具有共同出口的两个单向阀可组合成一个或门型梭阀，如图 11-41 所示。P1 口进气时，阀芯被推向右边，P2 口被关闭，于是气流从 P1 口进入 A 口；反之气流则从 P2 口进入 A 口。当 P1 和 P2 两口同时进气时，压力高的一端与 A 口相通，压力低的一端自动关闭。

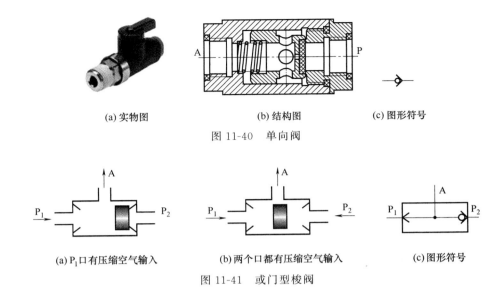

(a) 实物图　　(b) 结构图　　(c) 图形符号

图 11-40　单向阀

(a) P_1口有压缩空气输入　　(b) 两个口都有压缩空气输入　　(c) 图形符号

图 11-41　或门型梭阀

想一想

分析图 11-42 中或门型梭阀的作用。

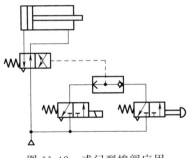

图 11-42　或门型梭阀应用

两个单向阀也可组合成一个与门型梭阀，如图 11-43 所示，只有当 P1 和 P2 两口同时有压缩空气输入时，A 口才有压缩空气输出。

(a) P_1口输气　　(b) P_2口输气　　(c) 两个口同时输气　　(d) 图形符号

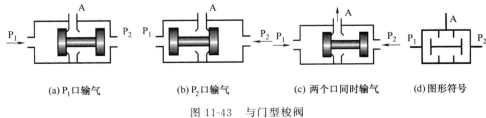

图 11-43　与门型梭阀

② 换向阀。换向阀作用是利用换向阀阀芯相对阀体的运动，使气路接通或断开。气动换向阀与液压换向阀结构类似，区别在于气动换向阀的 T 口直接与大气连通，无需回气管道。换向阀主要包括气压控制换向阀、电磁控制换向阀和手动控制换向阀。

气压控制换向阀是利用压缩空气推动阀芯移动,使换向阀换向,多用于组成全气阀控制的气压传动系统。图 11-44 所示为单气控加压截止式换向阀。当控制口 K 无气控信号时,阀芯 1 在弹簧 2 的作用下处于上端位置,使口 A 与 T 相通;当控制口 K 有气控信号时,由于气压力的作用,阀芯 1 压缩弹簧 2 下移,使阀口 A 与 T 断开,P 与 A 接通。

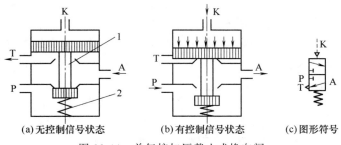

图 11-44 单气控加压截止式换向阀
1—阀芯;2—弹簧

电磁控制换向阀是利用电磁力实现阀的切换。图 11-45 所示为直动式单电控电磁阀,不通电时(常态位),阀芯在复位弹簧的作用下处于上端位置,此时 A 与 T 相通,A 口排气;当通电时,电磁铁推动阀芯向下移动,气路换向,此时 P 与 A 相通,A 口进气。

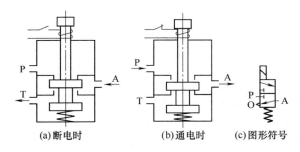

图 11-45 直动式单电控电磁阀

手动控制换向阀的操纵方式有按钮式、旋钮式、锁式及推拉式等,工作原理见图 11-46。

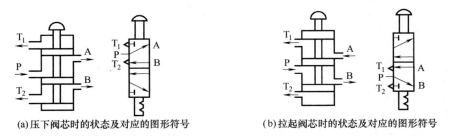

图 11-46 推拉式手动阀的工作原理图

(2) 压力控制阀

压力控制阀分为三大类:溢流阀,减压阀,顺序阀。

① 溢流阀。溢流阀在系统中起过载保护作用,当储气罐或气动回路内的压力超过溢流阀调定值时,溢流阀打开向外排气。溢流阀工作原理见图 11-47。当系统中气体压力在调定

范围内时，作用在活塞 3 上的压力小于弹簧 2 的力，活塞处于关闭状态；当系统压力升高，作用在活塞 3 上的压力大于弹簧的预定压力时，活塞 3 向上移动，阀门开启排气。直到系统压力降到调定范围以下，活塞重新关闭。开启压力的大小与弹簧的预压量有关。

② 减压阀。气压系统中储气罐的空气压力往往比各台设备实际所需要的压力高些，其压力波动也较大，需要用减压阀（图 11-48）将其压力减到每台装置所需的压力。当顺时针方向调整手柄 1 时，调压弹簧 2（实际上有两个弹簧）推动下弹簧座 3、膜片 4 和阀芯 5 向下移动，使阀口开启，气流通过阀口后压力降低，从右侧输出二次压力气。与此同时，有一部分气流由阻尼孔 7 进入膜片室，在膜片下产生一个向上的推力与弹簧力平衡，调压阀便有稳定的压力输出。

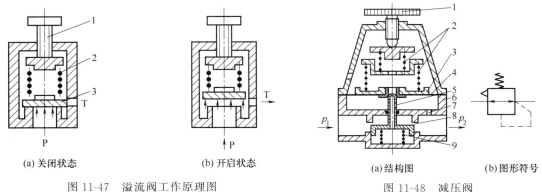

图 11-47 溢流阀工作原理图　　　　图 11-48 减压阀
1—手柄；2—调压弹簧；3—下弹簧座；4—膜片；5—阀芯；
6—阀套；7—阻尼孔；8—阀口；9—复位弹簧

③ 顺序阀。顺序阀是依靠回路中压力的变化来控制执行机构按顺序动作的压力控制阀。顺序阀往往与单向阀配合在一起，构成单向顺序阀，如图 11-49 所示。当压缩空气由 P 口进入阀腔后，作用于活塞 3 上的气压力克服压缩弹簧 3 的力，活塞被顶起，压缩空气从 P 口输入，A 口输出，单向阀 4 在压差力及弹簧力的作用下处于关闭状态；反向流动时，空气从 A 口输入，顶开单向阀 4 从 P 口输出。调节旋钮就可改变单向顺序阀的开启压力，以便在不同的开启压力下控制执行元件的动作顺序。

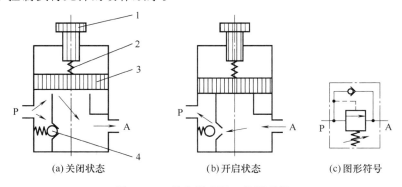

图 11-49 单向顺序阀工作原理图
1—调节手柄；2—弹簧；3—活塞；4—单向阀

（3）流量控制阀

流量控制阀是通过改变阀口的通流截面积来控制压缩空气流量的元件，图形符号见图

11-50。主要有单向节流阀和排气节流阀。气流正向流入时，单向节流阀起节流阀作用；气流反向流入时，单向节流阀起单向阀作用。排气节流阀安装在气动元件的排气口处，调节排入大气的流量，从而控制执行元件的运动速度，同时起到降低排气噪声的作用

4. 气动辅助元件

（1）冷却器

冷却器安装在空气压缩机出口管道上，其作用是将空气压缩机排出的压缩空气冷却并除去水分。常见的冷却器见图 11-51。

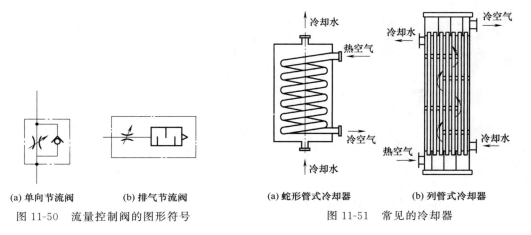

图 11-50　流量控制阀的图形符号　　　　图 11-51　常见的冷却器

（2）油水分离器

油水分离器安装在冷却器出口管道上，它的作用是分离并排出压缩空气中凝聚的油分、水分和灰尘杂质等，使压缩空气得到初步净化。油水分离器的结构形式有撞击折回式、环形回转式、离心旋转式、水浴式及以上形式的组合等。图 11-52 所示为撞击折回并回转式油水分离器，当压缩空气由入口进入分离器壳体后，气流先受到隔板阻挡而被撞击折回向下，之后又上升产生环形回转，这样凝聚在压缩空气中的油滴、水滴等杂质受惯性力作用而分离析出，沉降于壳体底部，由排污阀排出。

（3）储气罐

储气罐一般采用圆筒状焊接结构，一般以立式居多，如图 11-53 所示，应使进气管在下，

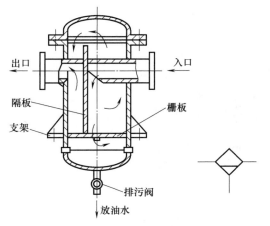

图 11-52　撞击折回并回转式油水分离器

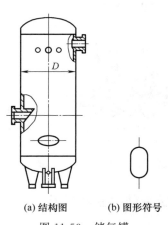

图 11-53　储气罐

出气管在上，并尽可能加大两管之间的距离，以利于进一步分离空气中的油和水。

  想一想

对比液压传动的蓄能器，储气罐在气压传动系统的作用是什么？

（4）空气过滤器

空气过滤器如图 11-54 所示，它属于二次过滤器，作用是滤除压缩空气中的水分、油滴及杂质，以达到气动系统所要求的净化程度。压缩空气从输入口进入后，被引入旋风叶子 1，旋风叶子上有许多成一定角度的缺口，迫使空气沿切线方向产生剧烈旋转。这样夹杂在空气中的较大水滴、油滴和灰尘等便依靠自身的惯性与存水杯 3 的内壁碰撞，从空气中分离出来沉到杯底，而微粒灰尘和雾状水汽则被滤芯 2 滤除。为防止气体旋转将存水杯中积存的污水卷起，在滤芯下方设有挡水板 4。存水杯中的污水应通过手动排水阀 5 及时排出。

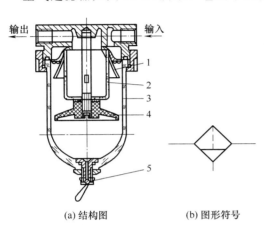

图 11-54　空气过滤器
1—旋风叶子；2—滤芯；3—存水杯；
4—挡水板；5—排水阀

（5）油雾器

油雾器是一种特殊的注油装置，它以压缩空气为动力，将润滑油喷射成雾状并混合于压缩空气中，随压缩空气进入需要润滑的部位。其优点是方便、干净、润滑质量高。气动控制阀、气缸和气动马达主要是靠带有油雾的压缩空气来实现润滑的。

（6）气动三联件

气动三联件（图 11-55）由过滤器，调压阀，油雾器 3 部分组成，安装顺序不能乱，安装时注意每个部件都有气流方向指示标记，一起安装在气动系统的入口处。

（7）消声器

气缸、气阀等元件工作时会产生刺耳的噪声，噪声的强弱随排气的速度、排量和空气通道形状的变化而变化。为此在排气口安装消声器（图 11-56），降低噪声。

图 11-55　气动三联件　　　　　图 11-56　消声器

三、气压传动的基本回路

气压传动基本回路是由一系列气动元件组成的能完成某项特定功能的典型回路。气动基本回路按其功能分为方向控制回路、压力控制回路、速度控制回路等。

1. 方向控制回路

方向控制回路的作用是通过方向控制阀改变气缸的进气和出气。图 11-57 所示为双作用气缸换向回路。其中图 11-57（a）所示为手动换向阀控制二位五通主阀操纵气缸换向；图 11-57（b）所示为二位五通液控换向阀控制气缸换向；图 11-57（c）所示为两个手动换向阀控制二位五通主阀操纵气缸换向，但两按钮不能同时操作，否则将出现误动作；图 11-57（d）所示为三位五通电磁换向阀控制气缸换向，该回路有中停功能，但定位精度不高。

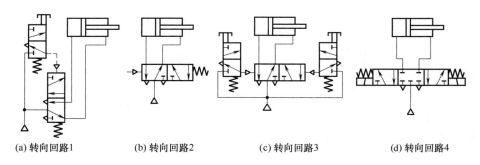

图 11-57　双作用气缸换向回路

2. 压力控制回路

压力控制回路的作用是保持系统在某一规定的压力范围内工作。常用的压力控制回路有一次压力控制回路和二次压力控制回路

（1）一次压力控制回路

一次压力控制回路用于控制储气罐的压力，使之不超过规定的压力值，如图 11-58 所示。常用外控溢流阀 2 或电接点压力表 1 来控制空气压缩机的转、停，使储气罐内压力保持在规定范围内。

（2）二次压力控制回路

二次压力控制回路如图 11-59 所示。图 11-59（a）主要由溢流减压阀来实现压力控制；图 11-59（b）是由减压阀和换向阀控制对同一系统输出不同压力 p_1 和 p_2；图 11-59（c）是由减压阀控制对不同系统输出不同压力 p_1 和 p_2。

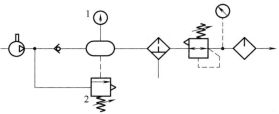

图 11-58　一次压力控制回路
1—电接点压力表；2—溢流阀

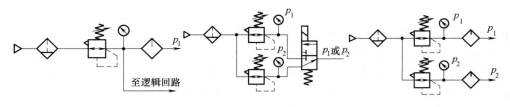

图 11-59　二次压力控制回路

3. 速度控制回路

速度控制回路一般采用节流阀调速，分为单向调速回路和双向调速回路。单向调速回路分为供气节流调速回路和排气节流调速回路两种。供气节流调速回路多用于垂直安装的气缸的供气回路中；在水平安装的气缸供气回路中一般采用排气节流调速回路。图11-60所示为双作用缸单向调速回路。

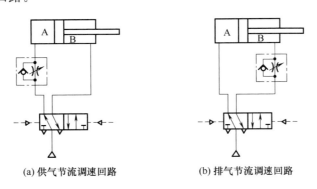

(a) 供气节流调速回路　　　　(b) 排气节流调速回路

图 11-60　双作用缸单向调速回路

? 想一想

供气节流调速与排气节流调速相比，哪种回路运动更平稳？

双向调速回路如图11-61所示，当外负载变化不大时，进气阻力小，负载变化对速度影响小，采用排气节流阀方式效果好。

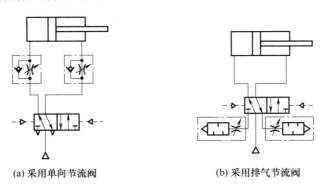

(a) 采用单向节流阀　　　　(b) 采用排气节流阀

图 11-61　双向调速回路

图11-62所示为某数控加工中心的气动换刀系统原理图，该系统主要实现自动换刀功能，在换刀过程中实现主轴定位、主轴松开、拔刀、向主轴锥孔吹气排屑和插刀等动作。

当数控系统发出换刀指令时，主轴停止旋转，同时4YA通电，压缩空气经气动三联件1、电磁换向阀4、单向节流阀5进入主轴定位气缸A的右腔，缸A的活塞向左移动，实现主轴自动定位。定位后压下开关，使6YA通电，压缩空气经电磁换向阀6、快速排气阀8进入气液增压缸B的上腔，气液增压缸的高压油使活塞伸出，实现主轴松刀；同时使8YA通电，压缩空气经电磁换向阀9、单向节流阀11进入气缸C上腔，气缸C下腔排气，活塞

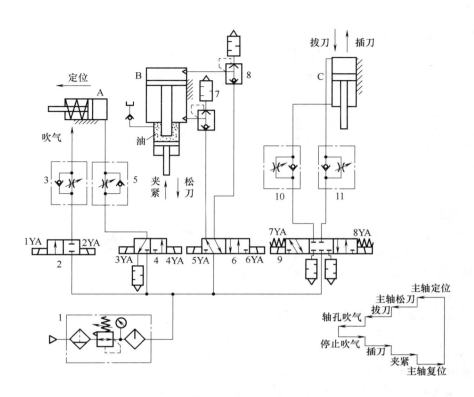

图 11-62 某数控加工中心的气动换刀系统
1—气动三联件；2,4,6,9—电磁换向阀；3,5,10,11—单向节流阀；
7—消声器；8—快速排气阀

下移实现拔刀，然后由回转刀库交换刀具，同时 1YA 通电，压缩空气经电磁换向阀 2、单向节流阀 3 向主轴锥孔吹气；稍后 1YA 断电、2YA 通电，停止吹气。接着 8YA 断电、7YA 通电，压缩空气经电磁换向阀 9、单向节流阀 10 进入气缸 C 的下腔，活塞上移，实现插刀动作；6YA 断电、5YA 通电，压缩空气经电磁换向阀 6 进入气液增压缸 B 的下腔，使活塞退回，主轴的机械机构使刀具夹紧；4YA 断电、3YA 通电，气缸 A 的活塞在弹簧力的作用下复位，回复到开始状态，换刀结束。

思考与练习

一、填空题

1. 液压传动是以_____为传动介质，利用液体的_____来实现运动和动力传递的一种传动方式。
2. 液压传动必须在_____进行，依靠液体的_____来传递动力。
3. 蓄能器的主要功用有_____，_____、_____、_____等。
4. 在液压传动中，液压缸是_____元件，它可将输入的_____转换成_____。
5. 液压控制元件从功能上来分，主要分为_____、_____和_____三大类。
6. 将图 11-63 中的各图形符号代表的控制阀的名称填写到括号中。

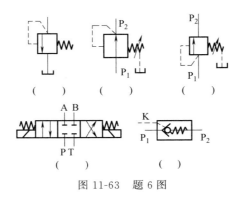

图 11-63 题 6 图

二、判断题

1. 背压阀作用是使液压缸回油腔具有一定压力,使运动部件速度平稳。（ ）
2. 高压大流量液压系统常采用电磁换向阀实现主油路换向。（ ）
3. 液压传动适宜用于传动比要求严格的场合。（ ）
4. 油液在流动时有粘性,处于静止状态也可以显示粘性。（ ）
5. 单个柱塞缸仅靠液压油能实现两个方向的运动。（ ）
6. 液控单向阀正向导通,反向截止。（ ）
7. 顺序阀可用作溢流阀用。（ ）
8. 使液压泵的输出流量为零,此称为流量卸荷。（ ）
9. 油箱在液压系统中的功用,仅是储存液压系统所需的足够油液。（ ）

三、简答题

1. 简述换向阀的工作原理。
2. 简单说明液气压传动系统的组成。
3. 简述液气压传动的优缺点。
4. 简述溢流阀在液压系统中的作用。
5. 什么是气动三联件,气动三联件的连接次序如何？

思政园地

"大国工匠"年度人物——王树军

王树军,中共党员,潍柴动力一号工厂维修钳工。他大胆创新,以独创的方法和技艺,攻克进口高端装备设计缺陷,打破国外技术封锁,填补国内技术空白,彰显了中国工匠的风骨,树起了潍柴工匠队伍的一面旗帜。他先后被授予2018年"大国工匠年度人物"、全国五一劳动奖章、全国"最美职工"、齐鲁大工匠等荣誉,其带领的创新工作室入选国家级技能大师工作室建设项目单位。王树军攻克了海勒加工中心光栅尺气密保护设计缺陷技术难题,成为中国工匠勇于挑战进口设备的经典案例。他独创的垂直投影逆向复原法,解决了斗山加工中心定位精度为千分之一的 NC 转台锁紧故障,打破了国际技术封锁和垄断。他对生产线改制工装、优化刀具刀夹,节约设备采购费用 3000 多万元,日产能从 100 台提高到 280 台,每年创造直接经济效益 1.44 亿元。王树军的徒弟说"从王师傅身上学到的不单单是技术技能,更重要的是工匠的精神。这种精神不断激励着我们在工作中精益求精、持之以恒、爱岗敬业、不断创新。"

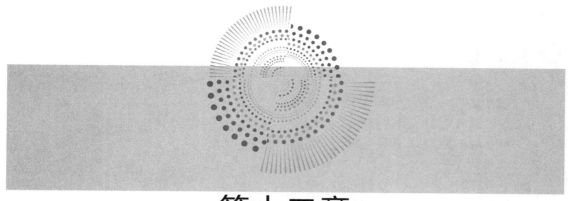

第十二章
金属切削加工

知识脉络图

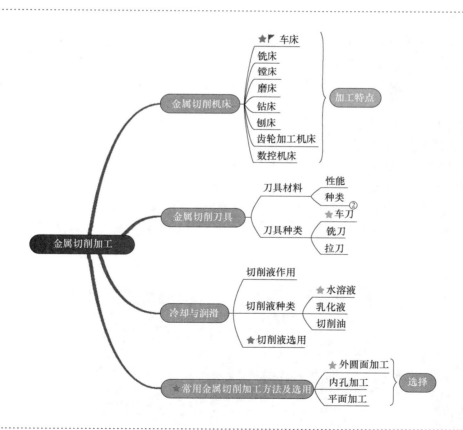

学习目标

- □ 了解金属切削机床的分类以及加工特点;
- □ 了解金属切削刀具的材料和种类;
- □ 了解切削液的作用和种类以及如何选用;
- □ 了解常用金属切削的加工方法并掌握如何选用;
- □ 了解榜样的先进事迹,树立专业自信心。

第一节　金属切削机床

金属切削机床是通过切削的方法将毛坯加工成零件的机器,常见的有车床、铣床、钻床、镗床、刨床、磨床、齿轮加工机床等。

一、车床

车床是用车刀对旋转的工件进行车削加工的机床。在车床上还可进行钻孔、扩孔、铰孔、攻螺纹等加工。车床主要用于加工轴、盘、套和其他具有回转表面的工件。车床主要分为卧式车床、立式车床、转塔车床、多刀车床、仿形车床和各种专门化车床,如凸轮轴车床、曲轴车床、车轮车床、铲齿车床等。

卧式车床主要是加工轴类零件和直径不太大的盘类零件,如图 12-1 所示。本节以 CA6140 车床为例做简单介绍。

① 主轴箱。主轴箱在床身的左上部,内部装有主轴和变速传动机构。主轴箱的功用是支承主轴并把动力经变速机构传给主轴,使主轴带动工件按规定的转速旋转。主轴是空心的,便于穿过长的工件。在主轴的前端可以安装顶尖、卡盘和拨盘,以便装夹工件。

② 刀架。刀架可沿床身上的导轨纵向移动,刀架用来夹持车刀并使其做纵向、横向或斜向进给运动。

CA61430 车床外观

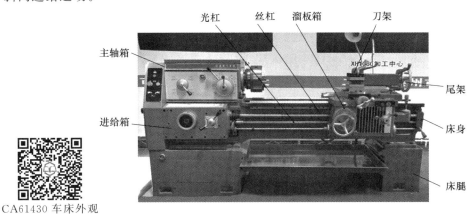

图 12-1　CA6140 卧式车床

③ 尾架。尾架安装在床身右端的尾座导轨上，可沿导轨纵向调整位置。它的功用是用后顶尖支撑长工件，或安装钻头、铰刀等刀具进行孔加工。它主要由套筒、尾座体、底座等几部分组成，尾架还可沿床身导轨推移至所需位置。

④ 进给箱。进给箱固定在床身的左端前侧，内部装有进给机构，改变进给箱中滑动齿轮的啮合位置，可改变进给量。

⑤ 溜板箱。溜板箱与刀架的最下层的纵向溜板相连，它将光杠和丝杠的转动改变为刀架的纵向和横向自动进给运动。在溜板箱中设有互锁机构，使光杠和丝杠不能同时使用。溜板箱上装有各种操纵手柄及按钮。

⑥ 床身。床身固定在左右床腿上，支撑着车床的各个部件。

⑦ 丝杠。丝杠能带动大拖板纵向移动，用来车削螺纹。

⑧ 光杠。光杠用于机动进给时传递运动。通过光杠可把进给箱的运动传递给溜板箱，使刀架做纵向或横向进给运动。

图 12-2 是卧式车床典型的车削加工示意图。

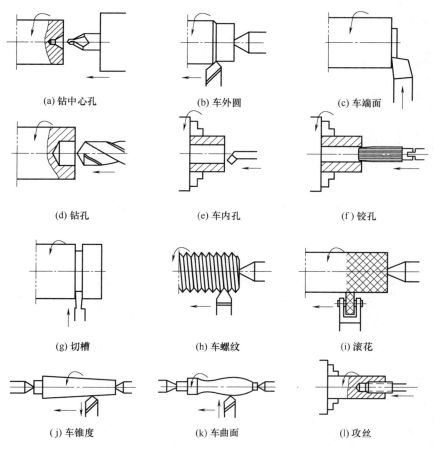

图 12-2 卧式车床车削加工示意图

立式车床主轴轴线垂直于水平面，工件安装在水平回转工作台上，简称立车。立式车床有单立柱式和双立柱式两种，图 12-3 是单立柱式。立式车床属于大型机械设备，用于加工径向尺寸大而轴向尺寸相对较小、形状复杂的大型工件。可以进行车削内外圆柱面、圆锥

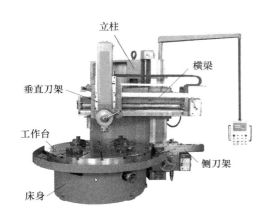

图 12-3 单立柱立式车床

面、端面、沟槽、切断及钻、扩、镗和铰孔等加工。

转塔车床可以在刀架上装多把刀,刀架可以在水平面内转位,是一种多刀、多工位加工的高效机床。在转塔刀架上各刀具都按加工顺序预先调好,切削一次后,刀架退回并转位,再用另一把刀进行切削,故能在工件的一次装夹中完成较复杂型面的加工,加工效率比卧式车床高 2～3 倍。转塔车床的调整需花费较多时间,适合于成批生产。

多刀车床的刀架、尾架及卡盘都由液压驱动,机床有液压夹紧系统,装夹工件方便。机床面板上有人机对话按键。多刀车床适用于环类、盘类、短阶梯轴类和圆锥体等零件的批量加工,广泛用于轴承、电机、齿轮的加工。

仿形车床能按照样板或样件的轮廓自动车削出形状和尺寸相同的工件。仿形车床适用于大批量加工圆锥形、阶梯形及成形回转面工件,例如农用车后桥半轴,在批量生产时可以采用仿形车床加工,显著提高生产效率。

 想一想

卧式车床可以加工哪些表面?

二、铣床

铣床的作用是用铣刀在工件上加工各种表面,图 12-4 所示为铣床铣削加工示意图。

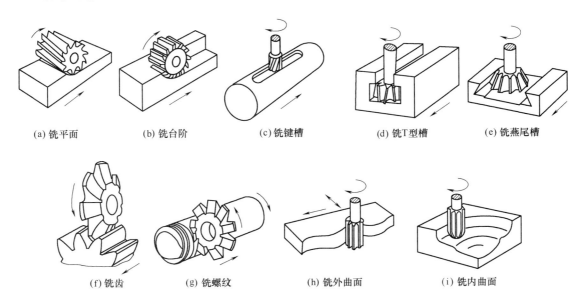

图 12-4 铣床铣削加工示意图

卧式铣床的主轴是水平布置的，如图 12-5 所示。带有升降台，工作台安装在升降台上面，升降台内布置有进给电机和进给变速、传动和操纵机构，使工作台跟随升降台沿着床身上的导轨分别做纵向、横向和升降三个互相垂直方向的进给和快速移动。

图 12-6 所示是立式铣床。床身装在底座上，立铣头可升降，工作台安装在升降台上，可纵向和横向运动，升降台可垂直运动。立式铣床可加工平面、斜面、沟槽、台阶、齿轮、凸轮以及封闭轮廓表面等。

图 12-7 所示为龙门铣床。龙门铣床是一种大型机床，龙门式框架上有 3～4 个铣头，横梁安装在立柱上，可上下升降，其上面安装两个立铣头；两个立柱上还装有两个卧铣头。工作台沿床身导轨做直线进给运动，四个铣头可沿各自的轴线轴向移动。龙门铣床上可以用多把铣刀同时加工工件的几个平面，生产率很高。主要用于加工各类大型工件上的平面、沟槽或成形表面等。

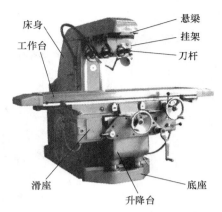

图 12-5　卧式铣床示意图

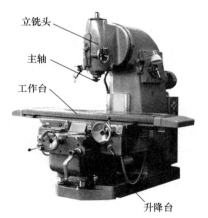

图 12-6　立式铣床

图 12-7　龙门铣床

想一想

铣床可加工的典型表面有哪些？

三、镗床

镗床可分为卧式镗床、坐标镗床和金刚镗床等。卧式镗床如图 12-8 所示。主要组成部件有床身、前立柱、主轴箱、工作台和后立柱等。前立柱固定在床身的右侧，上面安装有主轴箱，可沿前立柱导轨上下移动，前立柱内装有平衡主轴箱重量的配重装置。主轴箱中装有镗杆、平旋盘、变速传动机构和操纵机构。镗杆旋转为主运动，同时可沿轴向移动进给；平旋盘只能旋转，装在平旋盘导轨上的径向刀架跟平旋盘一起旋转，并可沿导轨径向进给。工件安装在工作台上，可工作台一起随上滑座沿床身导轨纵向移动，沿下滑座的导轨横向移动；工作台也可以在上滑座的圆导轨上绕垂直轴线转位。后立柱安装在床身的左端，上面装

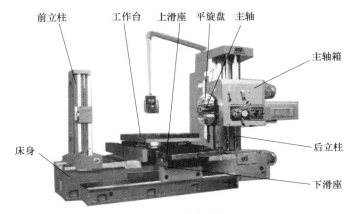

图 12-8　卧式镗床

有后支架，用于支承较长的镗杆的悬伸端；后立柱还可沿床身导轨纵向移动调整。

卧式镗床除镗孔外，还可车端面、铣平面、车外圆、钻孔等。零件在一次安装后即可完成大部分表面的加工，有利于加工大而笨重的工件。

坐标镗床是一种高精度机床，带有精密测量装置，能精确地确定工作台、上轴箱等移动部件的位移量，实现工件和刀具的精确定位。坐标镗床可分为立式和卧式两大类。立式坐标镗床适合加工轴线与安装基面垂直的孔系；卧式坐标镗床适合加工轴线与安装基面平行的孔系。坐标镗床是一种用途比较广泛的精密机床，适合加工精密钻模、镗模及量具，以及要求精密孔距的箱体类零件。

金刚镗床属于高速精密镗床，因早期使用金刚石镗刀切削命名，现已广泛使用硬质合金刀具。工作台沿床身的导轨做低速纵向移动，以实现进给。主轴采用皮带传动，并用精密角接触球轴承或静压滑动轴承支承；主轴短而粗，具有良好的刚性和抗振性。金刚镗床切削速度很高，同时切削深度和进给量又极小，能进行单孔、台阶孔、多孔、圆周孔的镗削，并可车端面、锪孔、镗沟槽及倒角。加工出的零件具有较高的尺寸精度、位置精度、形状精度和表面质量。

? 想一想

镗床加工的主要表面是什么？

四、磨床

磨床是利用磨具对工件表面进行磨削加工的机床。磨床能加工硬度较高的材料和脆性材料。磨床主要类型有外圆磨床、内圆磨床、平面磨床、无心磨床、工具磨床等。

外圆磨床能磨削各种圆柱形、圆锥形外表面及轴肩端面。万能外圆磨床还带有内圆磨削附件，可磨削内孔和锥度较大的内、外锥面。

内圆磨床可磨削圆柱形状、圆锥形内孔表面。普通内圆磨床仅适于单件、小批量加工。自动和半自动内圆磨床大多用于大批量加工。

平面磨床如图12-9所示。平面磨床的磨削方式可分为用砂轮圆周磨削和用端面磨削两类。用砂轮圆周磨削的平面磨床，砂轮主轴通常为卧式；而用砂轮端面磨削的平面磨床，砂轮主轴通常是立式。用砂轮端面磨削时，磨削面大，生产率高，但发热严重，切屑也不易排除，故加工精度不高，多用于粗磨。用砂轮圆周磨削时，磨削面小，发热量也少，故工件发热变形小；但生产率低，常用于精磨和磨削薄壁工件。

图 12-9　平面磨床

？ 想一想

磨床可以加工的表面有哪些？

五、钻床

钻床是用钻头在工件上加工孔的机床，通常用于加工尺寸较小、精度要求不太高的孔。在钻床上加工时，工件一般固定不动，刀具做旋转主运动，同时沿轴向做进给运动。钻床的加工方式有钻孔、扩孔、铰孔、镗孔以及攻螺纹等，如图 12-10 所示。

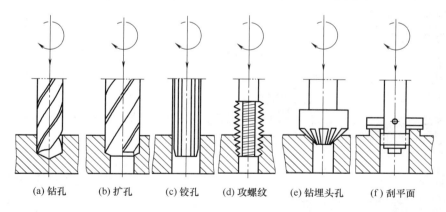

(a) 钻孔　　(b) 扩孔　　(c) 铰孔　　(d) 攻螺纹　　(e) 钻埋头孔　　(f) 刮平面

图 12-10　钻床的加工方式

钻床的主要类型有立式钻床、摇臂钻床、台式钻床、深孔钻床等。

立式钻床的主轴垂直安置，如图 12-11 所示，它主要由主轴箱、进给箱、工作台、立柱和底座组成，工作台和变速箱都可沿立柱上下移动。加工时，刀具做旋转主运动，同时沿轴线上下进给。

摇臂钻床如图 12-12 所示，主要由内立柱、外立柱、摇臂、主轴箱和底座等部件组成。主轴箱装在摇臂上，沿摇臂上导轨水平移动。摇臂套装在外立柱上，可沿外立柱上下移动，

图 12-11　立式钻床

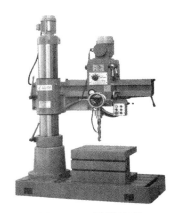

图 12-12　摇臂钻床

以适应加工不同高度工件的要求。摇臂还可随外立柱绕内立柱回转。

台式钻床简称台钻，钻孔直径一般小于 15mm。台转结构简单，使用灵活方便。

 想一想

钻床的主要加工对象是什么？

六、刨床

刨床是用来完成刨削加工的机床，加工范围较广，采用不同的刨刀，可以进行水平面、垂直面、倾斜面、台阶面、曲面、燕尾面、T 形槽、键槽等的加工。刨床分为牛头刨床、龙门刨床、插床、刨边机等。牛头刨床如图 12-13 所示。牛头刨床的生产率较低，在成批大量生产中常为铣削代替。

龙门刨床的外形如图 12-14 所示，由床身、工作台、横梁、立刀架、顶梁、立轴、主传动箱和侧刀架等部分组成。工件装夹在工作台上，工作台做往复纵向直线运动（主运动）。装在横梁上的立刀架沿横梁导轨做间歇横向进给运动。刀架上的滑板（溜板）可使刨刀上下移动。横梁还可沿立柱导轨升降。龙门刨床刚性好，生产率高，主要用于批量生产或修理车间中大型零件的较长平面的加工。

图 12-13　牛头刨床

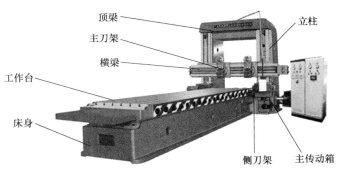

图 12-14　龙门刨床

? 想一想

刨床主要用于加工何种表面？

七、齿轮加工机床

齿轮加工机床是加工各种齿轮的机床，常用的有滚齿机、插齿机、铣齿机、剃齿机等。滚齿机用来进行滚齿加工，滚齿加工是利用刀具和齿轮毛坯的相对运动来加工出齿轮齿型的加工方法，优点是精度高，效率高，一把刀具可以加工任意齿数的同模数齿轮，广泛用来加工圆柱齿轮，是唯一能加工蜗轮的齿轮加工机床。插齿机加工原理类似于一对相互啮合的圆柱齿轮，其中一个是工件，另一个是齿轮形插齿刀，插齿刀的模数和压力角与被加工齿轮相同。插齿机尤其适合加工内齿轮和多联齿轮。

? 想一想

滚齿机的加工特点是什么？

八、数控机床

数控机床是一种装有数控系统的自动化机床。图 12-15 所示为数控车床外观。
与普通机床相比，数控机床有如下特点：
① 加工精度高，具有稳定的加工质量；
② 可进行多坐标的联动，能加工形状复杂的零件；
③ 机床自动化程度高；
④ 使用计算机控制，能够实现远程控制加工；
⑤ 对操作人员的素质要求较高，对维修人员的技术要求更高；
⑥ 可靠性高。

图 12-15 数控车床外观

? 想一想

数控机床和普通机床相比有何优点？

第二节 金属切削刀具

一、金属切削刀具材料

金属切削刀具材料应该满足以下要求：

① 高硬度。硬度是刀具材料应具备的基本性能。为了从工件上切下切屑，刀具材料的硬度必须高于工件材料的硬度，在常温下硬度应在60HRC以上。

② 高耐磨性。耐磨性是指材料抵抗磨损的能力。通常情况下，刀具材料的硬度越高，则刀具的耐磨性越好，刀具的耐用度越高。

③ 高耐热性。耐热性是指材料在高温下能够保持其硬度的性能，又称红硬性。它是衡量刀具切削性能的主要指标。

④ 高强度和韧性。为了使刀具在切削时能够承受各种切削力、冲击和振动，而不出现崩刃和断裂的情况，刀具材料必须具有足够的强度和韧性。

金属切削刀具所用材料种类很多，一般机加工中使用最多的是高速钢和硬质合金和陶瓷材料。

高速钢是在合金工具钢中加入较多的钨、铬、钼、钒等元素而制成的，具有较高的强度、韧度、耐磨性和耐热性，工艺性能较好，适用于制造形状复杂的刀具。在切削温度高达500~600℃时，仍能保持60HRC的高硬度；具有良好的淬透性，淬火后的硬度可达67~70HRC。

硬质合金是由难熔金属的硬质化合物和粘结金属通过粉末冶金工艺制成的一种合金材料，具有硬度高、强度高、韧性好、耐磨、耐热、耐腐蚀等优良性能，在1000℃时仍有很高的硬度。硬质合金刀具切削性能好，可切削耐热钢、不锈钢、高锰钢、工具钢等难加工的材料，现已成为主要的刀具材料之一。

陶瓷材料以氧化铝为主要成分，在高压高温下烧结而成，具有很高的硬度和耐磨性，耐热温度达1200℃，抗粘结性和化学稳定性好。但它强度低、韧性差，导热系数低，主要适用于钢、铸铁、有色金属材料的精加工与半精加工。

? 想一想

刀具切削部分材料应具备哪些性能？

二、金属切削刀具的种类

1. 车刀

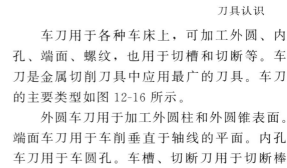

刀具认识

车刀用于各种车床上，可加工外圆、内孔、端面、螺纹，也用于切槽和切断等。车刀是金属切削刀具中应用最广的刀具。车刀的主要类型如图12-16所示。

外圆车刀用于加工外圆柱和外圆锥表面。端面车刀用于车削垂直于轴线的平面。内孔车刀用于车圆孔。车槽、切断刀用于切断棒料，车削沟槽。成形车刀的车刀轮廓形状与零件的表面轮廓一致，用于加工回转体零件的成形表面。

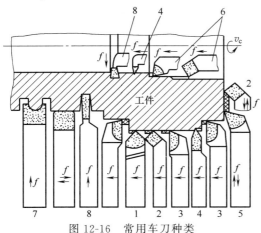

图12-16 常用车刀种类

1—直头外圆车；2—弯头外圆车；3—90°外圆车刀；
4—螺纹车刀；5—端面车刀；6—内孔车刀；
7—成形车刀；8—车槽、切断刀

2. 铣刀

铣刀是多齿刀具，铣刀的每一个刀齿相当于一把车刀刃。铣刀的排屑槽与车刀不一样，属于半封闭式。即在切削过程中大部分切屑容纳在容屑槽中，只有部分切屑沿螺旋槽排出。所以，铣刀槽要有足够的容屑空间，槽底要有较大的圆弧半径，以利于切屑的卷曲和排出。否则切屑挤压在槽中，排屑困难，甚至把铣刀的刀齿挤断。

铣刀的类型很多，如图 12-17 所示。根据铣刀的形状及用途可分为以下几类：

（1）加工平面用的铣刀

① 圆柱铣刀。用于卧式铣床上加工平面。主要用高速钢制造。圆柱铣刀采用螺旋形刀齿以提高切削工作的平稳性。见图 12-17（a）。

② 端面铣刀。用在立式铣床上加工平面。刀齿采用硬质合金制造，生产率较高。见图 12-17（b）。

（2）加工沟槽用的铣刀

如槽铣刀、两面刃铣刀、三面刃铣刀，错齿三面刃铣刀、立铣刀、角度铣刀等。见图 12-17（c）～（j）。

（3）加工成形表面用的铣刀

如成形铣刀，见图 12-17（k）。

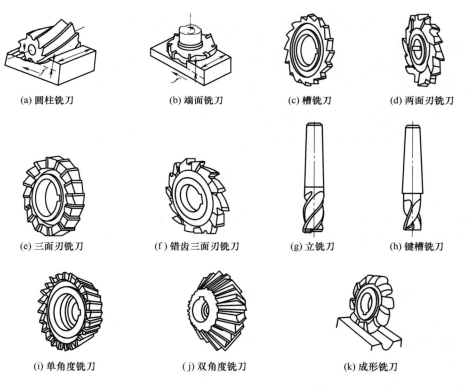

图 12-17　铣刀的类型

3. 拉刀

拉刀是一种多齿刀具，如图 12-18 所示，其后面的刀齿高于前面的刀齿，从而能依次地从工件上切下很薄的金属层。

拉刀同时工作的刀齿多，切削刃长，一次行程能完成粗、半精及精加工，因此生产率很高。拉削加工精度可达 IT7～9，表面粗糙度一般可达 $Ra2.5～1.25$。由于拉削速度低，切

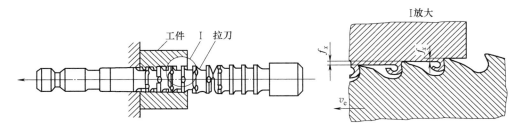

图 12-18 拉刀

削温度低,拉刀磨损慢,因此拉刀耐用度高。由于拉刀优点较多,故在成批和大量生产中广泛使用。拉刀的种类很多,常用拉刀种类见图 12-19。

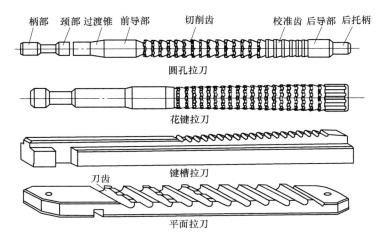

图 12-19 常用拉刀种类

拉刀分为内拉刀和外拉刀。内拉刀是用于加工工件内表面的,常见的有圆孔拉刀、键槽拉刀及花键拉刀等。外拉刀是用于加工工件外表面的,如平面拉刀、成形表面拉刀及齿轮拉刀等。

 想一想

金属切削刀具中应用最广的刀具是什么?

第三节 冷却与润滑

为了减少切削过程中的摩擦和降低切削温度,在切削过程中需要采用冷却润滑液,即切削液。冷却润滑液可以冲走金属切削过程中产生的碎屑,防止刮伤已加工表面和机床导轨。冷却润滑液进入到切削区域后,把刀具、工件和切屑上的大部分热量带走,使切削区域的温度降低,从而起到冷却作用。冷却方法主要有浇注法、喷雾法、内冷法等,喷雾法比浇注法冷却效果好。切削液渗透到刀具、工件、切屑接触面之间形成润滑膜，从而可起到润滑作用。常用的冷却润滑液有以下三种：

① 水溶液。水溶液是以水为主要成分并加入防锈剂、清洗剂的切削液，有时也加入油性添加剂以增加其润滑性。常用的有电解水溶液和表面活性水溶液。水溶液冷却效果最好。

② 切削油。切削油常用的是矿物油。极压切削油是在矿物油中加入硫、磷、氯等积压添加剂配置而成，具有良好的润滑效果，但冷却效果最差。

③ 乳化液。乳化液是水和乳化油混合后经搅拌形成的乳白色液体。乳化油是一种油膏，它由矿物油和表面活性乳化剂配制而成。表面活性剂的分子一端与水亲和，一端与油亲和，使水油混合均匀，并添加乳化稳定剂，使水、油不分离。乳化液可分为清洗乳化液、防锈乳化液、极压乳化液和透明乳化液，其中极压乳化液的润滑性能最好。乳化液的冷却效果介于水溶液和切削油之间。

 想一想

常用的冷却润滑液有哪几种？哪种冷却效果最好？

切削液的选用应该从加工方法、刀具材料、工件材料和技术要求等方面来综合考虑。

粗加工时，由于产生大量的切削热，应从冷却作用方面考虑，可选用水溶液或低浓度的乳化液；精加工时，应从提高加工精度和降低工件表面粗糙度考虑，可选用浓度较高的乳化液或切削油；低速精加工时，可选用油性较好的切削液。

粗磨时，可选用水溶液；精磨时，可选用乳化液或极压切削液。

使用硬质合金刀具时一般不加切削液。如果使用切削液，必须充分、均匀地浇注，不能间断。使用高速钢刀具时则需要选用切削液。

粗加工铸铁时，一般不用切削液。精加工铸铁时，可选用 7％～10％的乳化液或煤油。

切削铜合金和有色金属时，一般不宜选用含有极压添加剂的切削液。

切削镁合金时，严禁使用乳化液作为切削液，以防燃烧引起事故。

 想一想

冷却润滑液的选用，应该从哪几个方面来综合考虑？

第四节 常用金属切削加工方案及选用

一、外圆面的加工

对于一般钢铁零件，外圆面加工的主要方法是车削和磨削。要求精度高时，往往还要进行研磨、超级光磨等光整加工。外圆面加工方案的选择，除考虑应达到的技术要求外，还要考虑生产类型、现场设备条件和技术水平等，以求低成本、高效率。表 12-1 给出了常用外圆面加工方案，可作为拟定加工方案的依据和参考。

表12-1 常用外圆面加工方案

序号	加工方案	加工精度等级(IT)	表面粗糙度 $Ra/\mu m$	适用范围
1	粗车	13~11	50~12.5	主要适用于淬火钢以外的各种金属
2	粗车-半精车	10~9	6.3~3.2	
3	粗车-半精车-精车	8~7	1.6~0.8	
4	粗车-半精车-精车-滚压(或抛光)	6~5	0.2~0.025	
5	粗车-半精车-磨削	7~6	0.8~0.4	主要适用于淬火钢,也可用于非淬火钢,但不宜加工非铁金属
6	粗车-半精车-粗磨-精磨	6~5	0.4~0.1	
7	粗车-半精车-粗磨-精磨-超精加工	6~5	0.1~0.012	
8	粗车-半精车-精车-金刚石车	6~5	0.4~0.025	主要适用于要求较高非铁金属的加工
9	粗车-半精车-粗磨-精磨-超精磨	5级以上	<0.025	主要用于极高精度要求的钢或铸铁的加工
10	粗车-半精车-粗磨-精磨-研磨	5级以上	<0.1	

 想一想

外圆面的加工主要是车削和磨削,对于什么样的材料的精加工不能用磨削?

二、孔的加工

零件上孔加工的方法很多,如钻削、车削、镗削、拉削、磨削等。表12-2给出了常用孔加工方案,可作为拟定加工方案的依据和参考。

表12-2 常用孔加工方案

序号	加工方案	加工精度等级(IT)	表面粗糙度 $(Ra/\mu m)$	适用范围
1	钻	13~11	50~12.5	加工未淬火钢及铸铁的实心毛坯,也可用于加工非铁金属(但粗糙度稍高),孔径<20mm
2	钻-铰	9~8	3.2~1.6	
3	钻-粗铰-精铰	8~7	1.6~0.8	
4	钻-扩	10~9	12.5~6.3	加工未淬火钢及铸铁的实心毛坯,也可用于加工非铁金属(但粗糙度稍高),孔径>20mm
5	钻-扩-铰	9~8	3.2~1.6	
6	钻-扩-粗铰-精铰	7	1.6~0.8	
7	钻-扩-机铰-手铰	7~6	0.4~0.1	
8	钻-(扩)-拉(推)	9~7	1.6~0.1	大批量生产中小零件通孔
9	粗镗(扩孔)	12~11	12.5~6.3	除淬火钢外各种材料,毛坯有铸出孔或锻出孔
10	粗镗(粗扩)-半精镗(粗扩)	10~9	3.2~1.6	
11	粗镗(精扩)-半精镗(精扩)-精镗(铰)	8~7	1.6~0.8	
12	粗镗(扩)-半精镗(精扩)-精镗-浮动镗刀块精镗	7~6	0.8~0.4	

做一做

试写出精度要求很高的非铁金属加工方案。

三、平面的加工

平面可采用车、铣、刨、磨、拉等方法加工。精密平面可以用刮研、研磨等进行光整加工。回转体零件的端面多采用车削和磨削加工；其他类型的平面以铣削或刨削加工为主。拉削仅适于在大批量生产中加工技术要求较高且面积不太大的平面，淬硬的平面则必须用磨削加工。表 12-3 给出了常用平面加工方案，可作为拟定加工方案的依据和参考。

表 12-3　常用平面加工方案

序号	加工方案	加工精度等级（IT）	加工表面粗糙度（Ra /μm）	适用范围
1	粗车	13～11	12.5～50	回转体的端面
2	粗车-半精车	10～8	3.2～6.3	
3	粗车-半精车-精车	8～7	0.8～1.6	
4	粗车-半精车-磨削	8～6	0.2～0.8	
5	粗刨（或粗铣）	13～11	6.3～25	一般不淬硬平面（端铣表面粗糙度值 Ra 较小）
6	粗刨（或粗铣）-精刨（或精铣）	10～8	1.6～6.3	
7	粗刨（或粗铣）-精刨（或精铣）-刮研	IT7～6	0.1～0.8	精度要求较高的不淬硬平面，批量较大时宜采用宽刃精刨方案
8	以宽刃精刨代替上述刮研	7	0.2～0.8	
9	粗刨（或粗铣）-精刨（或精铣）-磨削	7	0.025～0.4	精度要求高的淬硬平面或不淬硬平面
10	粗刨（或粗铣）-精刨（或精铣）-粗磨-精磨	7～6	0.2～0.8	
11	粗铣-拉削	9～7	0.006～0.1（或 Rz 0.05）	大批量生产，较小的平面（精度视拉刀精度而定）
12	粗铣-精铣-磨削-研磨	5 级以上		高精度平面

做一做

试写出加工精度等级 8 级，Ra 值为 1.6 的回转体端面加工方案。

思考与练习

1. 简述常用机床的种类，各类机床都有哪些类型。
2. 刀具切削部分材料应具备哪些性能？
3. 切削液的主要作用是什么？如何选用切削液？
4. 车刀有哪些类型？各用在什么情况下？
5. 拉刀是一种贵重刀具，为什么在大量流水生产线中得到广泛应用？
6. 外圆柱面加工的主要方法是什么？

7. 内孔的加工方法有哪些？各有何特点？
8. 平面加工有哪几种方法？各有何特点？

思政园地

从普通铣工到全国劳模——周德民

周德民，中国兵器工业集团江山重工研究院有限公司的数控操作工，平凡的岗位，不平凡的人生，凭借着对数控加工事业的热爱，周德民不断学习钻研，创新技术，先后荣获"全国劳动模范""全国五一劳动奖章""全国技术能手""全国青年岗位能手""中央企业劳动模范"等众多荣誉称号。

周德民扎根生产一线，把握数控前沿技术，孜孜以求，锲而不舍，先后参加了我国多种型号火箭炮武器的科研试制、攻关及生产线建设工作，他逐渐从一名技工学校毕业生成长为能够解决数控加工各种关键技术难题的高技能人才。

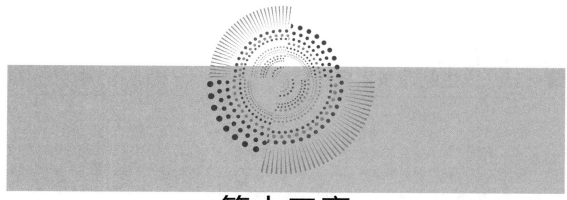

第十三章
先进制造技术

知识脉络图

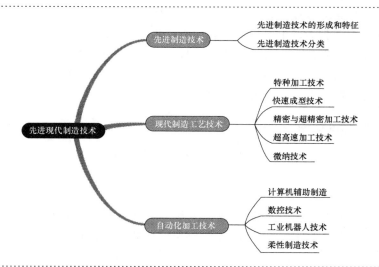

学习目标

☐ 理解先进制造技术的概念；
☐ 了解先进制造技术的分类；
☐ 熟悉先进制造技术的应用；
☐ 了解我国先进制造业取得的伟大成就，增强民族自豪感。

第一节　先进制造技术概述

先进制造技术（Advanced Manufacturing Technology，AMT）是在传统制造技术的基础上，吸收机械、电子、信息、材料、能源及现代管理等技术成果，将这些成果应用于产品设计、制造、检测、管理、售后服务等机械制造全过程，实现优质、高效、低耗、清洁、灵活生产，提高对动态多变的产品市场的适应能力和竞争能力的各种现代制造技术的总称。

一、先进制造技术的形成和特征

先进制造技术的发展往往是针对某一具体的制造业（如汽车制造、电子工业）的需求而发展起来制造技术，有明确的需求导向的特征；先进制造技术中包括了设计技术、自动化技术、系统管理技术，覆盖了产品设计、生产准备、加工与装配、销售使用、维修服务甚至回收再生的整个过程。由于现代专业和学科间的不断渗透、交叉、融合，界限逐渐被淡化，目前先进制造技术的发展趋于系统化、集成化，已发展成为集机械、电子、信息、材料和管理技术为一体的新型交叉学科，因而可以称其为"制造工程"。

先进制造技术强调环境保护，其产品是"绿色产品"（对资源的消耗最少，对环境的污染最小，报废后便于回收，发生事故的可能性极低），产品的生产过程是环保的（对资源的消耗最少，对环境的污染最小，对人体的危害最小）。先进制造技术强调的是实现优质、高效、低耗、清洁、灵活的生产，提高对动态多变的产品市场的适应能力和竞争能力，对市场变化做出更灵捷的反应，提高企业的竞争力。

二、先进制造技术的分类

先进制造技术可分为现代设计技术、现代制造工艺技术、制造自动化技术以及先进制造生产管理模式四大类。

1. 现代设计技术

现代设计技术包括现代设计理论与设计方法学、计算机辅助设计、计算机辅助工程分析、计算机辅助工艺规程设计、设计过程管理与设计数据库、性能优良设计、反求工程技术、快速响应设计、智能设计、模块化设计、并行工程设计、仿真与虚拟设计、绿色设计等。

2. 现代制造工艺技术

现代制造工艺技术包括精密铸造、精密锻压、精密焊接、优质低耗热处理、精密切割、超精密加工、超高速加工、纳米加工技术、复杂型面数控加工、特种加工工艺、快速成型制造、无污染制造、虚拟制造与成型加工技术等。

3. 制造自动化技术

制造自动化技术包括数控技术、工业机器人、柔性制造系统、计算机集成制造技术、自动检测及信号识别技术、过程设备工况监测与控制等。

4. 先进制造生产管理模式

先进制造生产管理模式包括敏捷制造、精益生产、并行工程、智能制造、绿色制造、虚拟制造等。

> **? 想一想**
>
> 先进制造技术有哪些分类？

第二节 现代制造工艺技术

一、特种加工技术

随着高强度、高硬度、高韧性、高脆性、耐高温等特殊性能的新材料不断出现，采用传统的金属加工方法往往难以满足生产要求，特种加工就是在这种情况下产生和发展起来的。特种加工是利用电、磁、声、光、化学等能量实现材料去除、变形、改变性能等的非传统加工方法，主要用来加工刀具、量具、模具等高强度、高硬度、高耐磨性的零件。目前，在生产中应用的特种加工有电火花成型加工、电火花线切割加工、电解加工、超声加工、激光加工、电子束加工和离子束加工等。

电火花成型加工

特征加工主要特点如下：
① 利用热能、化学能、电能等进行加工，可加工各种具有特殊性能的材料。
② 属于非接触加工，工件不承受大的作用力，工具硬度可低于工件硬度。
③ 属于微细加工，能获得很高的加工精度和表面粗糙度。

二、3D 打印技术

3D 打印技术集材料学、计算机技术、自动控制技术、光电子技术等为一体，将零件的 CAD 模型按一定方式离散化，采用物理或化学手段加工整合成零件的整体形状，是目前广泛流行的快速成型技术。主要有以下几种。

3D 打印技术

1. 光固化成型法（SLA）

也称立体光刻法。使用液态光敏树脂作为成型材料，激光器根据计算机 CAD 图形层面信息逐点扫描液态光敏树脂薄层，使其固化成型，然后重新扫描并固化新的液态光敏树脂层，逐层堆积成型。主要特点为制造精度高、表面质量好、原材料利用率高，能制造形状特别复杂精细的零件。光固化成型法是世界上研究最早、技术非常成熟、应用最为广泛的快速成型制造方法。

2. 三维喷涂黏结法（3DP）

这种方法原理是：用滚筒将储存桶送出的粉末平铺在加工平台上；打印头依照计算机 3D 模型切片信息喷出黏着剂，粘住粉末；做完一层，加工平台自动下降一点，储存桶上升一点，如此循环便可得到所要的形状。该项技术的特点是速度快，成本低，缺点是精度和表面光洁度较低。

3. 激光选区烧结法（SLS）

激光选区烧结法的基本原理与 SLA 法类似。采用激光器作为能源，先将粉末材料用刮平辊子铺平，激光器在计算机控制下有选择地烧结，零件成型后，去掉多余粉末。工件在加工前,要先确定在机床或夹具中的正确位置。激光选区烧结法的主要特点:不需要制作支撑,成型零件的力学性能好,强度高。但粉末较松散,烧结后精度不高,Z轴精度难以控制。

4. 熔融沉积法(FDM)

这种方法在成型过程中,喷头喷出的熔融材料按截面形状铺在底版上,逐层加工,最后制作出所需零件。主要特点是成型零件力学性能好、强度高;成型材料来源广、成本低;可采用多个喷头同时工作;不用激光器,而是由熔丝喷头喷出加热熔融的材料,因此使用维护简单,成本低。原材料利用率较高,用蜡成型的零件原型可直接用于失蜡铸造。缺点是成型精度不高,不适合制作复杂精细结构的零件,主要用于产品的设计测试与评价。

5. 叠层堆积法(LOM)

这种方法不需要制作支撑,激光器直接进行轮廓扫描,逐层切割实体薄材,而不需填充扫描,成型效率高;运行成本低;成型过程中无相变,残余应力小,适合于加工较大尺寸的零件,但材料利用率较低,表面质量较差。

6. DLP法

DLP法即数字光处理技术。DLP 3D打印技术的基本原理是通过数字光源在液态光敏树脂表面进行逐层一次性投影,层层固化成型。DLP法没有移动光束,没有活动喷头,打印准备时间短,节省成本,可制造较为精细的零部件,如珠宝,齿科模具等。

三、精密与超精密加工技术

精密与超精密加工技术是相对于普通精度等级加工而言。精密加工的加工精度可达 $0.1\mu m$,包括金刚车、金刚镗、研磨、珩磨、砂带磨削、镜面磨削和冷压加工等,适用于精密机床、精密测量仪器等产品中关键零件的加工,如精密丝杠、精密齿轮、精密蜗轮、精密导轨、精密轴承等。超精密加工的加工精度可达 $0.03\mu m$,包括金刚石刀具超精密切削、超精密磨料加工、超精密特种加工等,适用于精密元件、计量标准元件、大规模和超大规模集成电路的制造。

四、超高速加工技术

超高速加工技术采用超硬材料刀具,以极高的切削速度加工零件,达到极高的产品加工精度和加工质量。它主要采用以下设备:

① 超高速主轴单元,结构紧凑,重量轻,惯性小,响应特性好。
② 超高速加工进给单元,采用无间隙、惯性小、刚度大的直线电机驱动系统。
③ 高压大流量喷射冷却系统。
④ 刚度特性很好的机床支承件。
⑤ 超高速加工刀具系统。

五、微细加工和纳米制造技术

微细加工技术主要有半导体加工技术、特种精密加工技术、微细磨削加工技术等。纳米制造技术是指工件表面的一个个原子或分子成为直接加工对象,物理实质是实现原子或分子的去除。

 想一想

特种加工工艺与常规加工工艺有什么区别?

第三节　自动化加工技术

一、CAM 技术

CAM（计算机辅助制造）技术主要集中在数字化控制、生产计划、机器人和工厂管理4个方面。典型的 CAM 技术包括计算机数控制造和编程、计算机控制的机器人制造和装配、柔性制造系统。CAM 技术的应用可分为直接应用和间接应用。

1. CAM 技术的直接应用

这类应用分为计算机过程监视系统和计算机过程控制系统。在计算机监视系统中，计算机通过与制造系统的接口来监视系统的制造过程及其辅助装备工作情况，并采集过程中的数据，但计算机并不直接对制造系统中的各个工序实行控制，这些控制工作由系统操作者根据计算机给出的信息手工完成。计算机过程控制系统不仅对制造系统进行监视，而且对制造系统的制造过程及其辅助设备实行控制。

2. CAM 技术的间接应用

计算机不直接与制造过程连接，它只用来提供生产计划、作业调度计划、发出指令及有关信息，使生产资源的管理更有效。例如计算机辅助 NC 编程、计算机辅助编制物料需求计划、计算机辅助工装设计与制造等。

二、数控技术

数控技术是用数字化信息对机床运动及其加工过程进行控制的一种方法，是一种可编程的自动控制方式，设备在程序控制下自动完成加工操作。数控技术设备包括数控机床、数控火焰切割机、数控激光切割机、数控绘图机、数控冲剪机、三坐标测量机等。这里主要介绍一下数控机床。

数控机床是一种装有数控系统的自动化机床，机床的运动和动作按照程序系统发出的特定代码和符号编码组成的指令进行。数控机床是电子技术、计算机技术、自动控制技术、精密测量、伺服驱动和精密机械结构等新技术结合的产物，是一种高效的自动化机床。

在数控机床上加工零件时，首先要将加工工艺信息（工件的尺寸、刀具运动中心轨迹、位移量、切削参数以及辅助操作）编制成数控加工程序，然后将程序输入到数控装置中，经数控装置分析处理后，发出指令控制机床进行自动加工。数控机床的运行处于不断地计算、输出、反馈等控制过程中。数控机床加工零件的具体工作过程如下：

① 按照图样的技术要求和工艺要求，编写加工程序。
② 将加工程序输入到数控系统中。
③ 数控系统对加工程序进行处理、运算。
④ 数控系统按各坐标轴分量将指令信号送到各轴驱动电路。
⑤ 驱动电路对指令信号进行转换、放大后，输入到伺服电动机。
⑥ 伺服电动机带动各轴按照加工程序规定的参数运动，完成零件的加工。

数控加工

数控机床加工与普通机床加工相比较，具有以下特点：
① 适应性强。改变加工零件时，只需编制新零件的加工程序，输入新的加工程序后就

能实现对新零件的加工，而不需改变硬件，生产过程是自动完成的。

② 精度高、产品质量稳定。数控机床工作台的移动精度可高达 0.0001mm，加工精度可高达 0.001mm；传动系统与机床本体结构都具有很高的刚度和热稳定性。

③ 高速度、高效率。数控机床的主轴转速比普通机床高，高速数控机床的主轴转速在 40000~100000r/min，能在极短时间内实现升速和降速；数控机床的移动部件空行程运动速度快，工作台的移动速度可达 240m/min；工件装夹时间短，自动换刀时间在 1s 以内，工作台交换时间在 2.5s 以内。

④ 自动化程度高、劳动强度低。数控加工是按事先编好的程序自动完成的，操作者除了装卸工件、操作键盘、进行关键工序的中间检测和观察机床运动外，不需要进行繁杂重复性手工操作。

⑤ 良好的经济效益。使用数控机床加工可节省划线工时，减少调整、加工和检验时间，直接节省生产费用。数控机床的加工精度稳定，废品率低，使生产成本进一步下降。此外，数控机床可一机多用，节省了厂房面积和建厂投资。

⑥ 有利于生产管理的现代化。数控机床使用数控信息与标准代码处理、传递信息，为计算机辅助设计、制造及管理一体化奠定了基础。

三、工业机器人技术

工业机器人（图 13-1）是一种由计算机进行控制的柔性自动化控制系统，能自动定位，可重复编程，是具有多功能、多自由度的操作机，能搬运材料、零件或操持工具。目前已经得到广泛应用。

图 13-1 工业机器人

四、柔性制造技术

柔性制造技术是一种用于多品种变批量生产的制造自动化技术，其优点是机床利用率高，柔性大，辅助时间短，可缩短生产周期，有利于降低生产成本，适应市场需求。柔性制造技术从系统上可分为柔性制造单元、柔性制造系统、柔性制造生产线和柔性制造工厂四类。

① 柔性制造单元（FMC） 由加工中心、工业机器人、数控机床及物料运输存储设备构成，具有适应加工多品种产品的灵活性，可视为规模最小的 FMS。

② 柔性制造系统（FMS） 通常包括多台全自动数控机床（加工中心与车削中心等），由集中的控制系统及物料搬运系统连接起来，可在不停机的情况下实现多品种、中小批量的加工及管理。

③ 柔性制造线（FML） 由加工中心、CNC 机床、多轴头机床或 NC 专用机床组成，机床按工件的工艺过程布局，实现生产线柔性化及自动化，对物料搬运系统柔性的要求低于 FMS，但生产率更高。

④ 柔性制造工厂（FMF） 将多条 FMS 连接起来，配以自动化立体仓库，用计算机系统进行控制，实现产品加工及物料储运过程的全盘自动化。其特点是自动化水平非常高，实现了生产工厂的高度柔性化及自动化。

各类柔性制造技术系统都包含加工系统、物流系统和控制与管理系统 3 个基本部分。加工系统主要由数控机床、加工中心等加工设备构成。物流系统主要由工件流系统和刀具流系统两大部分组成，其设备包括输送装置、交换装置、缓冲装置和存储装置等。控制与管理系统能够实现运行控制、刀具管理、质量控制、数据管理和网络通信，接收来自工厂主计算机的指令，对整个系统实施监控，协调各控制装置之间的动作。

想一想

与普通机床加工相比较，数控机床加工有哪些特点？

思考与练习

1. 简述先进制造技术的种类。
2. 简述 3D 打印的种类、特点。
3. 列举各种先进制造技术在生产生活中的应用。

思政园地

我国先进制造业迈上新台阶

5G 手机芯片投入商用，C919 全面进入试验试飞阶段，"雪龙 2"号交付并实现"双龙探极"，时速 350 公里的复兴号动车组实现商用运营，长征五号大推力运载火箭成功发射，北斗导航系统实现全球组网并开始向全球提供服务……随着互联网、大数据、人工智能、区块链等新技术与制造业的融合发展，我国的先进制造业正在向高端化和高附加值方向积极迈进，向智能化和服务化转型步伐日益加快，先进制造业比重不断提升，以高技术、智能化、柔性化为代表的先进制造业迈上了新台阶。

在高端装备领域，我国高端机床装备在自主化、关键技术、产品研发、工程应用等方面取得了重要突破。12 米级卧式双五轴镜像铣机床、1.5 万吨航天构件充液拉深装备等填补国内空白。在集成电路领域，华为海思发布了基于 7 纳米工艺的麒麟芯片，中芯国际 14 纳米工艺实现量产，集成电路关键设备覆盖 12 英寸[①]生产线工艺环节一半以上。在 5G 领域，我国已构建了涵盖系统、终端、芯片、仪表的完整产业链，网络规模和用户数量均居世界首位。在工业互联网领域，网络、平台、安全三大体系基本完备，平台体系连接工业设备数达 4000 万台，服务企业超过 40 万家，有力支撑了行业转型升级。在新能源汽车领域，我国已构建起完备的产业体系，产销量连续 5 年位居世界首位，动力电池技术处于全球领先水平。

"十四五"时期，我国将加快制造业向高端、智能、绿色、服务方向升级，推动先进制造业继续发展壮大。

---

① 1 英寸＝25.4mm。

参 考 文 献

[1] 李森林. 机械制造基础 [M]. 2版. 北京：化学工业出版社，2011.
[2] 刘跃南. 机械基础 [M]. 3版. 北京：高等教育出版社，2010.
[3] 张茜. 公差配合与技术测量基础 [M]. 北京：北京航空航天大学出版社，2017.
[4] 朱焕池. 机械制造工艺学 [M]. 2版. 北京：机械工业出版社，2016.
[5] 王纪安. 工程材料与成形工艺基础 [M]. 3版. 北京：高等教育出版社，2009.
[6] 曾正明. 实用钢铁材料手册 [M]. 2版. 北京：机械工业出版社，2007.
[7] 肖智清. 机械制造基础 [M]. 2版. 北京：机械工业出版社，2011.
[8] 孙学强. 机械制造基础 [M]. 2版. 北京：机械工业出版社，2016.
[9] 孙大俊. 机械基础 [M]. 4版. 北京：中国劳动社会保障出版社，2007.
[10] 庄佃霞. 公差配合与技术测量 [M]. 北京：北京大学出版社，2011.
[11] 南秀蓉. 公差与测量技术 [M]. 北京：电子工业出版社，2014.
[12] 高美兰. 金工实习 [M]. 北京：机械工业出版社，2006.
[13] 胡照海. 零件几何量检测 [M]. 2版. 北京：北京理工大学出版社，2014.
[14] 吴细辉. 机械基础 [M]. 北京：机械工业出版社，2012.